JN040713

新・標準
プログラマーズ
ライブラリ

試してわかる
Python
[基礎]入門

メディックエンジニアリング
谷尻かおり Kaori Tanijiri

技術評論社

はじめに

　この本は「Pythonを勉強したい、すべての人のための入門書」です。過去の経験や知識にかかわらず、誰でも無理なく学習を進められるように、次のような構成になっています。とはいえ、「プログラミングに関する知識がまったくない」という人は、いきなり難しい話から始まるのではないかと不安を感じているかもしれません。そういう場合は、ぜひ0章「コンピュータとプログラミング」から順に読み進めてください。「プログラムとは何か」、「プログラミングとはどんなことをするのか」など、頭の中でもやもやしていてうまく説明できないような事柄をまとめました。

- ●第1章～第2章　　Pythonプログラミングの導入部です。対話型インタプリタやJupyter Notebookの使い方と、Pythonの基本文法を学習します。
- ●第3章～第4章　　変数の使い方や計算式の書き方、制御構造など、プログラミングの基礎を学習します。ここまでを読み終えると、Pythonでプログラムを書くために最低限必要な知識が得られます。
- ●第5章～第7章　　文字列やリスト、タプルなど、Pythonの組み込みデータ型を学習します。組み込みデータ型を理解すると、大量のデータを扱うようなプログラムを効率よく開発できるようになります。
- ●第8章～第10章　　本格的なプログラム開発を目指すための章です。ユーザー定義関数やクラスについて学習します。
- ●第11章～第13章　Pythonの最大の魅力は、すぐに使えるモジュールが多数用意されている点です。その中から覚えておくと便利なモジュールをいくつか紹介します。

　各章の説明では、小さなプログラムをたくさん用意しました。初めてPythonを学習するときは、実際に入力して動作を確認しながら読み進めることをおすすめします。何度も繰り返すことでPythonでのプログラミングが自然に身につき、やがて、どんな場面で、どの命令を、どんな風に使うのかが自然に頭に浮かんでくるようになります。

　また、この本では実用的なプログラムを開発するために必要な事柄を一通り網羅したつもりです。入門書としての役割を終えた後も、「あのメソッドの使い方はどうだったかな？」、「このときは何を使えばよかったかな？」など、悩んだときに再びこの本を開いていただければとてもうれしく思います。

　末筆ながら、長きに渡り本書の執筆を支えてくださった株式会社技術評論社の神山真紀氏、栗木琢実氏に心より御礼申し上げます。

2021年9月

著者　谷尻 かおり

本書を利用される方へ

● Pythonの実行環境について

本書はAnacondaと、Anacondaに同梱されたJupyter Notebook上でプログラムを作成することを前提とした説明になっています。Anacondaにはプログラミング言語Pythonの本体と、Jupyter Notebookなどの関連ツールや機械学習ライブラリなどが同梱されており、これらを一括してインストールすることができます。Anacondaのダウンロード方法やインストール手順については、以下のサイトで説明しています。

https://gihyo.jp/book/2021/978-4-297-12500-4/support

● 本書のコードの表記について

本書では、自分でコードの動作を試しながら学習できるように、説明の過程でたくさんの小さなサンプルコードを用意しています。これらのプログラムの多くはJupyter Notebookで動かすことを想定しており、本書のコード表記もそれを模した形式になっています。「入力」のコードはJupyter Notebookで実行するPythonのプログラムに、「結果」はその実行結果に対応しています。なお、プログラムを実行した際にキーボードからの入力が必要になるコードは、キーボードから入力した値を緑色の文字で表示しています。

入力
```python
name = input('What is your name ? ')
print('Hello ' + name)
```

結果
```
What is your name ? Hanako
Hello Hanako
```

● サンプルコードについて

サンプルコード（listの番号が付いているもの）は、以下のURLからダウンロードすることができます。ダウンロードしたファイルはZIP形式で圧縮されていますので、展開してからご利用ください。また、「確認・応用問題」の解答も同梱されています。

これらのサンプルコードはJupyter Notebookで開くことのできる.ipynb形式で提供しています。サンプルコードの開き方は、P.47およびサポートページの説明をご確認ください。

https://gihyo.jp/book/2021/978-4-297-12500-4/support

CONTENTS

第 0 章　コンピュータとプログラミング

第 1 章　プログラミング言語 Python

第 2 章　Jupyter Notebook を使おう

第 3 章　Python の基礎

第7章　データ構造

第8章　ユーザー定義関数

第9章　クラス

第10章　例外処理

第11章 標準モジュール

第12章 外部モジュール

第13章 モジュールを作る

第 0 章

///////////////////////////

コンピュータと
プログラミング

これからプログラミングを勉強しようという人に
「コンピュータを動かすにはプログラムが必要だ」
なんて、いまさら言う必要はありませんね。でも、
「プログラムに何が書いてあるかは、よくわからな
い」のではないでしょうか。Pythonの勉強をはじ
める前に、コンピュータとプログラムの関係を確
認しておきましょう。

コンピュータにできること

　あなたが持っているコンピュータは何ができますか？　レポートを書いたり、プレゼンテーション用の資料を作ったり、メールもできるしビデオ会議もできるでしょう。動画も見られるし、SNSで友達とやりとりしたり情報を発信したりすることもできますね。このように何でもできるコンピュータですが、実際には

- 情報を受け取る　　　　→　入力
- 受け取った情報を加工する　→　演算
- 加工した結果を返す　　→　出力

という3つのことしかできません。「情報」はキーボードから入力した値やファイルから読み込んだ文書や画像など、コンピュータで扱う「データ」です。「演算」は「何らかの処理」と置き換えるとわかりやすいかもしれません。

　どんなに複雑な処理も、この3つの繰り返しだけで行われています。そして、この中のどれかが欠けることも絶対にありません。なぜなら、情報がなければ加工することができませんし、出力がなければ加工した結果を知る手段がありません。また、加工をしなかったら情報には何も変化がないので出力する意味がありません。

　でも、たった3つのことしかできないのに、どうしてコンピュータはいろいろなことができるのか、不思議に思いませんか？　理由はとても簡単で、**入力→演算→出力を何度も繰り返して実行している**からです。たとえば、「5」という値を入力して「2乗する」という演算を行うと、答えは「25」です。この出力結果をそのまま次の演算の入力情報として使って、今度は「3.14を掛ける」という演算を行うと答えは「78.5」になり、半径が5の円の面積が求められますね。この値にさらに「10を掛ける」という演算を行うと、答えは底面積が78.5、高さが10の円柱の体積になります（fig. 0-1）。

0

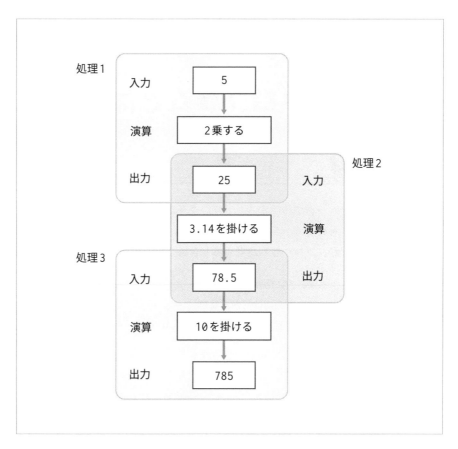

fig. 0-1
どんな複雑な処理も
「入力→演算→出力」
の繰り返し

さて、fig. 0-1で注目してほしいのは、2つ目以降の入力の部分です。直前の処理の出力、つまり情報を加工した結果が次の入力になっていますね。コンピュータの内部で行われていることも、これと同じです。どんなに複雑で難しそうに見える処理も、決められた手順に従って「入力→演算→出力」を繰り返しているだけです。その手順を書いたものが**プログラム**です。

0-2 ▶ プログラムとは

　一言で説明すると、**プログラム**とは**コンピュータにしてほしいことを書き記した**
ものです。何をしてほしいかは人それぞれなので具体的に示すことはできません
が、プログラムを考えるときは

- ・最終的に何が欲しいのか 　　　　　→ 　出力
- ・そのためには何が必要で 　　　　　→ 　入力
- ・それをどんな風に加工すればいいのか 　→ 　演算

という順番で頭の中を整理するとよいでしょう。

　もちろん、入力と演算、出力の3つがわかっても順番を間違えたら意味がありま
せん。たとえば、「5」という値を入力して「3.14を掛ける」という演算を行うと、
答えは「15.7」です。これを次の演算の入力情報に使って「2乗する」という演算
を行ったら……？　コンピュータは言われた通りの順番で処理を行って「246.49」
という答えを出しますが、これはあなたが欲しかった答えでしょうか？（fig. 0-2）

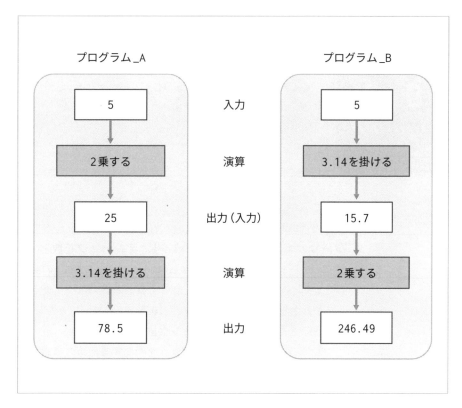

fig. 0-2
入力→演算→出力の
順番が違うと答えが
変わる

　コンピュータには「この順番、おかしいんじゃないの？」と考えたり、私たちが
欲しい答えを想像したりする能力はありません。言われたことを忠実に実行するこ
としかできないのです。そんなコンピュータが間違った処理をしないように、**与え
られた情報から最終的に私たちが欲しい結果にたどり着くまでに、どのような順番
で情報を加工すればよいのか**、プログラムにはその内容を詳しく、正確に書かなけ
ればなりません。

0-3 ▶ プログラミングとは

　ところで、みなさんは「コンピュータは0と1しかわからない」という話を聞いたことはありませんか？　どんなに高性能のコンピュータでも、**もとをたどると電気信号のオンとオフで動く機械**です。オンとオフを数字で表すと1と0、だから「コンピュータは0と1しかわからない」というのは本当の話です。しかし、私たちが0と1だけでコンピュータに命令するというのは不可能な話ですね。そこで0と1しかわからないコンピュータと、0と1では命令できない私たちの間を埋めるために開発されたのが**プログラミング言語**です。

　プログラミング言語は**プログラムを開発するための言語**で、英単語とよく似た言葉を使ってコンピュータに命令できるように工夫されています。たとえば、fig. 0-3はPythonで書いた「1+1」の答えを表示するプログラムです。まだPythonの勉強はしていませんが、なんとなく何をしているのか想像できるでしょう？

fig. 0-3
「1+1」の答えを
表示するPythonの
プログラム

```
answer = 1 + 1

print(answer)
```

　プログラミングとは、与えられた情報から最終的な結果を得るまでに、どのように情報を加工すればいいのかを考えて、その過程をプログラミング言語の書き方に従って書く作業です。「でも、0と1しかわからないコンピュータにプログラミング言語で書いた命令が伝わるの？」――とてもいい質問です。実は、**コンピュータはfig. 0-3のプログラムをそのまま読むことはできません**。いったん**機械語**という**0と1だけで書かれたプログラム**に翻訳してからでないと、コンピュータは理解できないのです（fig. 0-4）。

fig. 0-4
「1＋1」の答えを
表示する機械語の
プログラム

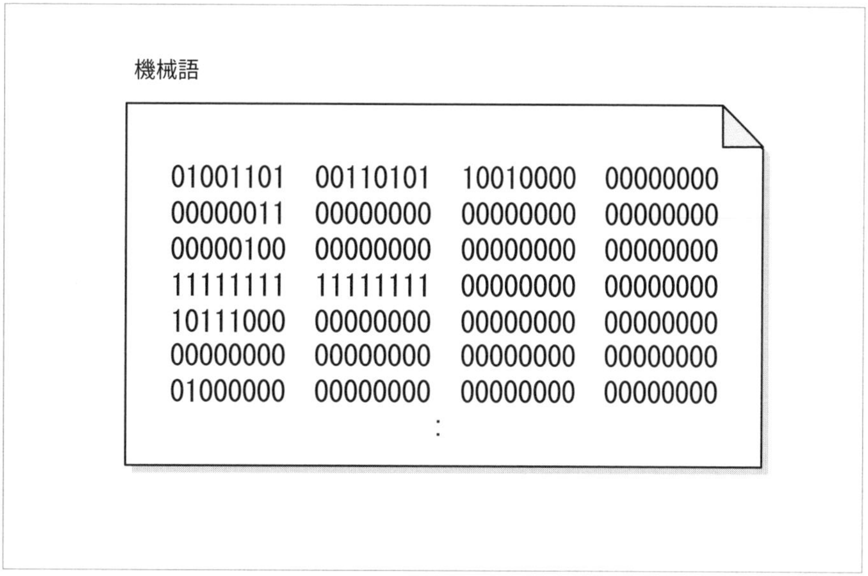

機械語

```
01001101　00110101　10010000　00000000
00000011　00000000　00000000　00000000
00000100　00000000　00000000　00000000
11111111　11111111　00000000　00000000
10111000　00000000　00000000　00000000
00000000　00000000　00000000　00000000
01000000　00000000　00000000　00000000
                    :
```

　「プログラミングだけでも難しそうなのに翻訳なんて……」と、なんだか不安になってきましたか？　安心してください。プログラミング言語から機械語へは、専用のプログラムが翻訳してくれます。

Pythonのプログラムが動く仕組み

0-4

*プログラムを実行するためのボタンです。runには「行う」という意味があります。

　第2章以降の説明では「プログラムを実行してください」という表現が何度も出てきます。このときにあなたがすることは、プログラムの編集画面上にある [Run] ボタン*をクリックすることです (fig. 0-5)。簡単でしょう？

fig. 0-5
Jupyter Notebook でプログラムを実行したところ

| File | Edit | View | Insert | Cell | Kernel | Widgets | Help |

💾　＋　✂　🗐　📋　↑　↓　▶ Run　■　C　⏭　Code ▼　⌨
————————————————— プログラムを実行するボタン

In [1]:　▶ answer = 1 + 1 ————————— Pythonのプログラム
　　　　　　 print(answer)
　　　　　　 2 ————————————————— プログラムの実行結果

*1　プログラミング言語と機械語の間にあることから、バイトコードのことを「中間コード」と呼ぶこともあります。

*2　VM (Virtual Machine) と表記されることもあります。

　このときコンピュータの内部では、Pythonのプログラムを**バイトコード**[*1]というプログラムに翻訳して、Pythonの**仮想マシン**[*2]に渡します。「マシン」というと機械のようなものを想像するかもしれませんが、これもコンピュータの中で動くプログラムです。仮想マシンに渡されたバイトコードは、ここでOS固有の機械語に翻訳してから実行されます (fig. 0-6)。

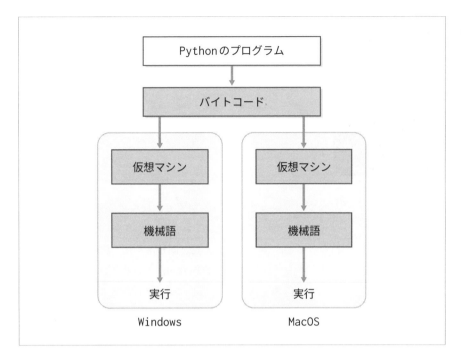

fig. 0-6
Pythonの
プログラムが
動く仕組み

　「そんな面倒なことをせずに、プログラミング言語から直接機械語に翻訳すれば
いいのに」と思うかもしれませんが、残念なことに機械語はすべてのコンピュータ
の共通言語ではありません。Windows用に翻訳した機械語のプログラムは、
Windowsパソコンでは動きますがMacでは動かないのです。そういう違いを仮想
マシンが吸収してくれるおかげで、**Pythonで書いたプログラムはWindowsパソ
コンでもMacでも、同じように実行することができます。**

More Information

プログラムを指すいろいろな言葉

　バイトコードや機械語の源 (source) ということで、プログラミング言語で
書いたプログラムを「ソース」と呼ぶことがあります。また、プログラムは数字
やアルファベットで書くことから、「コード」や「ソースコード」と言うことも
あります。本書ではPythonで書いたプログラムを「**プログラム**」、コンピュー
タにしてほしいことを考えて、そのプログラムを作ることを「**プログラミング**」
と表現します。「コーディング」という言葉を聞いたことがあるかもしれません
が、これは単にプログラミング言語でプログラムを書く作業のことです。

0-5　プログラミングに必要な道具

　コンピュータでレポートを書くには文書作成用のプログラムが、プレゼンテーション用の資料を作るにはテキストや図をきれいに配置できるスライド作成用のプログラムが必要ですね。それと同じように、Pythonでプログラミングをするには、まず「プログラミング言語Python」が必要です。そしてプログラムを書くための「エディタ」も必要です。さらにPythonのプログラムを「バイトコードに変換するプログラム」と、それを「実行するための仮想マシン」も必要です。「なにがなんだかさっぱりわからない！」と叫びたくなりそうですね。

　安心してください。Pythonのプログラミングに必要なこれらの道具は、Webから一括してダウンロードすることができるので、簡単にインストールできます。この作業のことを**開発環境を整える**と言います。まだPythonのプログラム開発環境が整っていない人は、下記サイトからのリンクを参照して必要なものをインストールしましょう。

```
https://gihyo.jp/book/2021/978-4-297-12500-4/support
```

## 第 1 章

プログラミング言語
Python

Pythonはプログラミングの入門者から経験豊富な
IT技術者まで、多くの人に利用される言語です。こ
の章ではPythonの人気の理由と、Pythonのコマン
ドを手軽に試せる**対話型インタプリタ**の使い方を
簡単に説明します。

1-1 ▶ Pythonの特徴

Pythonはプログラミングの学習用としてはもちろん、人工知能（AI）の開発やデータサイエンス*、大手IT企業のシステム開発にまで使われる言語です。幅広い分野で利用されるPythonの魅力を簡単に紹介しましょう。

*インターネット上にあふれる多種多様なデータ（ビッグデータ）を分析した結果から、ビジネスで活用できる新しい手法を導き出すことです。

手軽に始められる

PythonはWindows、macOS、Linuxで動作するオープンソースのプログラミング言語です。仕事や趣味、学習用など、用途を問わず誰でも無償で利用できます。また、OSごとにインストーラ*が用意されているので、ボタンを数回クリックするだけでプログラミングに必要な環境を整えることができます。

*コンピュータにプログラムをインストールするためのプログラムです。

Python と会話をするように命令を実行できる

Pythonには**対話型インタプリタ**という機能があります。これはキーボードからPythonの命令（コマンド）を入力すると、即座に結果を返してくれる機能です。まとまったプログラムを書くことはできませんが、命令の使い方や実行結果を手軽に確認することができるので、覚えておくととても便利です（fig. 1-1）。

fig. 1-1
対話型インタプリタ
（Windows）

20

プログラムの間違いを見つけやすい

　Pythonはプログラムに書かれている命令を1つずつ実行します。そのためプログラムの中に間違いがあった場合は、その場所でプログラムを停止します。どこで、どのようなエラーが発生したのか、間違いを見つけやすいという点でもPythonはプログラミングの入門者におすすめの言語です。

プログラムを再利用しやすい

　一度使ったものを別の場面で使うこと、たとえば、ジャムの入っていた空きビンを花瓶として使うことを「再利用」と言いますね。プログラムの再利用も同じです。Pythonで作ったプログラムをファイルに保存*1しておくと、まったく別のプログラムを作るときにそのファイルを呼び出して、そこに書かれたプログラムを利用できます。何度も同じプログラムを書く必要がないので、開発にかかる時間を大幅に短縮する*2ことができます。

*1 これを「モジュール」と言います。モジュールの作り方は第13章で説明します。

*2 「開発コストを減らす」のように表現されることもあります。

やりたいことが短いプログラムで実現できる

　Pythonではfig. 1-2のようなグラフを「座標を線でつなぐ」、「画面に表示する」という、たった2つの命令で描画できます（list 1-1）。グラフを描画するための特別な領域を用意して、データがきれいに収まるように座標軸を描いて、目盛りを描いて……といった処理を自分でプログラミングする必要は、Pythonでは一切ありません。少ない命令でやりたいことを実現できるので、効率よくプログラム開発ができます。

list 1-1
グラフを描画する
プログラム

```
import matplotlib.pyplot as plt  ← グラフ描画のためのプログラムを読み込む

x = [1, 2, 3, 4, 5]  ← x座標
y = [3, 7, 5, 6, 4]  ← y座標
plt.plot(x, y)  ← グラフを描画する命令
plt.show()  ← 画面に表示する命令
```

fig. 1-2
短いプログラムで
グラフが描ける

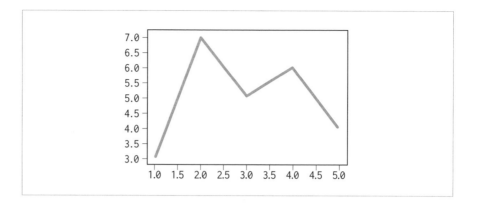

便利なプログラムが豊富に提供されている

プログラムの再利用のところで「一度作ったプログラムは、あとから読み込んで利用できる」という話をしました。そういうプログラムがPythonではたくさん開発されていて、一般に公開されています。実は、fig. 1-2のグラフも「グラフを描画するためのプログラム」を読み込んで描いたものです。

グラフ描画以外にも科学技術計算や統計処理、画像処理、言語解析、データベース、そして機械学習やディープラーニングなど、人工知能を開発するためのプログラムも多数利用できます。これらをうまく使うことで**自分のやりたいことだけに集中してプログラミングできる**というのがPythonの最大の魅力です。

More Information

ライブラリ

ほかのプログラムから呼び出して利用するプログラムのことを、プログラミングの世界では**ライブラリ**と言います。ライブラリは英語で書くとlibrary、つまり図書館です。図書館にたくさんの本があるのと同じように、いつでも読み込める便利なプログラムがPythonにはたくさんあるというイメージです。

1-2 ▶ PythonとAnaconda

　第0章ですでに説明したように、Pythonでプログラムを開発して実行するには開発環境が必要です。その準備をしようとすると、必ず目にするのがAnacondaという単語です。ここでPythonとAnaconda、2つの関係をはっきりさせておきましょう。

　Pythonはプログラムを開発するための言語です。Pythonの公式サイト（https://www.python.org）から、Python本体と関連プログラムをダウンロードしてインストールすることができます（fig. 1-3）。

fig. 1-3
Python公式サイト

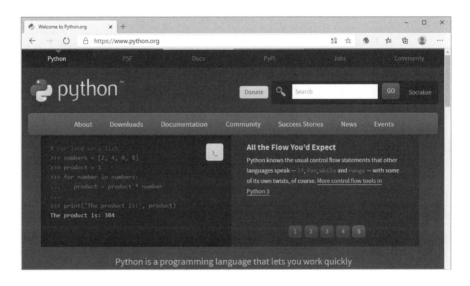

　しかし、前節の後半で紹介した便利なプログラムの中には、公式サイトから入手できないものもあります。たとえば、グラフ描画のためのプログラム（Matplotlib）や数値計算用のプログラム（NumPy）などです。「pip」というコマンド*を使えば個別にインストールできるのですが、キーボードからコマンドを入力することに慣れてない人には気後れする作業です（fig. 1-4）。

＊コンピュータに対する命令のことです。

23

fig. 1-4
pipコマンドを使って
モジュールを
インストール

＊Pythonはニシキヘ
ビ、Anacondaは そ
れよりも大きなアナ
コンダというヘビの
総称です。標準の
Pythonに便利な機能
を加えてAnaconda
のように大きくなっ
た、というイメージ
でしょうか。

　この面倒な作業を引き受けてくれるのがAnaconda＊です。Pythonの特別仕様版
と思っていただいてもかまいません。Anacondaを利用すると、**公式サイトから入
手できる標準のPythonに加えて、グラフ描画や科学技術計算、機械学習などで利
用できる便利なプログラム、そしてJupyter Notebookというプログラムを編集
するためのツール等を一括してインストールすることができます。** その分、インス
トールには大きなディスク容量が必要になりますが、手軽にPythonでのプログラ
ミングが始められて、なおかつ便利なプログラムもすぐに利用できるという点か
ら、この本ではAnacondaを使ったインストールをおすすめします。

　AnacondaのインストーラはWebサイト（https://www.anaconda.com/products/
individual）からダウンロードできます（fig. 1-5。）Windows版、macOS版、Linux
版の3種類があるので、ご自身のパソコンのOSに応じていずれかをダウンロード
してください。下記サイトではWindowsとmacOSでのインストール手順を紹介し
ています。

```
https://gihyo.jp/book/2021/978-4-297-12500-4/support
```

fig. 1-5
Anaconda

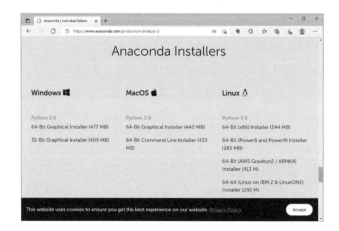

1

1-3 対話型インタプリタを使ってみよう

　対話型インタプリタは、Pythonの命令を入力すると即座に結果を返してくれる手軽で便利な機能です。Pythonのプログラムの書き方は第3章から詳しく説明するので、ここではPythonとの会話を楽しんでください。

1-3-1 対話型インタプリタを起動する

　Windowsとmacprosでの起動方法を紹介します。起動後の操作方法はどちらも同じです。

Windows で対話型インタプリタを起動する

1. Windowsのスタートメニューから [Anaconda3]、[Anaconda Prompt (anaconda3)] の順に選択してください (fig. 1-6)。

fig. 1-6
Windowsスタート
メニュー

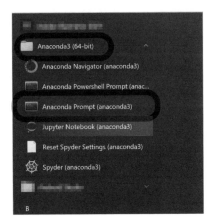

2. Anacondaプロンプトが起動します (fig. 1-7)。Anacondaプロンプトは、パソコンへの命令をマウスで行うのではなく、キーボードからコマンドという文字列を入力して実行するためのアプリです。

fig. 1-7
Anaconda
プロンプト

3. 行頭に表示されている「>」は、コマンドを入力できることを表すプロンプトです。この状態で次のコマンドを入力してください。

```
> python
```

4. 最後に Enter キーを入力すると対話型インタプリタが起動して、プロンプトが「>>>」に変わります (fig. 1-8)。

fig. 1-8
対話型インタプリタ
(Windows)

```
■ Anaconda Prompt (anaconda3) - python                                  ─  □  ×

(base) C:¥Users¥taro>python ── コマンドを入力
Python 3.8.8 (default, Apr 13 2021, 15:08:03) [MSC v.1916 64 bit (AMD64)] :: Anaconda, Inc. on win32
Type "help", "copyright", "credits" or "license" for more information.
>>>
    └── プロンプトが変わる
```

macOS で対話型インタプリタを起動する

1. Finderを起動して [アプリケーション]、[ユーティリティ] の順にフォルダ開くと [ターミナル] というアプリがあります (fig. 1-9)。これを起動してください。

fig. 1-9
Finder

2. ターミナルは、パソコンへの命令をマウスで行うのではなく、キーボードから「コマンド」という文字列を入力して実行するためのアプリです (fig. 1-10)。

fig. 1-10
ターミナル

```
● ● ●                    📁 kaori — -zsh — 101×15
Last login: Mon Sep  6 17:40:44 on ttys000
(base) kaori@kaori-jirinadsims  ~ % █
```

3. 行頭に表示されている「%」は、コマンドを入力できることを表す「プロンプト」です。この状態で次のコマンドを入力してください。

```
% python
```

4. 最後に Enter キーを入力すると対話型インタプリタが起動して、プロンプトが「>>>」に変わります (fig. 1-11)。

fig. 1-11
対話型インタプリタ
(macOS)

```
● ● ●                    📁 kaori — python — 101×15
Last login: Mon Sep  6 17:40:44 on ttys000
(base) kaori@kaori-jirinadsims  ~ % python    ←─ コマンドを入力
Python 3.8.8 (default, Apr 13 2021, 12:59:45)
[Clang 10.0.0 ] :: Anaconda, Inc. on darwin
Type "help", "copyright", "credits" or "license" for more information.
>>> █
 └──── プロンプトが変わる
```

1-3-2 命令を実行する

　プロンプトが「>>>」のときは、Pythonの命令を入力できる状態です。次の命令を実行してみましょう。命令は必ず半角英数字で入力してください。また、アルファベットの大文字と小文字はきちんと区別されるので、間違わずに入力しましょう。

```
>>> print('Hello')  ← 命令を入力
Hello  ← 実行結果
```

　命令を最後まで入力して Enter キーを押すと、次の行に「Hello」が表示されましたね。**print()は、()の中に書いた文字列を画面に出力する**命令です。「Hello」の次の行にはプロンプトが表示されているので、次の命令を実行してみましょう。「ただの足し算じゃないか」と思うかもしれませんが、これも「100に50を加算する」というPythonの命令です。

```
>>> 100+50  ← 命令を入力
150  ← 実行結果
```

　ちゃんと次の行に答えが表示されましたね。このように対話型インタプリタでは、**命令の実行結果が次の行に表示されます**。では、次の命令を実行してみてください。

```
>>> answer = 1 + 5  ← 命令を入力
>>>  ← すぐにプロンプトが表示される
```

　すると、次の行には何も表示されずにプロンプトだけが表示されました。この命令は「answerという入れ物に1+5の答えを入れる」命令です。「値を入れる」という仕事をした後、その結果として見せるものが何もないので、次の行には再びプロンプトが表示されたのです。

　「だったら本当に値が入ったかどうかわからないじゃないか！」と思うかもしれませんが、次の行にプロンプトが表示されたのは命令が正しく実行できた証です。もしも実行できなかったときは画面に ****Error のようなメッセージが表示されます。次の項では、このメッセージについて詳しく説明していきます。

では、本当に answer ＝ 1 ＋ 5が実行できたのかどうか確認してみましょう。次のように「answer」とだけ入力すると、「1＋5」の答えが入っていることを確認できます。

```
>>> answer  ← 命令を入力
6  ← 実行結果
```

More Information

式と文

少し難しい話になりますが、プログラムに書く命令は「式」と「文」で構成されています (fig. 1-12)。式は「1＋5」のような計算や、「answer > 10」のように大きさを比較するものなど、何らかの値を持つもののことです。「'Hello'」や「10」など、値そのものも式に含まれます。対話型インタプリタに式を入力したときは、その式の持つ値が次の行に表示されます。

文は、式を使って何らかの処理を実行するものです。たとえば「answer ＝ 1 ＋ 5」は「1＋5の答えをanswerに代入する」という処理を行うので代入文と呼ばれています。文はそこに書かれた処理を実行しますが、文自体が何かの値を持つわけではありません。そのため対話型インタプリタに文を入力すると、次の行にはプロンプトだけが表示されます。

fig. 1-12
プログラムは式と文で構成される

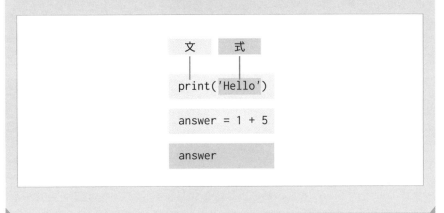

1-3-3 入力した命令に間違いがあるとき

　ここまでの操作で、「命令を実行したら、画面になんかいっぱい表示された！」
という人はいませんか？　画面に表示されたたくさんの文字は**エラーメッセージ**で
す。もう一度、入力した命令を見直してください。どこかに間違いはありません
か？たとえば、answer に入れた値を確認するつもりで「amswer」と入力したとき
は、次のメッセージが表示されます。

```
>>> amswer  ← スペルを間違えて入力すると...
Traceback (most recent call last):
  File "<stdin>", line 1, in <module>     ← エラーメッセージ
NameError: name 'amswer' is not defined
```

　メッセージの最後の行に注目してください。直訳すると「名前エラー：
'amswer'という名前は定義されていない」と書かれています。最後の行には間違
いを直すためのヒントが書かれているので、必ず目を通すようにしましょう。

More Information

カーソルキーで過去の命令を呼び出す

　対話型インタプリタは、過去に実行した命令をちゃんと覚えています。プロ
ンプトが表示されている状態で⬆キーを押してみてください。キーを押すた
びに、実行した命令が過去にさかのぼって表示されます (fig. 1-13)。

fig. 1-13
カーソルキーで
過去の命令を
呼び出す

```
>>> print('Hello')
Hello
>>> 100+50
150
>>> answer = 1 + 5
>>> answer
6
>>> answer = 1 + 5_ ── ⬆を2回押すと、
                        2つ前の命令が表示される
```

　また、呼び出した命令が表示されている状態で⬅キーを押すと、カーソル
位置が移動します。「たった1文字間違えただけだったのに！」という場合で
も、これなら簡単に修正できますね。

1-3-4　対話型インタプリタを終了する

これからPythonの勉強をしていく中で、「この命令の使い方、これで正しいのかな？」とか「この命令を実行したらどうなるんだろう？」と、ちょっとだけ確認したい場面にたくさん遭遇すると思います。そういうときに簡単に起動できる対話型インタプリタはとても便利です。

ただ、対話型インタプリタではエラーが発生したときに、コマンドをもう一度入力し直さなければなりません。また、複数行に渡る複雑なプログラムを書くこともできませんし、がんばって書いたとしてもそれを残しておくことができません。今日の勉強を終えて、明日また対話型インタプリタを起動したときは、今日作った内容を一から入力し直さなければならないのです。それはもったいないでしょう？

第2章では、この不自由さを解消するJupyter Notebookというツールの使い方を紹介します。対話型インタプリタは、ここでいったん終了しましょう。

プロンプト（>>>）が表示されている状態で、次のコマンドを実行してください。

```
>>> exit()
```

Windowsの場合はAnacondaプロンプトに戻ることができます。ウィンドウの「閉じる」ボタンをクリックするか、次のコマンドを実行してAnacondaプロンプトを終了してください。

```
>>> exit
```

macOSの場合はターミナルに戻ることができます。［ターミナル］メニューから［ターミナルを終了］を選択するか、Commandキーとℚキーを同時に押してターミナルを終了してください。

確 認 ・ 応 用 問 題

Q1 対話型インタプリタを起動してください。

Q2 「100 − 25」を計算して、答えを画面に表示してください。

Q3 print() という命令を使って、画面に「Good Bye!」を表示してください。

Q4 対話型インタプリタを終了してください。

第 **2** 章

////////////////////////////////

Jupyter Notebook を使おう

本書ではJupyter Notebookというツールをプログラムの編集に使うことを前提に説明しています。第3章から本格的にPythonの勉強を始めるので、その前にJupyter Notebookの使い方を確認しておきましょう。本書の後半ではPythonの命令の使い方やプログラムの書き方も紹介します。

2-1 ▶ Jupyter Notebookの使い方

Jupyter Notebookは、プログラムの編集や実行、保存など、すべての作業をWebブラウザ上で行うことができるツールです（fig. 2-1）。対話型インタプリタでは命令を1つずつしか実行できませんが、Jupyter Notebookでは複数行の命令をまとめて実行できます。また、文書作成用のアプリで作業をするのと同じように、作成したプログラムを保存しておいて、後から編集し直すこともできます。

fig. 2-1
Jupyter
Notebook
の編集画面

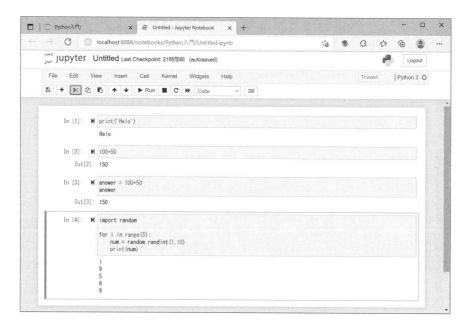

2-1-1 Jupyter Notebookを起動する

Windowsを使用している人はスタートメニューから［Anaconda3］、［Jupyter Notebook（anaconda3）］の順に選択してください（fig. 2-2）。

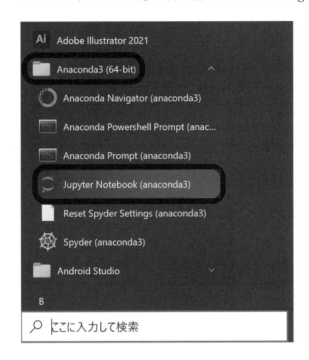

macOSの場合はFinderを起動して［アプリケーション］、［ユーティリティ］の順にフォルダを開くと［ターミナル］があります。これを起動して、次のコマンドを実行してください。

```
% jupyter notebook
```

しばらくするとWebブラウザが起動して、Jupyter Notebookの最初の画面が表示されます。これを**ダッシュボード**と言います（fig. 2-3）。Windowsの場合、ダッシュボードにはAnacondaをインストールしたフォルダの内容が表示されます。macOSの場合は、Jupyter Notebookを起動したときの作業ディレクトリの内容が表示されます。

fig. 2-3
Jupyter
Notebook
のダッシュボード
(Windows)

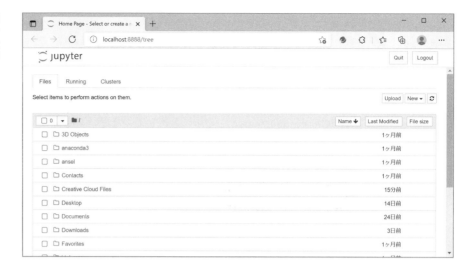

ところで、WindowsでJupyter Notebookを起動したとき、ブラウザよりも少し先にfig. 2-4のような画面が起動したことに気が付いたでしょうか。これはブラウザ上でJupyter Notebookを動かすためのプログラム(サーバー)です。サーバーが停止するとJupyter Notebookが動作しなくなるので、間違ってウィンドウを閉じないように注意してください。macOSではターミナル上でサーバーが動いています。Jupyter Notebookで作業をしている間は、ターミナルを起動したままにしておいてください。

fig. 2-4
Jupyter
Notebook
のサーバー

```
Jupyter Notebook (anaconda3)                                                    —   □   ×
[W 2021-10-08 13:09:36.314 LabApp] 'notebook_dir' has moved from NotebookApp to ServerApp. This config will be passed to
 ServerApp. Be sure to update your config before our next release.
[W 2021-10-08 13:09:36.315 LabApp] 'notebook_dir' has moved from NotebookApp to ServerApp. This config will be passed to
b
[I 2021-10-08 13:09:36.324 LabApp] JupyterLab extension loaded from C:\Users\    \anaconda3\lib\site-packages\jupyterla
[I 2021-10-08 13:09:36.325 LabApp] JupyterLab application directory is C:\Users\      \anaconda3\share\jupyter\lab
[I 13:09:36.329 NotebookApp] Serving notebooks from local directory: C:\Users\
[I 13:09:36.329 NotebookApp] Jupyter Notebook 6.3.0 is running at:
[I 13:09:36.329 NotebookApp] http://localhost:8888/?token=65a62aacb2184d383187567867d9e7ba7a46b6001d5275de
[I 13:09:36.330 NotebookApp]  or http://127.0.0.1:8888/?token=65a62aacb2184d383187567867d9e7ba7a46b6001d5275de
[I 13:09:36.330 NotebookApp] Use Control-C to stop this server and shut down all kernels (twice to skip confirmation).
[C 13:09:36.369 NotebookApp]

    To access the notebook, open this file in a browser:
        file:///C:/Users/    /AppData/Roaming/jupyter/runtime/nbserver-16844-open.html
    Or copy and paste one of these URLs:
        http://localhost:8888/?token=65a62aacb2184d383187567867d9e7ba7a46b6001d5275de
     or http://127.0.0.1:8888/?token=65a62aacb2184d383187567867d9e7ba7a46b6001d5275de
```

2-1-2　作業用のフォルダを作成する

　Pythonの学習を始める前に、作業用のフォルダを作成しましょう。画面右上にある［New］ボタンをクリックして、表示されるメニューの中から［Folder］を選択してください❶。「Untitled Folder」という名前の新しいフォルダが作成されます（fig. 2-5）。

fig. 2-5
新規フォルダを
作成する

　このままではわかりにくいので、名前を変更しましょう。一覧の中から「Untitled Folder」を探してチェックを入れる❷と、画面上部に［Rename］ボタンが表示されるので❸、これをクリックしてください（fig. 2-6）。

fig. 2-6
フォルダを
選択する

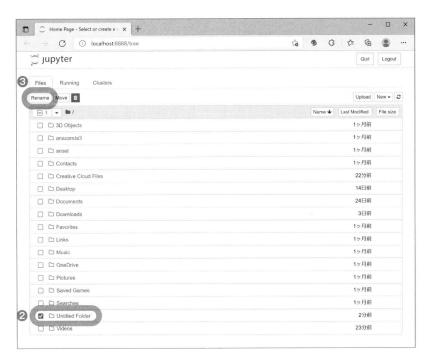

　　　　　　　　表示される画面で新しい名前を入力して❹［Rename］ボタンをクリックすると
❺、フォルダの名前を変更することができます（fig. 2-7）。

fig. 2-7
フォルダ名を
変更する

　　　　ダッシュボードに表示されている一覧から、いま名前を変更したフォルダをク
リックすると、そのフォルダに移動することができます（fig. 2-8）。ここから先は、
このフォルダを作業用のフォルダとして使います。

fig. 2-8
作業用のフォルダに
移動

More Information

起動時に表示されるフォルダを変更する

　　Jupyter Notebookではダッシュボード、つまり起動時の画面に表示されて
いるフォルダが一番上のフォルダです。ここに表示されているフォルダには移
動できますが、それ以外のフォルダには移動できません。「C:¥Python」のよ
うな別のフォルダを起動時の画面に表示するには、次の手順で設定してくださ
い。

・Windowsの場合
　　スタートメニューで［Anaconda3］をクリックした後、［Jupyter Notebook

(anaconda3)] ❶を右クリックして [その他] ❷、[ファイルの場所を開く] ❸
の順に選択してください (fig. 2-9)。

fig. 2-9
Jupyter
Notebookの
ファイルの場所を
開く

エクスプローラが起動するので、一覧の中から [Jupyter Notebook] を右ク
リックして [プロパティ] を選択し❹、ショートカットのプロパティを表示し
てください (fig. 2-10)。

fig. 2-10
ショートカットの
プロパティ

この画面で「リンク先」の一番最後の「"%USERPROFILE%/"」を削除し、
代わりにJupyter Notebookを起動したときに表示したいフォルダのパスを、
ドライブ名から入力してください❺。たとえば「C:￥Python」という名前の
フォルダを起動時に表示したいときは

```
"C:/Python"
```

のように全体を二重引用符で囲んで入力してください。Jupyter Notebook上では、**フォルダの区切りは「/」**になります。[OK] ボタンをクリック❻して設定を終了してください。以降はJupyter Notebookを起動すると、指定したフォルダの内容がダッシュボードに表示されます。

・macOSの場合

ターミナルを起動して、

```
% cd /ディレクトリ名   ← 作業ディレクトリを変更する
% jupyter notebook   ← Jupyter Notebookを起動する
```

の順にコマンドを実行してください。変更先のディレクトリの内容がダッシュボードに表示されます。なお、作業ディレクトリの変更は、Jupyter Notebookを起動するたびに行う必要があります。

2-1-3 新規のNotebookを作成する

それではプログラムを書くためのNotebookを作成しましょう。NotebookはMicrosoft Wordの「ドキュメント」のようなものです。Jupyter Notebookでは、作成したプログラムをNotebook単位で保存します。

Notebookを作成するには、画面右上にある [New] ボタンをクリックして、表示されるメニューの中から「Python3」を選択してください。新しいタブが開いて、新しいNotebookが表示されます (fig. 2-11)。

fig. 2-11
Notebookの画面

新しいNotebookにはメニューバーとツールバー、そしてIn [ ]: の横に**セル**と呼ばれる四角い枠が1つだけ表示されます。プログラムはここに入力します。

2-1-4 命令を実行する

Pythonの命令を入力して、実行する練習をしましょう。セルをクリックして、次の式を入力してください（fig.2-12 ❶）。

```
100+50
```

対話型インタプリタでは Enter キーを押すとコマンドを実行できましたが、Notebookのセルでは改行されるだけですね。**セルに入力した命令を実行するには、ツールバー上の [Run] ボタンをクリックします** ❷。[Run] ボタンをクリックする代わりに、 CTRL キーと Enter キーを同時に押してもかまいません。すると、セルの下に実行結果が表示されます❸（fig. 2-12）。

fig. 2-12
セルを実行する

［Run］ボタンをクリックしてセルを実行したときはfig. 2-12のように新しいセルが追加されますが、CTRLキーとEnterキーで実行したときは追加されません。この場合はツールバー上の［＋］をクリックすると新しいセルを追加できます。

続いて、追加されたセルに次の命令を入力してください（fig. 2-13❶）。Jupyter Notebookでは「(」や「'」を入力すると、それと対になる「)」や「'」が自動的に挿入されます。命令の書き方のミスを防ぐ工夫がされているのも、Jupyter Notebookの特徴です。

```
print('Hello')
```

さて、命令を入力できたら実行❷してみてください。今度はセルの下に「Hello」が表示されます❸（fig. 2-13）。

fig. 2-13
セルを実行する

もう1つ試してみましょう。新しいセルに次の命令を入力して実行してください。これは「answerに1＋5の答えを代入する」という処理を行う代入文です。セルを実行しても、セルの下には何も表示されません（fig. 2-14）。

```
answer = 1 + 5
```

fig. 2-14
セルを実行する

本当にanswerに値が代入されたかどうかを確認するために、いまと同じセルに新しい行を追加して、「answer」とだけ入力して実行してみましょう。今度は答えが表示されましたね（fig. 2-15）。このように、**Notebookのセルは複数の命令を**

入力して、まとめて実行することができます。

```
answer = 1 + 5
answer
```

fig. 2-15
セルを実行する

　入力した内容に誤りがあるときは、セルの直下にエラーメッセージが表示されます（fig. 2-16）。対話型インタプリタと同様にエラーの内容は一番下の行に表示されますが、Jupyter Notebookではそのエラーが発生した場所を「---->」で示してくれます。入力した内容はセルにそのまま残っているので、これなら間違いを直すのも簡単ですね。

fig. 2-16
エラーが
発生したとき

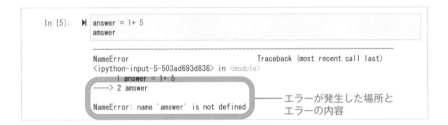

More Information

Notebook の In [ ] と Out [ ]

*式と文の説明は、「1-3-2：命令を実行する」のコラム欄で説明しています（P.28）。

　もう一度、ここまでに入力した命令と実行結果を見てみましょう。Jupyter Notebookでは、セルの最後に入力した命令が**式***のときは、その値をOut [ ]:として出力します。このときにIn [ ]やOut [ ]に表示される番号は、セルを実行した順番です。この値はセルを実行するたびに自動的に更新されます。

　セルの最後に入力した命令が**文**のときは、実行時にIn [ ]の値が更新されるだけです。セルの下には何も表示されず、Out [ ]も表示されません（fig. 2-14）。なお、print()は()の中の値を画面に出力する命令文です。セルの下に値が表示されますが、これは「出力する」という処理の結果です。式の実行結果ではないのでOut [ ]:は表示されません（fig. 2-13）。

2-1-5 　Notebookのコマンド

　ここまで見てきたように、**Notebookではセル単位でプログラムを実行します**。Notebook内のすべてのセルを一度に実行するときは、[Cell] メニューから [Run All] を選択してください (fig. 2-17)。[Run All Bellow] を選択すると、カーソルのあるセルから下のセルを、すべて実行することができます。

fig. 2-17
Notebookの
[Cell] メニュー

　[Run] ボタンまたは CTRL キーと Enter キーを同時に押したときは、そのときに注目しているセル（カレントセル）を実行します。このセルは緑色または青色の枠で囲まれています (fig. 2-18)。

fig. 2-18
編集中のセル

　セルの枠が緑色になっているとき、そのセルは**編集モード**です。セルの内容を自由に編集できることを表しています。この状態でメニューやツールバーを選択したり、セル以外の場所をクリックしたりすると、セルは青色の枠で囲まれます。この状態を**コマンドモード**と言います。セルの編集はできませんが、Notebookのコマンドを受け付ける状態です。セル中の命令が表示されている枠をクリックすると、再び編集モードになります*。

＊コマンドモードで
[Enter] キーを押す
ことでも編集モード
になります。

fig. 2-19はNotebookに表示されるツールバーです。カレントセルのコピーや削除、順番の入れ替えなどを行うことができます。

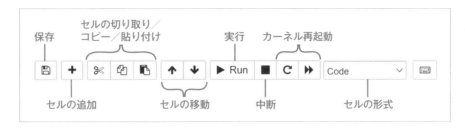

fig. 2-19
Notebookの
ツールバー

2-1-6 Notebookを保存する

Notebookで編集したプログラムは、**実行結果も含めてそのまま保存できます**。新しいNotebookの名前は「Untitled」になっているので、名前を付けてから保存するようにしましょう。

画面上部に表示されている「Untitled」❶が、いま開いているNotebookの名前です。ここをクリックすると、名前を変更できるようになります。表示される画面で新しい名前を入力して❷、[Rename] ボタンをクリックしてください❸ (fig.2-20)。

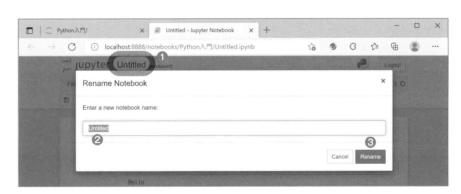

fig. 2-20
Notebookの
名前を変更する

画面に新しい名前が表示されていることを確認したら、Notebookを保存しましょう。ツールバーの左端のボタンをクリックしてください (fig. 2-21)。Notebookに表示されているプログラムと実行結果を、そのまま保存することができます。

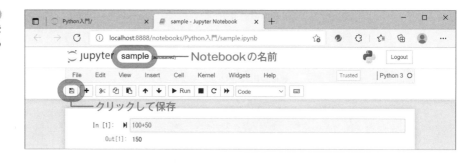

fig. 2-21
Notebookを
保存する

2-1-7 Notebookを閉じる

[File] メニューから [Close and Halt] を選択してください (fig. 2-22)。Notebookを表示していたタブを閉じて、ダッシュボードに戻ることができます。

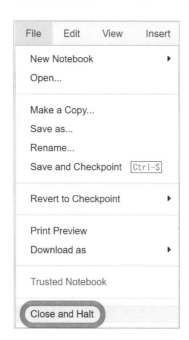

fig. 2-22
Notebookの
[File] メニュー

Notebookを閉じるときにfig. 2-23のようなメッセージが表示された場合は、編集内容が保存されていません。ここで [移動] を選択すると、変更内容を破棄してNotebookを閉じます。保存するときは [キャンセル] を選択してください。Notebookの画面に戻ることができるので、前項の手順に従って保存してください。

2

fig. 2-23
Notebookを
保存していないとき

サイトから移動しますか?

変更内容が保存されない可能性があります。

[移動] [キャンセル]

　[Close and Halt] を選択せずにブラウザの［タブを閉じる］ボタンをクリックすると、**コンピュータの内部ではNotebookを動かすためのプログラム（カーネル）が起動したままになるので注意してください。**編集できないNotebookのためにコンピュータのメモリを消費するのは好ましくありません。

　起動中のNotebookは、ダッシュボードに緑色のアイコンで表示されます。先頭のチェック❶を入れると［Shutdown］ボタン❷が表示されるので、これをクリックしてください（fig. 2-24）。プロセスを終了すると、アイコンは黒色で表示されます。

fig. 2-24
Notebookの
プロセスを終了する

Files　Running　Clusters

Duplicate　Shutdown　View　Edit

Upload　New ▾

/ Python入門　Name ↓　Last Modified　File size

..　数秒前

❶ sample.ipynb　起動中 — Running 6分前　1.49 kB

Untitled.ipynb　2分前　899 B

More Information

ダッシュボードのコマンド

*末尾の「.ipynb」は、「Jupyter Notebookのファイル」を表す文字です。このようにファイルの種類を表す文字を「拡張子」と言います。

　ダッシュボードで「*****.ipynb」*のように表示されているのがNotebookです。先頭のチェックを入れるとfig. 2-25のツールバーが表示されて、Notebookのコピーや名前の変更、削除などを行うことができます。

　［View］ボタンをクリックすると、選択したNotebookを開くことができます。また、ダッシュボードでNotebook名をクリックしても、同じようにNotebookを開くことができます。

fig. 2-25
ダッシュボードの
ツールバー

2-1-8 Jupyter Notebookを終了する

前項の手順に従ってすべてのNotebookを閉じた後、ダッシュボード上の［Quit］ボタン❶をクリックしてください。ブラウザ上でJupyter Notebookを動かすためのサーバーを終了*した後、fig. 2-26のメッセージが表示されます。［×］ボタン❷をクリックしてメッセージを閉じた後、ブラウザの［閉じる］ボタンをクリックしてください。これでJupyter Notebookが終了できました。

*Windowsの場合は、サーバーが動作していたウィンドウが閉じられます。

fig. 2-26
サーバーを停止した
ことを通知する
メッセージ

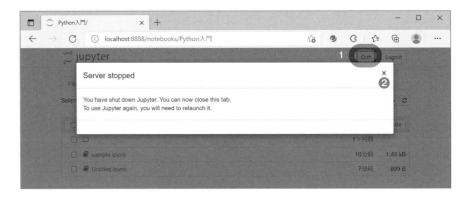

macOSの場合は、Jupyter Notebookの起動に使ったターミナルが起動したままになっています。［ターミナル］メニューから［ターミナルを終了］を選択するか、Command キーと Q キーを同時に押してターミナルを終了してください。

2-2 初めてのプログラム

Jupyter Notebookの使い方に慣れるために、次は簡単なプログラムを作ってみましょう。題して「コンピュータとの会話プログラム」です。このプログラムで使うPythonの命令は、第3章以降でも頻繁に使います。ここでしっかり使い方をマスターしておきましょう。

2-2-1 コンピュータと会話しよう

fig. 2-27は、これから作るプログラムを実行した様子です。「What is your name ?」とコンピュータが聞いてきます。右隣の四角い枠は、あなたが値を入力する領域です❶。名前を入力して、最後に Enter キーを押してください❷。すると、四角い枠がなくなって、その下に「Hello ○○○」のようにあなたが入力した名前が表示されます❸ (fig. 2-27)。

fig. 2-27
プログラムを
実行した様子

❶ What is your name ?

❷ What is your name ? Hanako

❸ What is your name ? Hanako
   Hello Hanako

　プログラムの詳しい内容は後で説明するので、とにかくプログラムを書いて実行してみましょう。

　Jupyter Notebookを起動して新しいNotebookを作成し、list 2-1のプログラムを1つのセルに入力してください。Notebookではセル単位にプログラムを実行するので、**list 2-1を1つのセルに入力しておくと、2つの命令を連続して実行することができます。**以降の説明でも同様です。1つの枠の中に記載したプログラムは、1つのセルに入力してください。

　プログラムを入力するときは、大文字と小文字にも気を付けましょう。また、「What is your name?」を「What's your name?」と書きたくなるかもしれませんが、「What's」の「'」は特殊な文字*のため、そのまま使うとプログラムを実行したときにエラーが発生します。ここはlist 2-1に書いてある通りに入力してください。

＊「'」の扱い方は、「3-4-2：文字列の途中で改行する」(P.90) で説明します。

list 2-1
初めてのプログラム

 入力

```
name = input('What is your name ? ')
print('Hello ' + name)
```

＊同時に [CTRL] キーと [Enter] キーを押すことでも実行できます。

　最後まで入力したら、ツールバー上の [Run] ボタンをクリックして実行してみましょう*。入力したプログラムに間違いがなければ、セルの下に「What is your name?」というメッセージと入力欄が表示されます。名前を入力して [Enter] キーを押してください。「Hello ○○○」と表示されたら成功です。いろいろな名前を入力して「Hello」の後ろに表示される名前が変わることを確認しましょう。

結果
```
What is your name ? Hanako
Hello Hanako
```

　プログラムを実行したときにエラーが発生したという人は、落ち着いて画面に表示されるメッセージを確認してください。解決のヒントは最後の行に書かれています。table 2-1を参考にして、もう一度プログラムの内容を確認してください。

table 2-1
発生しそうなエラー

エラーの種類	確認すること
NameError	入力したプログラムにスペルの間違いはないか
SyntaxError	「( )」や「' '」の組み合わせがおかしくないか
IndentationError	行頭に余分なスペースが挿入されていないか

2-2-2 値の入力と出力

Pythonで初めて書いたプログラム、いかがでしたか？ list 2-1に書いた2つの命令は、プログラミングの世界で**標準入出力**と呼ばれる命令です。「標準入力」は**キーボードからの入力**を指す言葉、「標準出力」は**画面への出力**を指す言葉、それを2つ合わせて「標準入出力」です。1つずつ見ていきましょう。

list 2-2
初めてのプログラム
（list 2-1再掲）

```
name = input('What is your name ? ')
print('Hello ' + name)
```

キーボードから値を入力する

Pythonでは**input()**を使ってキーボードから入力した値をプログラムに取り込むことができます。list 2-2では1行目で

```
name = input('What is your name ? ')
```

*正しくは「変数」と言います。詳しくは第3章で説明します。

を実行しました。これは「'What is your name ?' を画面に表示して、**そこでキー入力した値をnameという名前の入れ物*に代入する**」という命令です（fig. 2-28）。ただ、この入れ物はコンピュータの作業場所であるメモリに作られるため、私たちの目には見えません。見えないけれども、**この命令を実行した後は入れ物の名前を使ってキー入力した値を利用することができます**。次の命令に進みましょう。

fig. 2-28
input()の仕事

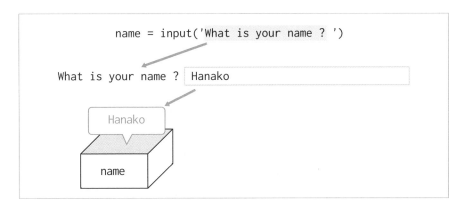

画面に値を出力する

すでに何度か使ってきましたが、Pythonでは**print()**が画面に値を出力する命令です。これまでは

```
print('Hello')
```

のように出力したい値そのものを()の中に記述してきましたが、ここに入れ物の名前を記述すると、その入れ物に入っている値を画面に出力することができます。

たとえば、nameという入れ物がfig. 2-28の状態であれば、

```
print(name)
```

を実行したときに画面に「Hanako」が出力されます。

でも、list 2-2の2行目は

```
print('Hello ' + name)
```

*「+」は「文字列を連結する」ための記号です。詳しくは「3-4-3：文字列の連結」(P.92) で説明します。

ですね。これは「'Hello 'の後ろにnameに入っている値を付け足して出力する」という意味です (fig. 2-29)。文字列をつなげるために足し算に使う「+」が使われているのが面白いですね*。

fig. 2-29
print()の仕事

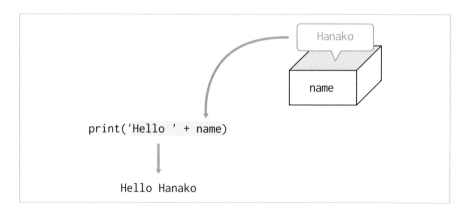

さて、ここまで「Pythonの命令」のように表現してきたinput()やprint()ですが、本当は**Pythonの組み込み関数**が正しい表現です。**組み込み**とは文字通り、Pythonに最初から組み込んでいる、つまり**特別なことをしなくてもすぐに使える**

という意味です。第1章でも触れましたが、Pythonでは別のプログラム（ライブラリ）を読み込むと、そこに書かれている命令を利用できるようになります。「組み込み」は、それらの命令と区別するために使われる言葉です。

　そして関数は、**プログラムでよく使う機能を部品化したもの**です。自分で作ることもできますが、それは第8章で説明します。ここでは関数とはどんなものか、どうやって使うのかを確認しておきましょう。

2-2-3　関数の使い方

　突然ですが、頭の中に自動販売機を思い浮かべてください。自動販売機はお金を入れて商品ボタンを押すと、選んだ商品と、必要であればおつりが取り出し口に出てきますね（fig. 2-30）。自動販売機の中で何が起こっているかを知らなくても、「お金を入れてボタンを押せば、商品が出てくる」ことを知っていれば、自動販売機の種類が変わっても、私たちは欲しいものを買うことができます。

fig. 2-30
自動販売機

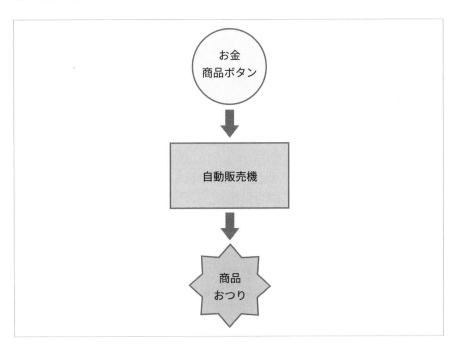

　プログラムで使う関数もこれと同じで、**何らかの情報を入力すると、それを使って決まった演算を行い、結果を出力**します（fig. 2-31）。関数の中にどのようなプ

ログラムが書かれているかを知らなくても、「どんな情報を入れると、何が出てくるか」を知っていれば利用することができます。

　たとえば、Pythonにはlen()という関数があります。これは関数に文字列を入力すると、その文字数を数える関数です。len()の中で何が行われているかはわからなくても、「len()関数に文字列を入力すると、その文字数を出力する」ということさえ知っていれば使うことができます。

fig. 2-31
関数

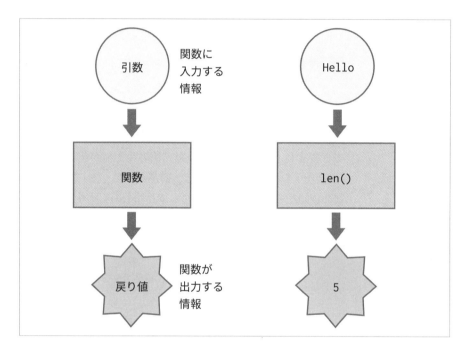

　fig. 2-31に示したように、関数に入力する情報を**引数**、関数が出力する結果を**戻り値**と言います。また、関数を利用することを「関数を呼び出す」や「関数を実行する」のように言います。「コンピュータとの会話プログラム」ではinput()関数を

```
name = input('What is your name? ')
```

のように書いて実行しましたね。一般的な形で表すと、関数の呼び出しは次のようになります。

書式 2-1
関数の呼び出し①

変数名 = 関数名（引数1，引数2，引数3……）

＊詳しくは第3章で
説明します。

イコール (=) の右側に、関数名と関数に入力する値を () で囲んで記述してください。複数の値を渡すときは、カンマ (,) で区切ります。左辺の「変数名」＊は、関数の戻り値を入れる入れ物の名前です。上の例ではnameが入れ物の名前です。**関数が処理した結果を以降のプログラムで使うために、name という入れ物に入れておく**というイメージです。

また、関数は次の形で呼び出すこともできます。print()関数のように、処理を実行した後に結果を返さない関数は、この形で実行します。

書式 2-2
関数の呼び出し②

> **関数名 (引数1 , 引数2 , 引数3……)**

table 2-2にPythonの組み込み関数の一部を示しました。もちろん、いますぐにこれらを覚える必要はありません。「こんなのがあるんだなあ」くらいの気持ちで眺めてください。

table 2-2
主な組み込み関数

関数	説明	使用例	結果
input()	キーボードから値を入力する	input('What is your name? ')	キー入力した値
print()	画面に値を出力する	print('Hello')	「Hello」が表示される
abs()	絶対値を返す	abs(-10)	10
sum()	合計を求める	sum([1, 2, 3])	6
round()	値を丸める	round(3.141592, 2)	3.14
min()	最小値を返す	min(1, 2, 3)	1
max()	最大値を返す	max(1, 2, 3)	3
len()	文字数を返す	len('Hello')	5
int()	整数に変換する	int('100')	100
float()	実数に変換する	float('10.5')	10.5
str()	文字列に変換する	str(100)	'100'
bin()	2進数に変換する	bin(10)	'0b1010'
oct()	8進数に変換する	oct(10)	'0o12'
hex()	16進数に変換する	hex(10)	'0xa'
chr()	文字に対応する文字コードを返す	chr('A')	65
ord()	文字コードに対応する文字を返す	ord(65)	'A'
type()	オブジェクトの型を調べる	type(100)	int
id()	オブジェクトのIDを調べる	id(100)	オブジェクトID
open()	ファイルを開く	open('score.csv')	ファイルID

第3章以降では、これらの関数を実際に使う場面が出てきます。その際、本書では書式 2-2の表記で使い方を説明するようにします。たとえば、input()関数の

書式を説明するときは次のような表記になります。

書式 2-3
input()：
キーボードから
値を入力する

```
input('文字列')
```

2-2-4 print()の使い方

本書では画面に表示される値を見てプログラムの動作を確認しますが、そのためにはprint()関数を自在に使えなければなりません。どんな情報を入力すると、何が出力されるのか、ここでprint()の使い方を確認しておきましょう。

書式 2-4
print()：
画面に値を出力する

```
print(値)
```

print()は**引数で与えた値を画面に出力する命令**です。値の後には必ず改行を出力するので、**引数を与えずに実行したときは空白行が出力されます**（list 2-3）。

list 2-3
print()の
使用例①

入力
```
print('Hello')    ← ①「Hello」を出力
print()           ← ②引数を省略
print('Taro')     ← ③「Taro」を出力
```

結果
```
Hello  ← ①の結果
       ← ②の結果（空白行が出力される）
Taro   ← ③の結果
```

書式 2-5
print()で改行せ
ずに出力する

```
print(値, end='文字')
```

*詳しくは「8-3-3：
引数の初期値を決め
ておく」（P.279）で
説明します。

print()には出力する値とは別に、追加で指定できる引数（これを**オプション引数**＊と言います）があります。そのうちの1つがendオプションです。これを利用すると、値の最後に出力する改行の代わりに、空白やカンマ（,）などの指定した文字を出力することができます。この後に続けてprint()を実行すると、その値は前の命令と同じ行に出力されます（list 2-4）。

list 2-4
**print()の
使用例②**

入力
```
print('Hello', end=',')  ← 改行の代わりに「,」を出力
print('Taro')
```

結果
```
Hello,Taro  ← 「Hello」の後、改行せずに「,」と次の値が出力される
```

書式 2-6
**print()で複数の
値を出力する**

```
print(値1, 値2, 値3, ……, sep='文字')
```

*「分割する」とい
う意味のseparator
の省略形です。

　print()に複数の引数を与えたときは、その値を1行に並べて出力します。値の区切りはsepオプション*で指定した文字です。sepオプションを省略したときは、半角スペースが区切り文字になります（list 2-5）。

list 2-5
**print()の
使用例③**

入力
```
print('Hello', 'Taro')  ← ①sepオプションを省略
print('Hello', 'Taro', sep=',')  ← ②区切り文字を「,」にする
```

結果
```
Hello Taro  ← ①の結果（値の間に空白が挿入される）
Hello,Taro  ← ②の結果（値の間に「,」が挿入される）
```

2-3 Pythonの文法

第3章からは、Pythonの勉強をしながら小さなプログラムをたくさん作ります。その前にPythonの文法を確認しておきましょう。**文法**とは、**プログラミング言語ごとに決められている書き方の決まり**です。この決まりに従っていないプログラムは、実行時に SyntaxError（文法エラー）＊になります。

＊構文エラーと言うこともあります。

2-3-1 命令の書き方

プログラムは**半角英数字で書く**のが基本です。Pythonでは**アルファベットの大文字と小文字がきちんと区別される**ので注意しましょう（list 2-6）。

list 2-6
間違い例

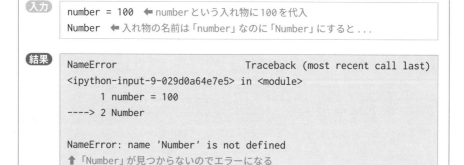

```
入力
number = 100   ← numberという入れ物に100を代入
Number   ← 入れ物の名前は「number」なのに「Number」にすると...
```

```
結果
NameError                        Traceback (most recent call last)
<ipython-input-9-029d0a64e7e5> in <module>
      1 number = 100
----> 2 Number

NameError: name 'Number' is not defined
↑ 「Number」が見つからないのでエラーになる
```

Pythonでは改行が命令の区切りになります。1行に複数の命令を記述するときは、命令をセミコロン（;）で区切って入力してください（list 2-7）。

list 2-7
1行に命令を
2つ書く

また、丸括弧（()）や角括弧（[]）、引用符（''）などは、開始と終了の対で使います。開始だけを書いて閉じるのを忘れていたり、開始と終了とで括弧や引用符の種類が違うなど、組み合わせに間違いがあるとSyntaxErrorになります（list 2-8）。

list 2-8
間違い例

2-3-2 インデントの使い方

list 2-9はPythonで書いたプログラムです。いまは書かれている内容ではなく、行頭の位置に注目しましょう。3行目と5行目は、少しずれた位置から始まっていますね。このように**行頭位置をずらして命令を書くこと**を「字下げする」「**インデントする**」と言います。

list 2-9
インデントのある
プログラムの例

```
score = int(input('点数を入力　'))
if score >= 40:
    print('合格')
else:
    print('追試')
```

Pythonの命令の中には、複数の文を含んで1つの命令として成り立つものがあります。list 2-9では2～3行目と4～5行目です。詳しいことは第4章で説明する

ので、いまは**Pythonではインデントがとても重要な意味を持つ**ということと、**インデントは半角スペース4文字分**ということを覚えてください。

Jupyter Notebookは必要な場面で自動的にインデントを挿入してくれます。これを勝手に削除したり、自分の都合で新しくインデントを挿入したりすると、プログラムが思った通りに動かなかったり、IndentationError[*]が発生するので注意しましょう。

*インデントのことを英語でindentationと言います。

2-3-3 コメントの書き方

プログラムにはPythonの命令だけでなく、簡単なメモを残しておくことができます。このメモを**コメント**と言います。プログラムで使う値の意味や処理の内容などをコメントとして残しておくと、後でプログラムを読み返すときに役立ちます。

Pythonでは**ハッシュ（#）から行末まで**がコメントになります。list 2-10は、「2-2：初めてのプログラム」で作ったプログラム（list 2-1）にコメントを追加した様子です。

list 2-10
list 2-1に
コメントを追加

```
# コンピュータとの会話プログラム　← コメント
name = input('What is your name? ') # 名前を入力
print('Hello ' + name) # 画面に表示
```

コメントはプログラムの実行時に読み飛ばされます。そこで、実行したくない行をあえてコメントにするという使い方もできます。このような使い方を**コメントアウト**と言います。

list 2-11では先頭の行をコメントアウトしました。しかし、これではnameという入れ物が空っぽのままprint()を実行することになってしまうので、代わりに2行目で「TARO」を代入しました。このプログラムを実行すると、キーボードからの入力を求められることなく、画面には必ず「Hello TARO」が表示されます。

list 2-11
1行目を
コメントアウトした
プログラム

入力
```
# name = input('What is your name? ')　← コメントアウト
name = 'TARO'
print('Hello ' + name)
```

結果
```
Hello TARO
```

また、引用符（'または"）を3つ続ける（これを**三連引用符**と言います）と、**複数行のコメントを入力することができます**。コメントの終わりも同じように引用符を3つ続けて入力してください。

ただ、list 2-12のように複数の行をまとめてコメントアウトする場合は、行頭の位置に気を付けてください。**三連引用符にもPythonの命令と同じだけのインデントが必要です**。これを間違えていると、IndentationErrorやSyntaxErrorになります。

list 2-12
複数行にまたがる
命令を
コメントアウト

入力

```
score = int(input('点数を入力  '))
if score>= 80:
    print('A')
    '''    ←コメントアウト開始
    elif score >= 60:
        print('B')
    elif score >= 40:
        print('C')
    '''    ←コメントアウト終了
else:
    print('追試')
```

結果

```
点数を入力  75
追試
```

2-3-4 プログラムを読みやすくする工夫

改めてPythonプログラムの書き方を整理すると

- **プログラムは半角英数字で記述する**
- **アルファベットの大文字と小文字は区別されるので要注意**
- **括弧や引用符は、開始と終了の対で記述する**
- **インデントの入れ方に注意する**
- **適度にコメントを入れる**

この5つが基本です。最後にプログラムを読みやすくする工夫をいくつか紹介しましょう。

命令文の途中で適度に改行する

Pythonでは改行が命令の区切りになりますが、中には1行に表示しきれないほど長くなるものもあります。その場合はカンマ (,) の後ろで改行すると読みやすいプログラムになります。このときJupyter Notebookは命令が続いていることがわかるように、次の行の行頭に自動的にインデントを挿入してくれます (list 2-13)。

list 2-13
カンマ (,) の後ろで改行

入力

```
data = [[1,2,3],   ← カンマ (,) の後ろで改行
        [4,5,6]   ← 読みやすいようにインデントされる
        [7,8,9]]
print(data)
```

結果

```
[[1, 2, 3], [4, 5, 6], [7, 8, 9]]
```

どうしても式の途中で改行したいときは、行末にバックスラッシュ (Windowsでは「¥」、macOSでは「\」) を記述してください。なお、このような改行を入れる場合は2行目以降が自動でインデントされません (list 2-14)。プログラムを読みやすくするために、自分でインデントを挿入してください (list 2-15)。

list 2-14
¥を使って改行
（インデントは
挿入されない）

入力

```
number = 1 + 2 + 3 ¥   ← ¥を入力してから改行
+ 4 + 5 + 6 ¥   ← 前の行の続き。¥を入力してから改行
+ 7 + 8 + 9   ← 前の行の続き
print(number)
```

結果

```
45
```

list 2-15
¥を使って改行
（インデントを
挿入すると
読みやすくなる）

入力

```
number = 1 + 2 + 3 ¥   ← ¥を入力してから改行
        + 4 + 5 + 6 ¥   ← 前の行の続き。¥を入力してから改行
        + 7 + 8 + 9   ← 前の行の続き
print(number)
```

結果

```
45
```

演算子の前後に空白を挿入する

＊1 「3-3-1：計算に使う記号」(P.79) で説明します。

＊2 「4-2-1：値の比較に使う記号」(P.104) で説明します。

「+」、「−」、「=」のように計算に使う記号[1]や値の大小を比較する「<」、「>」[2]など、プログラムの中で演算を行うための記号を**演算子**と言います。これらの演算子を入力する際は、その前後に1文字分の半角スペースを入力すると、読みやすいプログラムになります。

△　cnt=cnt+1　　　←空白なし
○　cnt = cnt + 1 ←空白を挿入すると読みやすい

処理の区切りに空行を入れる

命令は何行続けて書いても問題ありません。しかし、だらだらと長く続くプログラムは読みにくいだけでなく、内容を理解しにくいものです。プログラムには必ず処理のまとまりがあるので、そこで適度に空行を挿入するようにしましょう。

確 認 ・ 応 用 問 題

Q1 Jupyter Notebookを起動してください。

Q2 新しいNotebookを作成して、名前を「practice」に変更してください。

Q3 input()関数を使って、次のメッセージを表示する命令を作成してください。また、この命令を実行して、キーボードから答えを入力してください。

```
How old are you? [            ] :
```

Q4 Q3でキー入力した値を使って、「○○ years old!」と画面に表示してください。

Q5 Notebookを保存してください。

Q6 Jupyter Notebookを終了してください。

第 3 章

VIIIIIIIIIIIIIIIIIIIIIIIIIIIIIIII

Pythonの基礎

ここから本格的にPythonの勉強に入りましょう。
この章では**変数**の使い方を中心に、データの種類
や計算式の書き方、文字列の定義の仕方など、
Pythonでプログラムを作るために欠かせない要素
について学習します。

3-1 変数

変数はプログラムで使う値を一時的に入れる入れ物のようなものです。計算途中の値を入れて、必要なときに取り出して利用するために使います。

3-1-1 変数の役割

1個250円のリンゴを3個買ったらいくらになるでしょう？　暗算でも解けるとは思いますが、この処理をプログラムで書くとlist 3-1になります。Pythonでは「*」が掛け算を表す記号なので、このプログラムを実行すると750が表示されます。

list 3-1
「250×3」を
計算するプログラム

リンゴを5個買ったときの値段は

```
print(250 * 5)
```

で求められますね。リンゴの値段が300円になったときは

```
print(300 * 5)
```

で答えが求められます。でも、ちょっと考えてみてください。値段や個数が変わる

たびに、どうしてプログラムを変更しなければならないのでしょう？

　理由は**プログラムの中に250や5などの具体的な値を書いているから**です。これでは電卓で計算するのと同じですね。せっかくプログラムを作るのですから、同じ計算式を使って「250×3」や「300×5」の答えを出せるようにしましょう。

　数学の授業で「100+2a=150」のような文字式を書いた記憶はありませんか？プログラムでもこれと同じように、計算に使う値の代わりにnのような文字を使って

```
print(250 * n)
```

のように命令することができます。これは「250×nの答えを画面に出力する」という意味です。このような式にしておけば、nが3のときは750、nが5のときは1250のように、**個数が変わったときの値段を計算することができます**。同じようにリンゴの値段をappleという文字に置き換えて、

```
print(apple * n)
```

とすれば、「apple×nの答えを画面に出力する」という命令になり、同じ計算式でいろいろな計算ができるようになります（fig. 3-1）。もちろん、この計算を行う前にappleとnに値を入れる命令が必要ですが、値段や個数が変わったときに計算式を変更する必要はなくなりましたね。このappleやnが**変数**です。

fig. 3-1
変数の役割

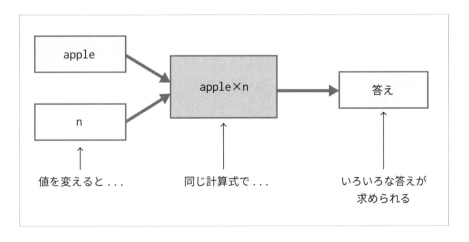

　プログラムを作るときには、いろいろな情報を使います。いまの例では「リンゴの値段」や「個数」がプログラムで使う情報です。しかし、**プログラムを作る段階**

で具体的な値がわかっているということは、ほとんどありません。そこで、

> どんな値になるかはわからないけれど、
> 「リンゴの値段」と「個数」を使って掛け算することは確実だから、
> 値段と個数を入れる変数を用意して、
> この変数を使って掛け算の式を書こう

という風に考えてプログラムを作ることになります。変数を利用することで、プログラムに書いた計算式を直すのではなく、変数に入れる値を変えるだけでいろいろな計算ができるようになります。

3-1-2 変数の定義

さっそく「list 3-1を、変数を使ったプログラムに変更しよう！」と思って、新しいセルにlist 3-2を書いて実行すると……、残念ながらNameErrorになります。

list 3-2
間違ったプログラム

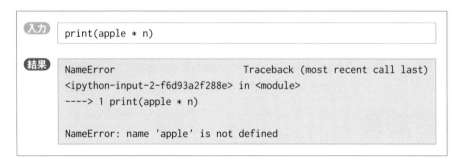

```
入力   print(apple * n)
```

```
結果   NameError                    Traceback (most recent call last)
       <ipython-input-2-f6d93a2f288e> in <module>
       ----> 1 print(apple * n)

       NameError: name 'apple' is not defined
```

エラーになった理由は一番下に書いてある通り、**'apple'という名前が定義されていないからです**。プログラムで変数を使うには、最初に**変数を作る作業**が必要です。これを**変数の定義**と言います。Pythonでは次の書式で定義します。

書式 3-1
変数の定義

変数名 = 値

イコール（=）の左側は変数の名前です。イコールの右側は、そこに入れる値です。たとえば、リンゴの値段をappleという名前の変数で定義するときはapple = 250のように記述します。このように、プログラムの中で使うイコール（=）は、**定義した変数に値を代入する**という意味です。「等しい」という意味ではないので

注意してください。なお、「=」のことを**代入演算子**、「=」を使って変数に値を入れる命令を**代入文**と言います。

　「変数の定義の仕方はわかった。この命令をlist 3-2に追加すればいいんだな?」というのは正しいのですが、ちょっと待ってください。list 3-2の計算式では「n」という変数も使っています。appleと同様にnという変数も定義してからでないと、再びNameErrorが発生します。nには「個数」を入れる予定で書いた計算式ですから、**n = 3**のように定義しましょう。この2つの変数を定義したプログラムがlist 3-3です。実行すると「250×3」の答えが表示されます。appleとnに入れる値を変更してプログラムを実行すると、答えが変わることを確認しましょう。

list 3-3
「apple×n」を計算
するプログラム

```
入力
apple = 250
n = 3
print(apple * n)
```

```
結果
750
```

More Information

1行で複数の変数を定義する

　list 3-3では、appleとnという変数を2行に分けて定義しましたが、これと同じ処理は

```
apple, n = 250, 3
```

のように書くこともできます (fig. 3-2)。なぜこのような書き方ができるのか、詳しくは「7-1-3:パックとアンパック」(P.227) で説明します。

fig. 3-2
1行で複数の変数を
定義する

apple, n = 250, 3

3-1-3　変数の仕組み

　ここまではプログラムで扱う情報を入れるものとして説明してきた変数ですが、これはあまり正確な表現ではありません。正しく説明すると、Pythonの変数とは**オブジェクトに付けた名前**、のことです。

　オブジェクトとは、**Pythonのプログラムが扱うすべての「もの」**を指す言葉で、値を入力したときにコンピュータのメモリ上に生成されます。メモリはたくさんの箱が一列に並んだものをイメージしてください。たとえば、セルに

```
250
```

とだけ入力して実行すると、メモリ上のどこかに250というオブジェクトが生成されます。しかし、名前も何もない状態ではその後どうすることもできません (fig. 3-3)。

fig. 3-3

値を入力すると
オブジェクトが
生成される

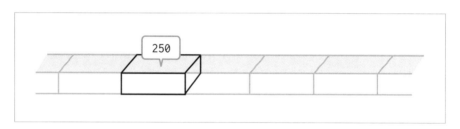

　ですが、

```
apple = 250
```

　この命令を実行すると、このオブジェクトに「apple」という名前が付けられます。また、

```
n = 3
```

を実行したときは、新たに3というオブジェクトを生成して「n」という名前を付けます (fig. 3-4)。この処理が**変数の定義**です。

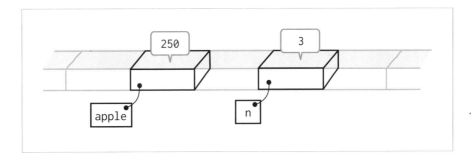

fig. 3-4
変数はオブジェクト
に付けた名前

オブジェクトに名前を付けたことで、以降は「apple」や「n」という名前を使って値を参照できるようになります。それがlist 3-3の3行目です。

```
print(apple * n)
```

この命令を実行すると、コンピュータは「apple」と「n」という名前のオブジェクトを参照し、その値（fig. 3-4であれば250と3）を使って掛け算した答えを画面に出力します。

ただ、「オブジェクトを生成してappleという名前を付ける」や「appleという名前のオブジェクトの値」という表現は正確かもしれませんが、ややこしく感じますね。そこで通常は「変数appleに値を代入する」や「変数appleの値」のように表現します。本書でも以降はこのように表現します。

3-1-4 値の代入

変数は一度定義したらそれっきり、ということではありません。**途中で何度でも値を更新することができます**。この処理のことを「**変数に値を代入する**」と言います。値の代入の仕方は、変数を定義するときとまったく同じです。たとえば、変数appleの値が250のときに

```
apple = 300
```

を実行すると、新たに300というオブジェクトを生成して、そのオブジェクトに「apple」の名札を付け替えます（fig. 3-5中）。これでappleというオブジェクトの値、つまり変数appleの値は「300」になります。

変数には次のような式の値を代入することもできます。

```
apple = apple * 1.1
```

これは「いまappleに入っている値に1.1を掛け、その値でappleを更新する」という命令です。この命令を実行すると、appleの値は330になります（fig. 3-5下）。

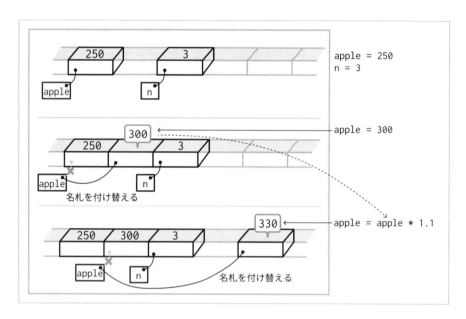

fig. 3-5
命令を実行する
たびに変数の値は
変化する

fig. 3-5に示したように、変数に値を代入するたびにコンピュータの内部では名札を付け替える作業が行われます。しかし、それを管理するのはコンピュータの仕事であり、私たちが気にする必要はありません。私たちにとって大事なことは、**変数にいまどんな値が入っているかを常に意識しながらプログラムを作る**ことです。

More Information

メモリの内容を消去する

定義した変数は、Notebookを閉じるまで*利用できます。ただ、いま見てきたように変数の値は命令を実行した順番に更新されるので、いろいろ実行しているうちに「変数に何が入っているのかわからなくなった！」ということ

＊対話型インタプリ
タを使用していると
きは、インタプリタ
を終了するまで利用
できます。

があるかもしれません。そういう場合は、[Kernel] メニューから [Restart & Clear Output] メニューを実行してください。これまでにメモリ上に生成したオブジェクトをすべて消去して、画面に表示されている実行結果も消去することができます (fig. 3-6)。

fig. 3-6
カーネルを再起動
して実行結果を消去

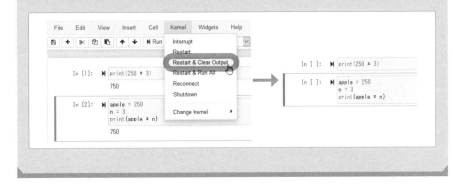

3-1-5 変数名の付け方

変数はいくつでも定義できますが、適当な名前を付けてしまうと後からプログラムを読み直したときに「これは何だ？」と考え込むことになってしまいます。変数を定義するときは、**その変数を何に使うのかがわかるような名前を工夫して付けてください**。ただし、名前の付け方には次のような決まりがあります。

使える文字は半角英数字とアンダースコア（_）

変数名には半角のA〜Z、a〜z、0〜9およびアンダースコア（_）を使うことができます。Pythonでは平仮名やカタカナも使用できますが、プログラミングの世界では変数名には半角英小文字を使い、全角文字は使わないことが慣例になっています。

```
×   名前 = 'Taro'
○   name = 'Taro'
```

先頭は半角アルファベット

半角数字を変数名の先頭に使うことはできません。それ以外であれば、数字はど

こに入れてもかまいません。

```
✕   1address = 'Tokyo'
○   address1 = 'Tokyo'
```

＊「9-3-8：アンダースコア（_）の使い方」(P.326) で詳しく説明します。

なお、アンダースコア（_）から始まる名前を付けることもできますが、これは変数に特別な意味を持たせたいときに使います＊。プログラムをよく知っている人が「おや？」と思うことがないように、変数にはアルファベットから始まる名前を付けるようにしましょう。

長い変数名はアンダースコアで区切る

「変数の意味がわかるような名前を考えていたら、とても長くなっちゃった！」ということがあるかもしれません。こういうときは単語の区切りにアンダースコア（_）を挿入するのがPythonプログラマたちの慣習になっています。

```
△   taxIncluded
○   tax_included
```

Pythonの予約語と同じ単語は使えない

table 3-1に挙げた単語は予約語と言って、Pythonでは特別な意味を持っています。これらと同じ単語を変数名に使うことはできません。

3

and	as	assert	async	await
break	class	continue	def	del
elif	else	except	False	finally
for	from	global	if	import
in	is	lambda	None	nonlocal
not	or	pass	raise	return
True	try	while	with	yield

table 3-1
Pythonの予約語

　また、print()やinput()など、Pythonの組み込み関数と同じ名前の変数を定義すると、以降はNotebookを閉じるまでその関数が使えなくなるので注意してください。とはいえ、プログラミングに慣れていない間は、どのような単語が使えないのかわからなくても当然です。勉強しながら1つずつ覚えていきましょう。

定数はすべて大文字にする

　定数とは、**プログラムの中で変更しない値**のことです。たとえば、消費税率や円周率のような値は計算には使いますが、変更する必要のない値です。このような値をプログラムで使うときは変数名をすべて大文字にして「これは値を変更しない」というルールのもとに使うのが慣例になっています。

　△　tax = 0.1　← 変数と間違えやすい
　○　TAX = 0.1　← 値を変更しないというルールで使う

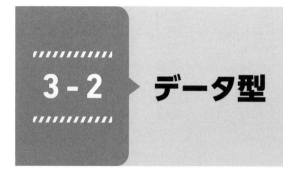

3-2 データ型

　ここからは変数に入れるデータについて見ていきましょう。プログラムで扱う値は、いくつかの種類に分類されます。この分類を**型**と言います。たとえば、250や10.5のような数は**数値型**、HelloやTaroのような文字列は**文字列型**です。データの種類を表すことから**データ型**と呼ぶこともあります。

3-2-1 型の調べ方

　Pythonでは、**プログラムに値を入力した時点でデータ型が決まります**。値がどんなデータ型になるかを調べるには、組み込み関数の`type()`を使います。

書式 3-2
type()：データ型を
調べる

```
type(値)
```

　list 3-4は250のデータ型を調べるプログラムです。このプログラムを実行すると、画面にintが表示されます。

list 3-4
250のデータ型を
調べる

```
入力  type(250)

結果  int
```

　intは整数という意味のintegerを省略したもので、Pythonでは**整数はint型**で扱うことを表しています。1や1000など、整数はすべてint型です。
　今度は小数点を含んだ値（実数）を調べてみましょう。

```
type(10.5)
```

を実行すると、「float」が表示されます。これは**実数はfloat型**で扱うという意味です。floatは、浮動小数点数*を表すfloating point numberに由来します。HelloやTaroのような文字列の型を調べるときは、

*コンピュータが実数を表現する形式です。

```
type('Hello')
```

*文字列の書き方は、この後「3-4：文字列型を使う」で詳しく説明します。

のように、値を引用符で囲んでください*。この命令を実行すると、「str」が表示されます。strは文字列という意味のstringの省略形です。つまり**文字列はstr型**で扱うという意味です。

　list 3-5は、値を代入した変数のデータ型を調べるプログラムです。このプログラムを実行すると、**代入した値によって型が変わる**ことを確認できます。ここで表示された値の意味は第9章で説明するので、いまは引用符（'）で囲まれた部分に注目してください。

list 3-5
変数を使って
データ型を調べる

入力
```
a = 250      ← 整数を代入
print(type(a))    ← 変数aのデータ型を表示
a = 10.5     ← 実数を代入
print(type(a))
a = 'Hello'    ← 文字列を代入
print(type(a))
```

結果
```
<class 'int'>    ← 250のデータ型
<class 'float'>   ← 10.5のデータ型
<class 'str'>    ← Helloのデータ型
```

3-2-2　組み込みデータ型

　「3-1-3：変数とは」で、Pythonは「プログラムに値を入力したときにオブジェクトが生成される」という話をしました。そしていま、「入力した値によって型が決まる」ことも確認しました。この2つをまとめると、プログラムで扱う値、つまり**オブジェクトには型がある**ということが分かります。

　少し難しい話になりますが、**型（データ型）** はオブジェクトがどのような値を持つか、その値はどのような性質で、どのような使い方ができるのか、などの**オブジェクトの扱い方を決めたもの**です。**オブジェクトの設計図**のように表現されることもあります。自分で新しい型を定義することもできますが、それは第9章で説明します。まずはPythonに定義されているデータ型をしっかり理解しましょう。

　table 3-2に、Pythonの組み込みデータ型の一部を示しました。次節では数値（int型とfloat型）の扱い方を、その後は文字列（str型）を定義する方法を説明します。ブール値（bool型）は第4章で説明します。残りのデータ型は、数値や文字列といったデータの種類ではなく、複数のデータをまとめて扱う入れ物です。これらは第6章と第7章で説明します。

table 3-2
主な組み込み
データ型

データ型	説明
int	整数
float	実数
str	文字列
bool	ブール値
list	リスト
tuple	タプル
dict	辞書
set	集合

3

数値型を使う

プログラムに100や10.5などの数を入力すると、数値型のオブジェクトが生成されます。本書で「数値型」と言ったときは、**整数を扱うint型と実数を扱うfloat型の両方を指しています**。数値型のオブジェクトは四則演算ができます。そして**四則演算こそがプログラムの基本**です。最初に計算式の書き方をマスターしましょう。

3 - 3 - 1 計算に使う記号——算術演算子

計算に使う記号と言えば＋、−、÷、×です。Pythonでも同じような記号を使って計算式を書きます（table 3-3）。この記号を**算術演算子**と言います。

table 3-3
Pythonの
算術演算子

演算子	意味	使用例	結果
+	足し算	5 + 3	8
−	引き算	5 − 3	2
*	掛け算	5 * 3	15
/	割り算	5 / 3	1.6666666666666667
//	割り算（商）	5 // 3	1
%	割り算（余り）	5 % 3	2
**	べき乗	5**2	25

割り算には3種類の演算子があります。「小数点を含んだ答え」が欲しいのか、それとも「割り算した答えの整数部（商）」が欲しいのか、「割り算した余り」が欲しいのか、その目的に応じて使い分けてください。また、べき乗とは同じ数を何度も掛け合わせることです。5**2は5の2乗、5**3は5の3乗と同じ意味です。

3-3-2 計算式の書き方

算数では「5＋3＝8」のように書いて「5＋3の答えは8」を表すことを習いました。このときのイコール (=) は「**等しい**」という意味です。Pythonで「5＋3」を計算するには、セルに**5+3**とだけ書いて実行すればよいのですが、これでは計算結果をその後のプログラムで利用できません (list 3-6)。

list 3-6
5+3を計算する

プログラムに計算式を書くときは

```
answer = 5 + 3
```

のように**変数に代入する形で書く**のが基本です。計算するのはコンピュータですから、その答えを覚えておくために変数を使うというイメージです。このときのイコールは**代入**という意味です*。算数とプログラムとでは、イコールの意味が違うので注意しましょう。この命令を実行すると、answerには計算式の答えである8が代入されます (list 3-7)。

*「3-1-2：変数の定義」(P.68) で説明しました。

list 3-7
「5+3」を計算するプログラム

ところで、あなたは5と5.0は同じ値だと思いますか？　それとも違う値だと思いますか？　Pythonでは、**5は整数なのでint型、5.0は実数なのでfloat型**として扱われます。その結果、同じように3を足しても答えが変わります。list 3-8を実行してPythonが出す答えを確認しましょう。

list 3-8
「5.0 + 3」の
プログラム

入力
```
answer = 5.0 + 3
print(answer)
```

結果
```
8.0
```

3

Pythonでは計算式に含まれる値の型が同じ場合は、答えもその型になります。list 3-7ではint型とint型の足し算ですから、答えもint型です。しかし、list 3-8のようにintとfloatの値を使って計算した結果は、必ずfloat型になります。

なお、int型同士の計算でも、/演算子を使った割り算だけは特別です。answer = 5 / 3のように、割る数と割られる数が整数でも答えは実数になる可能性がありますね。そのため、**/演算子の答えは必ずfloat型になります**。

3-3-3 算術演算子の優先順位

1つの計算式に複数の算術演算子が含まれているときは、table 3-4に示した**優先度**に従って処理されます。優先度という言葉を使うと難しそうに思いますが、**足し算・引き算よりも掛け算・割り算を先に計算する**という、算数で習った計算のルールと同じです。table 3-4でも、足し算・引き算よりも掛け算・割り算の演算子が上に記載されていますね。

table 3-4
算術演算子の
優先順位

優先度	演算子	意味
高	**	べき乗
↑	+, -	正、負の記号
↓	*, /, //, %	掛け算、割り算、割り算の商、割り算の余り
低	+, -	足し算、引き算

list 3-9は、足し算と掛け算を含んだ計算です。この場合はfig. 3-7の順番で計算して、変数answerの値は110になります。

list 3-9
足し算と掛け算が
含まれた式

入力
```
answer = 100 + 5 * 2    ← 掛け算、足し算の順に計算
print(answer)
```

結果 110

fig. 3-7
掛け算、足し算の
順に計算する

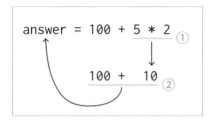

*、/、//、%のように、table 3-4で同じ欄に記載されている演算子は優先順位が同じです。これらの演算子が1つの式に含まれるときは、左から順番に計算します（list 3-10）。これも算数で習った計算のルールと同じです。

list 3-10
優先順位が同じ
演算子が
複数含まれるとき

算数では「式の中に()で囲んだ部分があるときは、()の中を先に計算する」というルールも習いました。プログラムでも同じルールが適用されます（list 3-11）。

list 3-11
式に()が含まれる
とき

また、算数では()のほかに{}や[]を使って計算の順番を指定することを習いましたが、プログラムで使えるのは()だけです。**計算式が複雑になるときは、複数の()を組み合わせてください。**この場合は内側の()から先に計算します（fig. 3-8、list 3-12）。(と)の個数が異なるとSyntaxErrorになる*ので注意しましょう。

*「2-3-1：命令の書き方」(P.58)で説明しました。

fig. 3-8
内側の( )から順に
計算する

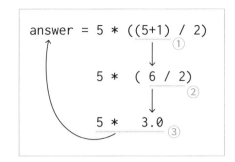

list 3-12
( )を使って計算の
順番を指定する

入力

```
answer = 5 * ((5+1) / 2)  ← 内側の( )から順に計算
print(answer)
```

結果

```
15.0
```

3-3-4　計算と代入を同時に行う——複合演算子

　繰り返しになりますが、プログラムの中でイコール（=）は**代入**という意味です。そのため cnt = cnt+1 という計算式も成立します。これは「いまのcntの値に1を足して、その答えをcntに代入する」という処理になります。そのためcntが定義済みの変数でなければ、この計算はできません。list 3-13では1行目で変数cntを定義した後に cnt = cnt+1 を実行しました。

list 3-13
cnt = cnt + 1の
プログラム

入力

```
cnt = 10      ← 変数cntを定義
cnt = cnt + 1  ← 「cnt＋1」の答えをcntに代入
print(cnt)
```

結果

```
11
```

　これと同じ処理をPythonでは cnt += 1 のように書くことができます。+と=は間にスペースを入れずに続けて入力してください。足し算と代入を同時に行うことから、これを**複合演算子**と呼びます。複合演算子を使って書くと、list 3-13はlist 3-14のようになります。足し算以外の複合演算子は、table 3-5で説明しています。

list 3-14
複合演算子を使った
プログラム

入力
```
cnt = 10   ← 変数cntを定義
cnt += 1   ← cnt = cnt + 1と同じ
print(cnt)
```

結果
```
11
```

table 3-5
複合演算子

演算子	使用例	意味
+=	a += b	a = a + bと同じ
-=	a -= b	a = a - bと同じ
*=	a *= b	a = a * bと同じ
/=	a /= b	a = a / bと同じ
//=	a //= b	a = a // bと同じ
%=	a %= b	a = a % bと同じ
**=	a **= b	a = a ** bと同じ

3-3-5 実数誤差

　「0.1＋0.1＋0.1の答えは？」と聞かれたら、私たちは迷わず「0.3」と答えるでしょう。ところが、Pythonが出す答えは0.30000000000000004という**0.3に限りなく近い値**です（list 3-15）。「コンピュータが壊れてる！」というのは間違いですよ。これは**実数誤差**と言って、コンピュータが2進数で計算することで起こる現象です。詳しく見ていきましょう。

list 3-15
「0.1+0.1+0.1」の
プログラム

入力
```
answer = 0.1 + 0.1 + 0.1
print(answer)
```

結果
```
0.30000000000000004
```

＊0と1だけで数を
数える方法を2進法、
その2進法で表され
る値を2進数と言い
ます。

　コンピュータはすべてのデータを2進数＊で扱います。そのため、10進数の0.1も2進数に置き換えてから計算するのですが、0.1を2進数に変換すると、0.0001100110011001……といつまでも延々と続く値になります。0.2も0.3も同様です。**小数点以下の桁数をいくら増やしても、対応する2進数にぴったりとは置き換えられません。**

　もっとも、コンピュータは無限の値を扱うことができないので小数点以下の桁をどこかで止める必要があるのですが、このときにどうしても誤差が生じてしまいます。これが実数誤差です。上の例は0.1を3回足したことで、誤差が目に見える形になった状態です。

　コンピュータで計算する以上、実数誤差を避けることはできません。プログラムを作るときは、このことを忘れないようにしましょう。

3

3-3-6 値の丸め

　もう一度、list 3-15を見てください。Pythonでは0.1を3回足した答えは限りなく0.3に近い値ですが、私たちにここまでの精度が必要でしょうか？　惑星探査ロボットや手術用ロボットの制御など、科学技術計算用のプログラムであれば精度は高い方が望ましいのですが、日常的な「0.1＋0.1＋0.1」の足し算であれば、端数を無視して0.3としてしまっても十分ですね。

*端数を四捨五入したり、切り上げ、切り捨てすることで大まかな値にすることを「値を丸める」と言います。

　小数点以下の桁数をどこまで使うかは、プログラムを作る人に任されています。たとえば、「小数点以下5桁までほしい」というときは、組み込み関数の`round()`を使って値を丸める*ことができます。

書式 3-3
round()：実数の小数部を指定した桁数に丸める

---

round(値 , 桁数)

*定数については、「3-1-5：変数名の付け方」(P.73) で説明しました。

　「**値**」には小数点を含んだ値を、「**桁数**」には小数点以下の残したい桁数を指定してください。桁数を省略したとき、round()はもっとも近い整数を返します。list 3-16〜18を実行して、円周率の3.141592653589793がどのような値になるか確認しましょう。なお、円周率はlist 3-16で定数PI *に代入しました。

list 3-16
round()使用例①

```
入力   PI = 3.141592653589793   ← もとの値
       round(PI, 2)   ← 小数部を2桁に丸める
```

```
結果   3.14
```

list 3-17
round()使用例②

| 入力 | round(PI, 3)　← 小数部を3桁に丸める |
| 結果 | 3.142 |

list 3-18
round()使用例③

| 入力 | round(PI)　← もっとも近い整数を返す |
| 結果 | 3 |

　さて、list 3-16〜18の結果を見ると四捨五入のように見えますが、**round()の処理は四捨五入ではありません**。実際は端数が0.5よりも小さいときは切り捨て、0.5よりも大きいときは切り上げ、そして0.5と等しいときは結果が偶数になるように丸めます（list 3-19〜20）。その結果、list 3-20のように四捨五入とは違う結果になることがあります。

list 3-19
round()使用例④

| 入力 | round(1.5) |
| 結果 | 2　←「1.5」をもっとも近い偶数へ丸めた結果 |

list 3-20
round()使用例⑤

| 入力 | round(2.5) |
| 結果 | 2　←「2.5」をもっとも近い偶数へ丸めた結果 |

　なんだか頭が混乱しそうですね。ここでは**round()の結果は四捨五入した値にならないことがある**ということだけを覚えておきましょう。

3-4 文字列型を使う

文字列とは「Hello」や「Taro」のように、文字が並んだものです。Pythonでは str型で扱います。文字列（str型のオブジェクト）は文字数を数えたり先頭の1文字を取り出すなど、数値とは違うことができるのですが、それは第5章で説明します。ここでは文字列をプログラムに入力する方法、つまり文字列を定義する方法と、文字列を使った簡単な演算を説明します。

3-4-1 文字列の定義

Pythonでは文字列を 'Hello' や "Taro" のように引用符で囲みます。「'」をシングルクォーテーション、「"」をダブルクォーテーションと言います。**どちらの引用符を使用してもかまいませんが、必ず同じ種類の引用符で囲んでください。**引用符の種類が異なったり、開始または終了の引用符を書き忘れるとSyntaxErrorになります。このような間違いを防ぐために、Jupyter Notebookでは ' または " を入力すると対になる引用符が自動的に挿入されます。

*msgは message（メッセージ）を省略したものです。

list 3-21は「Hello」という文字列で変数msg*を定義するプログラム、list 3-22は「Taro」という文字列で変数nameを定義するプログラムです。2つの違いは、文字列の定義に使った引用符です。

実行結果を見てもわかるように、どちらの引用符を使っても画面に表示される文字列は ' で囲まれます。本書では以降、' を使って文字列を定義します。

list 3-21
文字列の定義①

入力
```
msg = 'Hello'  ←「'」を使って文字列を定義
msg
```

87

> **結果** 　'Hello'

list 3-22
文字列の定義②

> **入力**
> ```
> name = "Taro"    ←「"」を使って文字列を定義
> name
> ```
> **結果** 　'Taro'

プログラムの命令は基本的に半角英数字で書きますが、値として扱う文字列には平仮名やカタカナ、漢字など、全角文字を自由に利用してかまいません。list 3-23は、変数msgに「こんにちは」を代入するプログラムです。

list 3-23
文字列の定義③

> **入力**
> ```
> msg = 'こんにちは'
> msg
> ```
> **結果** 　'こんにちは'

　この章の「3-2：データ型」で、「プログラムに値を入力した時点でデータ型が決まる」という話をしました。このときに手がかりとなるのが**引用符**です。Pythonは、**引用符で囲まれた値は、たとえそれが0～9の数字の並びであっても文字列と判断します**。逆に言えば、**引用符で囲まれていないものは数値、または変数名**と判断します。たとえば、「131-6834」を郵便番号*として扱うときは、list 3-24のように値全体を引用符で囲んでください。引用符で囲まずに「131-6834」とだけ記述すると、Pythonは131と6834を数値と判断して数値計算を行います（list 3-25）。

＊郵便番号は英語で zip codeです。

list 3-24
文字列の定義④

> **入力**
> ```
> zip_code = '131-8634'    ← 値を引用符で囲むと...
> zip_code
> ```
> **結果** 　'131-8634'   ← 文字列

list 3-25
数値を定義

入力
zip_code = 131-8634 ← 引用符で囲まずに入力すると...
zip_code

結果
-8503 ← 数値計算の結果

More Information

出力結果の見方

＊対話型インタプリ
タで変数名だけを入
力して実行しても、
同様の結果になりま
す。

　ここでは定義した変数の値を確認するために、セルの最後の行に変数名を記述しました。プログラムを実行すると、データ型がわかる形で値が表示されます＊。list 3-26のように値がそのまま表示されたときは数値型です。文字列はシングルクォーテーション（'）で囲まれます（list 3-27）。

list 3-26
変数の中身を確認①

入力
price = 1980
price

結果
1980 ← 数値

list 3-27
変数の中身を確認②

入力
pin_code = '1980'
pin_code

結果
'1980' ← 文字列

　なお、組み込み関数のprint()は「変数の値を画面に出力する」という命令文です。この場合は文字列も引用符で囲まれずに値だけが表示されます（list 3-28）。

list 3-28
print()を
使ったとき

入力
pin_code = '1980'
print(pin_code)

結果
1980 ← 値だけが表示される

3-4-2 文字列の途中で改行する

文字列の途中で改行したりタブを挿入したいときは、**エスケープ文字**を使用します。エスケープ文字は、その後に続く文字が特別な文字であることを表すための記号です。環境によってどう表示されるかは異なりますが*、通常Windowsでは¥（円マーク）、macOSでは\（バックスラッシュ）と表示されます。

＊本書ではコード中のエスケープ文字に原則として¥を使用しています。

改行やタブのような特殊文字を文字列に挿入するときは、エスケープ文字とtable 3-6に示した文字の組み合わせを使います。これを**エスケープシーケンス**と言います。

table 3-6
主なエスケープ
シーケンス

エスケープシーケンス	意味
¥n	改行
¥t	タブ
¥'	シングルクォーテーション (')
¥"	ダブルクォーテーション (")
¥¥	¥

list 3-29は「こんにちは」と「太郎くん」の間に改行を挿入したプログラム、list 3-30はタブを挿入したプログラムです。

list 3-29
エスケープ
シーケンス使用例①

入力
```
msg = 'こんにちは¥n太郎くん'   ← 改行を挿入
print(msg)
```

結果
```
こんにちは   ← 2行になる
太郎くん
```

list 3-30
エスケープ
シーケンス使用例②

入力
```
msg = 'こんにちは¥t太郎くん'   ← タブを挿入
print(msg)
```

結果
```
こんにちは　太郎くん
```

　ただ、文字列にシングルクォーテーション（'）やダブルクォーテーション（"）を挿入するためにやみくもにエスケープシーケンスを使うと、プログラムが読みにくくなります（list 3-31）。

list 3-31
エスケープ
シーケンス使用例③

　この場合は引用符をうまく使い分けるとよいでしょう。たとえば、**文字列全体をダブルクォーテーションで囲んだときは、その文字列中にシングルクォーテーションを挿入できます**（list 3-32）。

list 3-32
文字列中に'を挿入

　なお、**エスケープシーケンスが効果を発揮するのはprint()を使って出力した場合です**。セルの最後に変数名を書いて実行すると、エスケープシーケンスは入力したままの形で表示されます（list 3-33）。

list 3-33
エスケープ文字
使用例④

```
msg = 'こんにちは￥n太郎くん'
msg　← 変数msgの内容を確認
```

結果
```
'こんにちは￥n太郎くん'
```

3-4-3 文字列の連結

文字列と文字列をつないで1つの文字列にすることを**文字列の連結**と言います。これには「3-3-1：計算に使う記号」で紹介した算術演算子の「+」を使います。

第2章で作った「コンピュータとの会話プログラム」(list 2-1) を覚えていますか？　画面に「Hello 〇〇〇」という文字列を出力できたのは、+演算子を使ってHelloとキー入力した値を連結したからです。

list 3-34は、list 2-1の改良版です。list 2-1では「What is your name ?」のように書いていた部分も、いまなら「What's your name ?」にできますね。それと「Hello 〇〇〇」の最後に「!」も追加しましょう。このように文字列はいくつでも連結できます。

list 3-34
改良版コンピュータ
との会話プログラム

入力
```
name = input("What's your name ? ")
↑ 文字列全体を「"」で囲むと、途中に「'」を挿入できる
print('Hello ' + name + '!')  ← 「Hello」とnameの値と「!」を連結
```

結果
```
What's your name ? hanako
Hello hanako!
```

+演算子は1+5のときは足し算、`'Hello'` + `'hanako'`のときは2つの文字列を連結します。しかし、`1980 + '円'`のような数値と文字列の足し算はできません。list 3-35を実行するとTypeErrorが発生します。これは型を間違えているときに発生するエラーです。このエラーを解決する方法は次節で説明します。

list 3-35
間違い例

入力
```
price = 1980
label = price + '円'  ← 数値と文字列を足し算すると...
label
```

結果

```
TypeError                          Traceback (most recent call last)
<ipython-input-23-c6334dc767dc> in <module>
      1 price = 1980
----> 2 label = price + '円'
      3 print(label)


TypeError: unsupported operand type(s) for +: 'int' and 'str'
```
⬆ int型とstr型の足し算はできない

More Information

文字列と算術演算子

「3-3-1：計算に使う記号」で説明した算術演算子は、四則演算のための演算子です。日常の場面で考えると文字列には使えないように思いますね。ところがPythonでは、計算に使う値にtable 3-7に示す制限がありますが、+演算子と*演算子は文字列にも利用できます。

table 3-7
文字列で使える
算術演算子

演算子	計算に使う値	機能	使用例	結果
+	文字列と文字列	文字列の連結	'abc' + '123'	'abc123'
*	文字列と整数	文字列の反復	'わん' * 5	'わんわんわんわんわん'

型変換

「3-2：データ型」で説明したように、Pythonでは値を入力したときに型が決まります。そしてプログラムは、それぞれの型に定義されている決まりに従って値を処理します。たとえば、+演算子は与えられた値が数値同士のときは**足し算**、文字列同士のときは**文字列の連結**を行います。しかし、1980 + '円'のような数値と文字列の演算はできません（前節 list 3-35）。これは**int型とstr型とは足し算できない**という決まりに従って処理した結果です。

「だったら『1980円』のような文字列は作れないの？」と心配したかもしれませんね。こういう場合は数値の1980を文字列に変換しましょう。数値と文字列の足し算はできなくても、文字列同士なら連結できます。**このように値の型を変換する処理を型変換と言います。**

3-5-1 文字列から数値への変換

組み込み関数のinput()を実行すると、キーボードからの入力を**文字列として**受け取ることができます。わざわざ「文字列として」と書いたのには理由があって、数値のつもりで半角数字を入力した場合でも、変数に代入される値は文字列になります。そのままでは数値計算に使えません。たとえばlist 3-36は、長さの単位をセンチ（cm）からメートル（m）に変換する目的で作ったプログラムです。表示される入力欄にどんな値を入力してもTypeErrorになります。

list 3-36
間違い例①

```
入力   cm = input('長さをセンチで入力  ')   ← キー入力した値を変数cmに代入する
       m = cm / 100   ← cmを「100」で割る
       print(m)
```

結果

```
長さをcmで入力  100  ◀ 「100」を入力すると...

-------------------------------------------------------------
TypeError                       Traceback (most recent call last)
<ipython-input-2-5a455d271218> in <module>
    1 cm = input('長さをcmで入力  ')
----> 2 m = cm / 100
    3 print(m)


TypeError: unsupported operand type(s) for /: 'str' and 'int'
```
⬆ str型とint型の割り算はできない

＊＊演算子に文字列と整数を与えたときは「文字列の反復」です。「3-4-3：文字列の連結」（P.92）のコラム欄で説明しました。

　また、list 3-37はメートル（m）からセンチ（cm）に変換するプログラムです。表示される入力欄に1.5を入力すると1.51.51.51.5……のように1.5がずらっと表示＊されます。エラーは発生しませんが、これは欲しかった答えではありませんね。

list 3-37
間違い例②

入力

```
m = input('長さをメートルで入力  ')  ◀ キー入力した値を変数mに代入する
cm = m * 100  ◀ mに「100」を掛ける
print(cm)
```

結果

```
長さをメートルで入力  1.5  ◀ 「1.5」を入力すると...
1.51.51.51.51.51.51.51.51.51.51.51.51.51.51.51.51.51.51.51.51.51
.51.51.51.51.51.51.51.51.51.51.51.51.51.51.51.51.51.51.51.51.51.
51.51.51.51.51.51.51.51.51.51.51.51.51.51.51.51.51.51.51.51.51.5
1.51.51.51.51.51.51.51.51.51.51.51.51.51.51.51.51.51.51.51.51.51
.51.51.51.51.51.51.51.51.51.51.51.51.51.5
```
⬆ 1.5が100個表示される

　紙に書いてしまうと文字列なのか数値なのかわかりにくいのですが、ここでは数値計算に使えない文字列の100や1.5を「**数字**」と呼ぶことにしましょう。数字は計算に使う前に数値型に変換する必要があります。この処理には組み込み関数のint()またはfloat()を使います。

書式 3-4
int()：値を整数に変換する

```
int(値)
```

書式 3-5
float()：値を
実数に変換する

```
float(値)
```

int()は値をint型、つまり整数に変換する命令です。引数には1や100のように整数の数字を指定してください。1aや1+のように、数値に変換できない文字を指定したときはValueErrorになります。

また、1.5のように小数点を含んだ数字は、int()では変換できません。必ずfloat()を使ってfloat型（実数）に変換してください。

list 3-38はlist 3-36の間違いを直したプログラムです。型変換にはint()を使いました。このプログラムを実行するときは、キーボードから整数の数字を入力してください。

list 3-38
list3-36の間違いを
直したプログラム

入力
```
str_cm = input('長さをセンチで入力  ')
↑ キー入力した値を変数 str_cmに代入
cm = int(str_cm)  ← int型に変換して変数cmに代入
m = cm / 100  ← 数値同士の割り算
print(m)
```

結果
```
長さをセンチで入力  100  ← 整数を入力
1.0
```

また、list 3-39はlist 3-37の改良版です。長さの単位をメートルからセンチに変換するプログラムですから、実数が入力されることを想定して、型変換にはfloat()を使いました。

list 3-39
list3-37の改良版

入力
```
m = float(input('長さをメートルで入力  '))
↑ キー入力した値を float型に変換して変数mに代入
cm = m * 100  ← 数値同士の掛け算
print(cm)
```

結果
```
長さをメートルで入力  1.5  ← 整数または実数を入力
150.0
```

ところで、list 3-38とlist 3-39を比べると、list 3-39の方がすっきりとしているように思いませんか？　キー入力した値をfloat型に変換する処理をlist 3-38のように書くと

```
str_m = input('長さをメートルで入力　')  ← キー入力した値をstr_mに代入
m = float(str_m)  ← str_mの値をfloat型に変換してmに代入
```

になるのですが、よく見てください。float()の引数に使ったstr_mは、その直前のinput()を実行して得られた値です（fig. 3-9上）。こういう場合はfloat()の引数に、直前のinput文をそのまま書くことができます（fig. 3-9下）。こうすることで変数が1つ減って、プログラムもすっきりとわかりやすくなります。

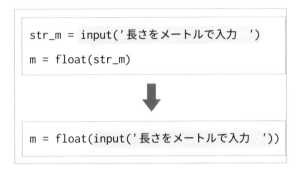

fig. 3-9
関数の結果を引数に
使う

3-5-2　数値から文字列への変換

　list 3-40はpriceと'円'を連結して「1980円」のように表示しようと思って作ったプログラムです。しかし、priceの値は数値、'円'は文字列ですから足し算はできません。このプログラムを実行すると、TypeErrorが発生します。

list 3-40
間違い例

入力
```
price = 1980
label = price + '円'
print(label)
```

結果
```
TypeError                     Traceback (most recent call last)
<ipython-input-17-c6334dc767dc> in <module>
      1 price = 1980
----> 2 label = price + '円'
      3 print(label)


TypeError: unsupported operand type(s) for +: 'int' and 'str'
```

　数値と文字列を組み合わせて1980円のような文字列にしたいときは、**先に数値を文字列に変換する必要があります**。この処理には組み込み関数の`str()`を使います。

書式 3-6
str()：数値を
文字列に変換する

```
str( 数値 )
```

　list 3-41はlist 3-40の間違いを直したプログラムです。型変換の処理は`label = str(price) + '円'`のように式の中で行いました。この場合は`price`の値を一時的に文字列に変換します。変換後の値を後から利用することはできませんが、変数を増やさずに済むので読みやすいプログラムになります。

list 3-41
list3-40の間違いを
直したプログラム

入力
```
price = 1980
label = str(price)+ '円'   ◀ priceを文字列に変換した後に「円」と連結
print(label)
```

結果
```
1980円
```

3-5-3 数値同士の変換

　整数と実数との間で型を変換するときも、`int()`と`float()`を使います。たとえば、

```
float(10)
```

を実行すると、整数の10は実数の10.0に変換されます。

　このように整数から実数への変換は小数点が付くだけなので問題ないのですが、実数から整数への変換は注意してください。`int()`を使って整数に変換したとき、小数点以下の値は切り捨てになります（list 3-42）。

list 3-42
実数から整数への
変換

入力
```
int(100.5)
```

結果
```
100   ◀ 小数点以下は切り捨て
```

確認・応用問題

Q1 1. orangeという名前の変数に「300」を代入してください。
2. nという名前の変数に「6」を代入してください。
3. orange×nを計算して、答えをpriceに代入してください。
4. priceの値を画面に表示してください。
5. orangeとnに代入する値を変更して同じように計算し、答えを表示してください。

Q2 1. nameという名前の変数に「太郎」を代入してください。
2. messageという名前の変数に「おはよう」を代入してください。
3. nameとmessageを使って、「太郎くん、おはよう」と画面に表示してください。
4. nameとmessageに代入する文字列を変更して実行してください。

Q3 下図の台形の面積を求めて、答えを画面に表示してください。台形の面積の公式は「（上底＋下底）×高さ÷2」です。

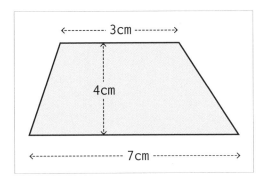

Q4 次のプログラムを実行するとエラーになります。間違いを修正してください。

```
candy = 100
n = 6
answer = candy // n
print('ひとり ' + answer +' 個ずつ')
```

第 **4** 章

////////////////////////////////////

制御構造

この章ではプログラムの流れを制御する方法を学習しましょう。プログラムの流れとは、命令を実行する順番です。この章を読み終えると、「もしも」の場面に応じて異なる処理を実行したり、同じ命令を何度も実行するようなプログラムを効率よく書くことができるようになります。

4-1 制御構造とは

　コンピュータはプログラムに書かれた命令を上から順番に実行します。命令を読み飛ばすということは絶対にありません。しかし、それでは困ったことが起こります。

　たとえば、「テストの点数が80点以上のときは合格の連絡を、それ以外のときは追試の連絡をする」という処理を考えてみましょう。90点を取った人には「合格の連絡」をするだけでよくて、「追試の連絡」は必要ありません。逆に、50点の人には「合格の連絡」ではなく「追試の連絡」をしなければなりません。

　どちらを連絡するかはテストの点数で決まるので、プログラムには両方の命令を書いておく必要がありますが、どちらか片方だけを実行するには命令を読み飛ばす工夫が必要です。

　この章のタイトルになっている**制御構造**とは、プログラムに書かれた命令を実行する順番を決める仕組みで、次の3種類があります。

- 上から順番に実行する　　　　　　　→　順次構造
- 条件を判断して異なる命令を実行する　→　条件判断構造
- 同じ命令を繰り返して実行する　　　　→　繰り返し構造

*フローチャート
(flow chart) は、処理の流れ (flow) を図 (chart) で示したものです。

　fig. 4-1はそれぞれの構造を表した**フローチャート***です。条件判断構造と繰り返し構造には**条件式**と書かれたひし形があることに気が付いたでしょうか。その他の「処理」は入り口と出口の矢印が1本ずつなのに対して、「条件式」は入ってくる矢印が1本で、そこから2本の矢印が出ています。どうやらここで命令の実行順序が分かれていくようです。それぞれの構造がどのようなものか、詳しく見ていきましょう。

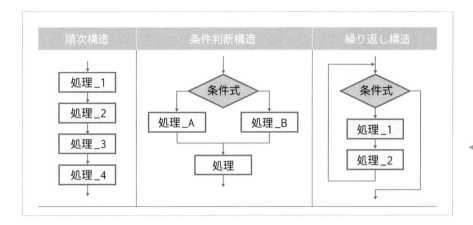

fig. 4-1
フローチャート

順次構造

プログラムに書いた**順番通りに命令を実行していく方式**です（fig. 4-1左）。**順次実行**と呼ぶこともあります。プログラムは順次構造が基本になります。

条件判断構造

「もしもテストの点数が80点以上なら合格の連絡を、それ以外なら追試の連絡をする」のように、**ある条件を判断した結果に応じて異なる命令を実行する方式**です（fig. 4-1中央）。プログラムには合格の連絡（処理_A）と追試の連絡（処理_B）の2つを書きますが、条件を判断した結果でどちらか一方の処理が行われるため、条件判断構造を**選択実行**のように呼ぶこともあります。

繰り返し構造

「テストで80点以上をとるまで追試を受ける」のように、**ある条件を満たすまで同じことを何度も繰り返す方式**です（fig. 4-1右）。**反復実行**と呼ぶこともあります。また、フローチャートの矢印をたどっていくと、繰り返している部分が輪（loop）のように見えることから**ループ処理**と呼ぶこともあります。

4-2 流れを変えるきっかけ

　プログラムに書かれた命令の実行順を変更するには、何か「きっかけ」が必要です。それがfig. 4-1に示した**条件式**です。これは「テストの点数が80点以上かどうか」や「キー入力された値が登録済みのパスワードと等しいかどうか」のような**2つの値を比較する式**で、結果は必ず**「正しい」**か**「正しくない」**かのどちらかになります。

4-2-1 値の比較に使う記号——比較演算子

　table 4-1はPythonで値の比較に使う記号です。これを**比較演算子**と言います。算数で習った<や>とよく似た記号ですが、算数の時間に書いた「a＞10」は「aは10よりも大きい」ことを表すだけなのに対して、Pythonのa ＞ 10は、aと10を比較して、aの方が大きければ**「この式は正しい」**という答えを出す点が大きな違いです。

table 4-1
Pythonの
比較演算子

演算子	意味
==	等しい
!=	等しくない
<	より小さい（未満）
>	より大きい
<=	以下
>=	以上

　たとえば、変数aの値が5のときにa ＞ 10を比較すると、5は10よりも小さな値なので上の式は「正しくない」ですね。では、a ＜ 10ならばどうでしょう？　5は10よりも小さな値なので、これは「正しい」ですね。list 4-1～2を実行して、

Pythonがどのような答えを返すか確認しましょう。値の比較に使った変数aには list 4-1で5を代入しています。

list 4-1
値の比較①

入力
```
a = 5   ← 変数の定義
a > 10
```

結果
```
False
```

list 4-2
値の比較②

入力
```
a < 10
```

結果
```
True
```

　このように、Pythonは2つの値を比較した結果が正しいときはTrue、正しくないときはFalseという値を返します。この値を**ブール値**と言います。Pythonでは**bool型**で扱います。

　なお、table 4-1に示した比較演算子は、文字列でも使うことができます。たとえば、'abc' == 'abc'であれば、2つの文字列は等しいので結果はTrue、'ABC' == 'abc'であれば、Pythonは大文字と小文字を区別するので結果はFalseです。

4-2-2　値を比較するときに注意すること

　2つの値の大小を比較するときは、データ型に注意してください。数値同士または文字列同士の大きさを比較することはできますが、数値と文字列の大きさは比較できません。

　「文字と数値の大小なんて比較するわけないじゃない」と思うかもしれませんが、組み込み関数のinput()はキー入力した値を必ず文字列として返します[*]。この値が「100以上かどうか」のような比較はすると思いませんか？（list 4-3）

　キー入力した値を数値と比較する場合は、先に文字列から数値への型変換が必要です。やり方を忘れてしまったという人は、「3-5-1：文字列から数値への変換」に戻って確認しましょう。

[*]「3-5-1：文字列から数値への変換」（P.94）で説明しました。

105

list 4-3
間違い例

```
入力
a = input('値を入力　')
a >= 100　← キー入力した値が100以上かどうか
```

```
結果
値を入力　50　←「50」を入力すると...
TypeError                          Traceback (most recent call last)
<ipython-input-1-b499812d6457> in <module>
      1 a = input('値を入力　')
----> 2 a >= 100

TypeError: '<' not supported between instances of 'str' and 'int'
↑ str型とint型は比較できない
```

　また、**実数を使った値の比較は、予想と違う結果になることがあるので注意しま**しょう。たとえば、list 4-4は0.1+0.1+0.1の答えと0.3が等しいかどうかを比較するプログラムです。このプログラムを実行すると、結果はFalseです。理由はわかりますか？

list 4-4
0.1 + 0.1 + 0.1 の
答えと 0.3 の比較

```
入力
a = 0.1 + 0.1 + 0.1
a == 0.3
```

```
結果
False
```

　「3-3-5：実数誤差」で「小数点を含んだ値は必ず誤差を含んでいる」(P.84)という話をしました。0.1+0.1+0.1の答えは**限りなく0.3に近い値**であり、0.3ではありません。これがlist 4-4の実行結果がFalseになった理由です。

　Pythonのfloat型はとても精度よく計算できるのですが、そのせいでlist 4-4のようなことが起こります。「値の比較は小数点以下5桁までの精度があれば十分」という場合は、組み込み関数のround()*を使って値を丸めてから比較しましょう。list 4-5のようにすると、0.1+0.1+0.1の答えは0.3と等しいという結果になります。

*「3-3-6：値の丸め」(P.85) で説明しました。

list 4-5
小数部を5桁に
丸めてから
「0.3」と比較

```
入力
a = round(0.1 + 0.1 + 0.1, 5)
a == 0.3
```

```
結果
True
```

4-3 ▶ 条件判断構造

条件判断構造とは、2つの値を比較した結果を使って、**TrueのときはAの処理、
Falseのときは B の処理**のように違う矢印に進む構造です。fig. 4-2の3種類があ
ります。

fig. 4-2
条件判断構造の種類

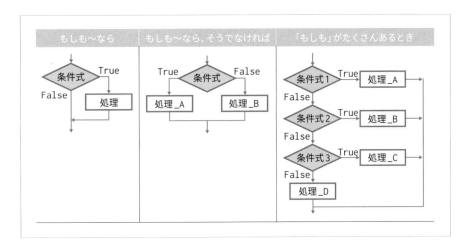

4-3-1 もしも～なら──if文

「もしも～なら」は、一番簡単な条件判断構造です。「もしもテストの点数が80
点以上なら合格」のように、**指定した条件式がTrueのときだけ処理を行います。**
Falseのときは何も行わずに次に進みます（fig. 4-3）。

fig. 4-3
「もしも〜なら」の
フローチャート

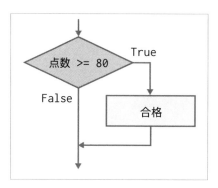

「もしも」は英語でifですね。Pythonでもifを使うのですが、もしものときに実行する処理も含めて1つの命令文になるので、if文と呼ぶのが一般的です。

書式 4-1
if文：もしも〜なら

> **if 条件式:**
> **条件式の結果がTrueのときに実行する処理**

条件式は「テストの点数が80点以上かどうか」のように2つの値を比較する式です。**条件式の後ろには、必ずコロン (:) を入力してください。**コロンを入れた後で改行すると、Jupyter Notebookは次の行の行頭にインデントを挿入します。条件式の結果がTrueのときに実行する処理は、字下げした位置から書き始めてください。

*list4-6の1行目の意味がわからない人は、「3-5-1: 文字列から数値への変換」(P.94) に戻って確認してください。

list 4-6は、fig. 4-3のフローチャートをもとに作ったプログラムです。いろいろな値で試せるように、テストの点数はキーボードから入力できるようにしました*。

list 4-6
もしも〜なら①

入力

```
score = int(input('点数を入力 '))
          ↑ キー入力した値を int 型に変換してscoreに代入
if score >= 80:  ← もしもscoreの値が80以上なら
    print('合格')  ← 「合格」を表示
```

プログラムを入力したら実行してみましょう。表示される入力欄に80以上の値を入力したときは合格、それよりも小さな値を入力したときは何も表示せずにプログラムを終了します。

実行結果①

結果

```
点数を入力 85  ← 80以上を入力したとき
合格
```

実行結果②

> **結果**　点数を入力　70　◀ 80より小さな値を入力したときは何も表示されない

4-3-2　複合文の書き方

if文のように複数の文を含んで1つの命令文になるものを**複合文**と言います。「2-3-2：インデントの使い方」（P.59）でも少し触れましたが、ここでしっかり書き方を確認しておきましょう。

複合文は**ヘッダ**と**処理**からなる複数の**ブロック**※で構成されます（fig. 4-4）。ヘッダはifや、この後に説明するelse、forなどのキーワードで始まり、行末は必ずコロン（:）になります。そのときに実行する処理を、ヘッダの位置から字下げ（インデント）して記述してください。

*ブロックのことを「節」と表記することもあります。

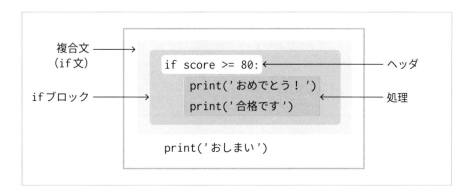

fig. 4-4
複合文

複合文（if文）→
ifブロック→

```
if score >= 80:          ← ヘッダ
    print('おめでとう！')
    print('合格です')      ← 処理

print('おしまい')
```

Jupyter Notebookは複合文の開始を感知すると、自動的に次の行の行頭に半角スペース4文字分のインデントを挿入してくれるので、その位置から命令を書くようにしましょう。インデントの位置がずれていると、実行時にIndentationErrorが発生するので注意してください。

ブロック内の処理（fig. 4-4ではifのときに実行する命令）をすべて書き終えたら、BKSPキーまたはDELキーを使ってインデントを削除してください。これが複合文の終わりになります。次の処理（fig. 4-4ではprint('おしまい')）はインデントを挿入せずに、ifと同じ位置から書き始めてください。

109

　　fig. 4-5はfig. 4-4のフローチャート、list 4-7はfig. 4-4に点数を入力する処理を追加したプログラムです。プログラムを実行して、命令の実行順を確認しましょう。

fig. 4-5
fig. 4-4の
フローチャート

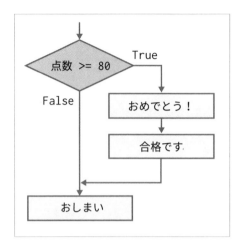

list 4-7
もしも～なら②

```
score = int(input('点数を入力　'))
if score >= 80:
    print('おめでとう！')
    print('合格です')
print('おしまい')
```

　　キーボードから80以上の値を入力したときは、if文のブロックとその後の`print('おしまい')`が実行されます。

実行結果①

> **結果**　点数を入力　85　◀80以上を入力したとき
> おめでとう！
> 合格です
> おしまい

今度は80よりも小さな値を入力してみましょう。この場合は最後のprint('お
しまい')だけが実行されます。if文のブロックに書いた命令は実行されません。

実行結果②

> **結果**　点数を入力　70　←80よりも小さな値を入力するとif文のブロックは行われない
> おしまい

このようにPythonではインデントがどこまでの命令を実行するかを表す目印に
なります。インデントの位置には十分に注意してプログラムを書くようにしましょ
う。

More Information

対話型インタプリタで複合文を実行するとき

対話型インタプリタで複合文のヘッダ部分を入力すると、次の行のプロンプトが「...」に変わります。これは前の行の命令の続きを表すプロンプトです。ブロック内の命令は、先頭に半角スペースを4つ挿入してから入力してください。スペースキーではなくTABキーを押してインデントを挿入したくなりますが、対話型インタプリタではTABキーが別の機能に割り当てられていて使えないことがあります。トラブルを避けるためにも**インデントは半角スペース4つ**と覚えておきましょう。

ブロック内の命令をすべて記述し終えたら、プロンプトが...の状態でEnterキーを押してください。複合文を実行することができます。

```
>>> score = int(input('点数を入力　'))
点数を入力　85
>>> if score >= 80:　←if文の開始
...     print('おめでとう！')　←先頭に半角スペースを4つ挿入
...     print('合格です')　←if文の終わり
...　←Enterキーを押すと、if文を実行する
おめでとう！
合格です
>>>　←もとのプロンプトに戻る
```

4-3-3 もしも～なら、そうでなければ——if-else文

もしもテストの点数が80点以上なら合格、そうでなければ追試——これは**条件式を判断した結果に応じて異なる処理を行う条件判断構造**です (fig. 4-6)。Pythonでは「そうでなければ」の部分を、「それ以外に」という意味を持つ**else**を使って作成します。

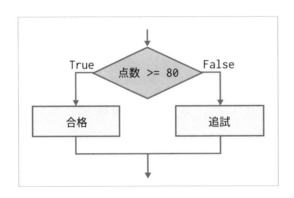

fig. 4-6
「もしも～なら、そうでなければ」のフローチャート

書式 4-2
if-else文：
もしも～なら、
そうでなければ

```
if 条件式:
    条件式を判断した結果がTrueのときの処理
else:
    条件式を判断した結果がFalseのときの処理
```

if文のブロックには、条件式を判断した結果がTrueであるときに実行する処理を記述してください。Falseのときの処理は、else文のブロックに記述します。**elseはifとインデントをそろえて、行末にはコロン（:）を忘れずに入力してください。**

list 4-8は、fig. 4-6をもとに作ったプログラムです。キーボードから80以上の値を入力したときは「合格」、80よりも小さな値を入力したときは「追試」が表示されます。

list 4-8
もしも〜なら、
そうでなければ

入力
```
score = int(input('点数を入力  '))
if score >= 80:
    print('合格')
else:
    print('追試')
```

結果
```
点数を入力  70
追試
```

4

More Information

複合文とブロック

　前項で、複合文はヘッダと処理からなる「1つ以上のブロックで構成される」という話をしました。if-else文は、if文のブロックとelse文のブロックとで構成される複合文です（fig. 4-7）。このように複合文が複数のブロックで構成されるとき、**各ブロックのヘッダ（この例ではifとelse）は同じ位置にそろえる必要があります。**

fig. 4-7
複合文
（ブロックが2つ）

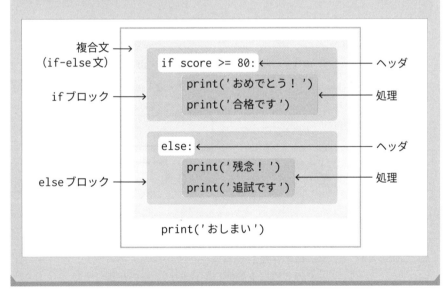

複合文
（if-else文）→

ifブロック →

```
if score >= 80:     ← ヘッダ
    print('おめでとう！')
    print('合格です')      ← 処理
```

```
else:     ← ヘッダ
    print('残念！')
    print('追試です')      ← 処理
```

elseブロック →

```
print('おしまい')
```

4-3-4 「もしも」がたくさんあるとき――if-elif-else文

　もしもテストの点数が80点以上ならA、60〜79点ならB、40〜59点ならC、それ以外なら追試――このように「もしも」の場合分けがたくさんあるときは、if-else文に **elif** 文のブロックを追加します。それぞれの文とフローチャートの対応はfig. 4-8を参照してください。このようにelif文は必要な数だけ記述できます。

fig. 4-8
「"もしも"が
たくさんあるとき」
のフローチャート

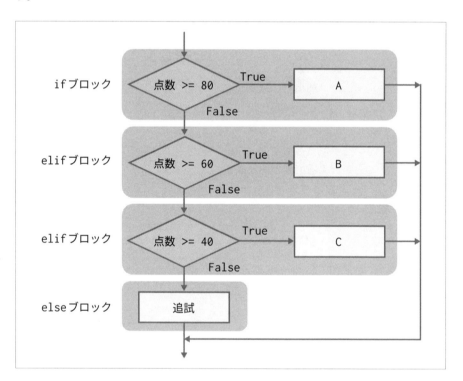

書式 4-3
if-elif-else文：
「もしも」が
たくさんあるとき

```
if 条件式1:
    条件式1を判断した結果がTrueのときの処理
elif 条件式2:
    条件式2を判断した結果がTrueのときの処理
else:
    すべての条件式を判断した結果がFalseのときの処理
```

　elifはelseとifを組み合わせて作った造語です。「それ以外で、もしも」と考

えるとよいでしょう。「それ以外」、つまり直前の条件式の結果がFalseのときは、次の条件式の判定に進みます。この結果がTrueであれば直後のブロックを、Falseであれば次の条件式の判定に進みます。このように、条件式は上から順番に評価されます。

　最後のelse文には、ここまでに記述した条件式の結果がFalseのときに実行する処理を記述してください。else文が必要ないときは省略することもできます。

　list 4-9は、fig. 4-8のフローチャートをもとに作成したプログラムです。いろいろな値を入力して、きちんと成績が判定できることを確認しましょう。

list 4-9
「もしも」が
たくさんあるとき

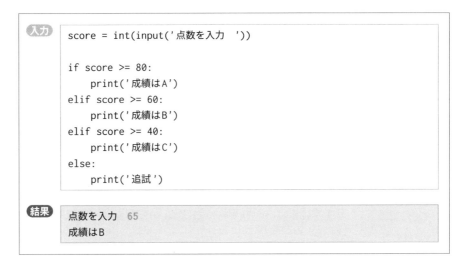

入力
```python
score = int(input('点数を入力　'))

if score >= 80:
    print('成績はA')
elif score >= 60:
    print('成績はB')
elif score >= 40:
    print('成績はC')
else:
    print('追試')
```

結果
```
点数を入力　65
成績はB
```

4 - 3 - 5　条件判断構造のネスト

　遊園地のジェットコースターに乗れるのは10歳以上で、身長が140cm以上の人です——ジェットコースターに乗るには「年齢が10歳以上」と「身長が140cm以上」という2つの条件を満たしていなければなりません。あなたなら、どうやって判定しますか？

　fig. 4-9は、ジェットコースターに乗れるかどうかを判定するフローチャートです。条件判断構造の中に、別の条件判断構造が含まれていますね。このような構造を**条件判断構造のネスト***と言います。

*ネスト（nest）は「巣」という意味です。「入れ子」のように表記されることもあります。

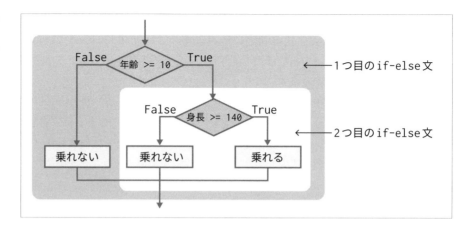

fig. 4-9
条件判断構造を
ネストした
フローチャート

フローチャートの矢印をたどってみましょう。最初は「年齢が10歳以上かどうか」です。この結果がTrueのときは「身長が140cm以上かどうか」の判断に進みます。この2回目の判断の結果がTrueになった人がジェットコースターに乗れる人です。それ以外の人は乗れません。

list 4-10は、fig. 4-9のフローチャートをもとに作ったプログラムです。このように条件判断構造をネストするときは、インデントの位置に注意してください。2つ目のif-else文は、1つ目のif-else文よりも**さらに1段インデントが深くなります**。また、それぞれのifとelseの行頭が同じ位置であることも確認してください。

list 4-10
条件判断構造の
ネスト

```
入力  age = int(input('年齢を入力  '))
     height = float(input('身長(cm)を入力  '))

     if age >= 10:          1つ目のif-else文
         if height >= 140:  2つ目のif-else文
             print('乗れる')
         else:
             print('乗れない')
     else:
         print('乗れない')
```

実行結果①

```
結果  年齢を入力  10   ←1つ目のif-else文でTrueの矢印に進む
     身長を入力  142.5 ←2つ目のif-else文でTrueの矢印に進む
     乗れる
```

実行結果②

結果

```
年齢を入力  9   ←1つ目のif-else文でFalseの矢印に進む
身長を入力  142.5
乗れない
```

　繰り返しになりますが、Pythonはインデントを使ってブロックを定義します。**インデントの位置を間違えると正しい処理が行われません**。list 4-11は2つ目のelse文のインデントを削除したプログラムです。この場合は、if-else文の中にif文がネストされたプログラムになります。最後のelse文と対応するif文が見つからないためにSyntaxErrorになります。

list 4-11
間違い例

入力

```
age = int(input('年齢を入力  '))
height = float(input('身長(cm)を入力  '))
if age >= 10:              if-else文
    if height >= 140:      if文
        print('乗れる')
else:
    print('乗れない')
else:                      ←対応するif文がない
    print('乗れない')
```

結果

```
File "<ipython-input-1-3d86eae81137>", line 9
    else:
    ^
SyntaxError: invalid syntax
```

4-4 条件判断の組み合わせ

　遊園地のジェットコースターに乗れるのは10歳以上で、身長が140cm以上の人です——先ほどと条件は同じです。ここには「年齢が10歳以上」と「身長が140cm以上」という2つの条件式が含まれていて、その両方がTrueでないとジェットコースターには乗れませんね。こういう場合は、**論理演算**という方法を利用してジェットコースターに乗れるかどうかを判断することもできます。

4-4-1 AかつB

　「年齢が10歳以上」と「身長が140cm以上」という、2つの条件式を同時に満たす言葉としてよく使われるのが、「**かつ**」という言葉です。これを使ってジェットコースターに乗れる人を表現すると

> 年齢が10歳以上、かつ、身長が140cm以上

になります。このような演算を**論理積**と言います。「かつ」は英語でandに相当することから、**AND演算**と呼ぶこともあります。

　Pythonでも「かつ」に相当する演算子は**and**です。これを使ってジェットコースターに乗れるか否かを判断する処理をプログラム風に書くと、次のようになります。

```
if (年齢 >= 10) and (身長 >= 140):
    乗れる
else:
    乗れない
```

*それぞれの条件式を囲む()は、式を見やすくするためのものです。省略してもかまいません。

　ifの直後に2つの条件式が書かれているように見えますが、(年齢 >= 10) and (身長 >= 140)、これで1つの条件式*です。この場合は2つの条件式を判断

した結果を比較して、if文のブロックを実行するか、else文のブロックを実行するかを判断します。

「条件式を判断した結果を比較する？　どういうこと？」と思ったかもしれませんね。ここまでに見てきた**比較演算は2つの値を比較する演算**で、結果は必ずTrueかFalseになります。一方、**論理演算はこのTrueとFalseを比較する演算**です。ブール値を使って判断することから、**ブール演算**と呼ぶこともあります。

table 4-2にand演算子がどのような結果を返すかをまとめました。この表は**真理値表**と呼ばれます。

table 4-2
AND演算の
真理値表

条件式1	条件式2	結果
True	True	True
True	False	False
False	True	False
False	False	False

if文のブロックに書いた処理を行うのは、AND演算の結果がTrueのとき、つまりif文に書いた2つの条件式の結果がともにTrueのときだけです。どちらか一方でもFalseの場合はelse文のブロックの処理を行います。条件式が3つ以上あるときも同じです。すべての条件式の結果がTrueのときにif文の処理を、それ以外のときはelse文の処理を行います。

list 4-12は、ジェットコースターに乗れるかどうかを判定するプログラムです。いろいろな値を入力して、正しく判定されることを確認してください。

list 4-12
AかつB

入力
```
age = int(input('年齢を入力　'))
height = float(input('身長(cm)を入力　'))

if (age >= 10) and (height >= 140):
    print('乗れる')
else:
    print('乗れない')
```

実行結果①

結果
```
年齢を入力　10　　← age >= 10の結果はTrue
身長を入力　142.5　← height >= 140の結果もTrue
乗れる　← if文のブロックを実行
```

実行結果②

> **結果** | 年齢を入力　9　◀age >= 10の結果はFalse
> 身長を入力　142.5　◀height >= 140の結果はTrue
> 乗れない　◀else文のブロックを実行

More Information

数値の範囲を判定する方法

　このジェットコースターに乗れるのは、10歳以上75歳未満の人です——この文の後半をもう少し詳しく書くと、

> 年齢が10歳以上、かつ、75歳未満

ですね。ある数値が指定した範囲内にあるかどうかを調べる場合もand演算子が使えます。この例であれば

```
(age >= 10) and (age < 75)
```

のようになります。また、Pythonではこれと同じ条件式を

```
10 <= age < 75
```

のように書くこともできます。and演算子を使うよりも、数値の範囲がわかりやすいですね。

4-4-2　AまたはB

　画面にfig. 4-10のようなメッセージが表示されたとき、YかNのどちらかを入力すればよい、ということはわかると思いますが、小文字のyやnを入力したらどうなると思いますか？　質問に答える側の立場からすると、大文字でも小文字でも、どちらでも受け付けてほしいですね。

fig. 4-10
画面にこんなメッセージが表示されたら……？

> ジェットコースターは好きですか？［Y/N］

　入力された文字がYまたはyならば受け付ける——このように、どちらか一方を満たせばよしとする演算を**論理和**と言います。「**または**」は英語でorに相当することから、**OR演算**と呼ぶこともあります。table 4-3はOR演算の真理値表です。

table 4-3
OR演算の真理値表

条件式1	条件式2	結果
True	True	True
True	False	True
False	True	True
False	False	False

　Pythonでも「または」に相当する演算子は**or**です。これを使って、「キー入力された値がYまたはyなら遊園地、Nまたはnなら動物園、それ以外の文字が入力されたら再入力のメッセージを促す」という処理をプログラム風に書くと次のようになります。

```
if (入力した文字 == 'Y') or (入力した文字 == 'y'):
    明日は遊園地に行く
elif (入力した文字 == 'N') or (入力した文字 == 'n'):
    明日は動物園に行く
else:
    YまたはNで答えてください
```

　list 4-13は、キー入力した文字に応じて異なるメッセージを表示するプログラムです。いろいろな文字を入力して確認しましょう。

list 4-13
AまたはB

```
入力  key = input('ジェットコースターは好きですか？ [Y/N] ')
      if (key == 'Y') or (key == 'y'):
          print('明日は遊園地に行く')
      elif (key == 'N') or (key == 'n'):
          print('明日は動物園に行く')
      else:
          print('YかNで答えてください')
```

```
結果  ジェットコースターは好きですか？ [Y/N] y
      明日は遊園地に行く
```

4-5 繰り返し構造

　繰り返し構造は、同じ命令を繰り返す構造です。「招待状を100人に発送する」のように**決められた回数を繰り返す**方法と、「正しいPINコードが入力されるまで再入力を促す」のように**決められた条件を満たすまで繰り返す**方法の2種類があります。

4-5-1 回数を決めて繰り返す──for文

　画面にHelloを5回表示してください──あなたならどのようなプログラムを書きますか？

```
print('Hello')
print('Hello')
print('Hello')
print('Hello')
print('Hello')
```

　これでも間違いではありません。でも、画面に表示する回数が50回だったらどうですか？　同じ命令を50回も間違えることなく書くことができるでしょうか？　それよりも「print('Hello')を50回実行する」のようなプログラムが書ければ便利ですね。
　これをフローチャートで表したものがfig. 4-11です。繰り返した回数を数えて、5回以下ならHelloを画面に表示するという処理です。

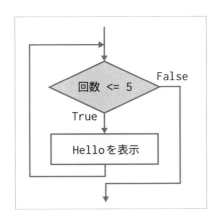

fig. 4-11
処理を5回繰り返す
フローチャート

4

Pythonでは**for**を使って繰り返し構造を作成します。ここまでに見てきたif文と同じように、繰り返して実行する処理を含めて1つの命令文になるので、for文と呼ぶのが一般的です。

書式 4-4
for文：決まった
回数の繰り返し

```
for 変数名 in range(回数):
    繰り返して実行する処理
```

forの直後の変数は**繰り返した回数を数えるための変数**で、**カウンタ**や**カウンタ変数**と呼ばれることもあります。この変数には**iという名前を付けるのがプログラマたちの暗黙のルール**になっています。また、ここで使っている**range()**はPythonの組み込み関数で、0、1、2…のように、**指定した値の直前までの連続する値を生成します**。と言っても、なかなかイメージしにくいですね。

list 4-14は、繰り返しを実行しているときにカウンタの値がどう変化するかを確認するプログラムです。繰り返しの回数には5を指定しました。

list 4-14
5回繰り返す

入力
```
for i in range(5):
    print(i)
```

結果
```
0
1
2
3
4
```

プログラムを実行すると、画面に「0 1 2 3 4」という5つの値が表示されます。このことから、繰り返した回数は5回で間違いありませんね。ここで覚えてほしいことは

- range()を使って繰り返しの回数を指定したとき、カウンタは0から始まる
- カウンタの終了値は「繰り返しの回数-1」になる

この2点です。繰り返しの処理の中でカウンタを計算に使うときは、この2点を正しく理解していないと間違った処理を行うことになるので注意してください。

たとえば、list 4-15は掛け算の2の段（2×1、2×2、……2×9）の答えを出力しようと思って作ったプログラムです（fig. 4-12）。しかし、実行結果を見ると「2×0、2×1、……2×8」の答えが表示されています。これは欲しかった結果ではありませんね。正しいプログラム例は次項で紹介します。

fig. 4-12
掛け算の2の段を
出力する
フローチャート①

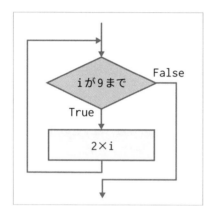

list 4-15
間違ったプログラム

```
for i in range(9):
    print(2*i, end=' ')
```

結果
```
0 2 4 6 8 10 12 14 16
```

ところで、list 4-15の結果を見て、「おや？」と思いませんでしたか？print()を実行するときにendオプションを利用すると、改行の代わりに出力する文字を指定できます*。list 4-15では2の段の答えを1行に表示するために、半角スペースに変更しました。

*「2-2-4：print()の使い方」（P.56）で説明しました。

4-5-2　値の範囲を決めて繰り返す

　もう一度、list 4-15とその実行結果を見てみましょう。これは掛け算の2の段を出力するつもりで作ったプログラムですが、range()で繰り返す回数を指定したとき、カウンタは0から始まることを忘れていたことが原因で期待した結果が得られませんでした。カウンタの値が1〜9までのように、範囲を指定して繰り返すときはrange()の引数をrange(1, 10)のように指定してください。「1〜9までならrange(1, 9)じゃないの？」と思うかもしれませんが、範囲の終わりに指定した値はカウンタには含まれません。間違えやすいところなので注意してください。掛け算の2の段を出力するプログラムは、list 4-16のように作るのが正解です（fig. 4-13）。

fig. 4-13
掛け算の2の段を
出力する
フローチャート②

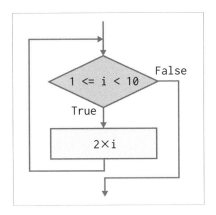

list 4-16
カウンタの値が
1〜9までの
繰り返し

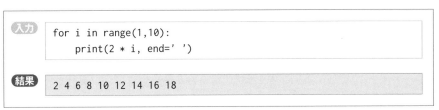

入力
```
for i in range(1,10):
    print(2 * i, end=' ')
```

結果
```
2 4 6 8 10 12 14 16 18
```

4-5-3 繰り返し構造のネスト

fig. 4-14は掛け算の九九の表です。この表を作るプログラムを考えてみましょう。

fig. 4-14
九九の表

1	2	3	4	5	6	7	8	9
2	4	6	8	10	12	14	16	18
3	6	9	12	15	18	21	24	27
4	8	12	16	20	24	28	32	36
5	10	15	20	25	30	35	40	45
6	12	18	24	30	36	42	48	54
7	14	21	28	35	42	49	56	63
8	16	24	32	40	48	56	64	72
9	18	27	36	45	54	63	72	81

前項で掛け算の2の段は

```
for i in range(1,10):
    print(2*i, end=' ')
```

これで表示できることを確認しました。この2行を使って

> 1の段を表示する
> 2の段を表示する
> 3の段を表示する
>   :

のように書いたプログラムがlist 4-17です。実行するとたしかに九九の表が表示されるのですが……。このプログラムの何が問題なのか、少し考えてみてください。

list 4-17

九九の表を作る
プログラム

入力

```
for i in range(1,10):
    print(1*i, end=' ')    ← 1の段を出力
print()    ← 次の段を表示する前に改行する
for i in range(1,10):
    print(2*i, end=' ')    ← 2の段を出力
print()
for i in range(1,10):
    print(3*i, end=' ')    ← 3の段を出力
print()
for i in range(1,10):
    print(4*i, end=' ')    ← 4の段を出力
print()
for i in range(1,10):
    print(5*i, end=' ')    ← 5の段を出力
print()
for i in range(1,10):
    print(6*i, end=' ')    ← 6の段を出力
print()
for i in range(1,10):
    print(7*i, end=' ')    ← 7の段を出力
print()
for i in range(1,10):
    print(8*i, end=' ')    ← 8の段を出力
print()
for i in range(1,10):
    print(9*i, end=' ')    ← 9の段を出力
print()
```

結果

```
1 2 3 4 5 6 7 8 9
2 4 6 8 10 12 14 16 18
3 6 9 12 15 18 21 24 27
4 8 12 16 20 24 28 32 36
5 10 15 20 25 30 35 40 45
6 12 18 24 30 36 42 48 54
7 14 21 28 35 42 49 56 63
8 16 24 32 40 48 56 64 72
9 18 27 36 45 54 63 72 81
```

list 4-17では、

```
for i in range(1,10):
    print(1*i, end=' ')   ← 1の段を出力
print()   ← 次の段を表示する前に改行する
```

　この3行を1の段から9の段まで、全部で9回繰り返しています。そして、この3行の中で違うところはprint()の中に書いた掛け算の式だけで、他の部分はまったく同じです。なんだか無駄だと思いませんか？　それよりも「この3行の命令を9回繰り返す」という風にプログラムが書ければ簡潔にまとめられそうですね。9回の繰り返しの中に入るのは上の3行ですから、for文の中にさらにもう1つfor文を入れた構造を作ればよさそうです。

　fig. 4-15は、九九の表を表示するフローチャートです。外側のfor文は1の段、2の段、3の段……の掛けられる方の数（i）の繰り返し、内側のfor文はそれに掛ける数（j）の繰り返しです。繰り返し構造をネストするときは、それぞれのfor文でどこまで繰り返したかを区別できるように、**カウンタは必ず違う名前***にしてください。

＊繰り返しをネストするときは、カウンタの名前を外側から順番にi, j, k……のように付けるのがプログラマたちの暗黙のルールになっています。

fig. 4-15
九九の表を表示するフローチャート

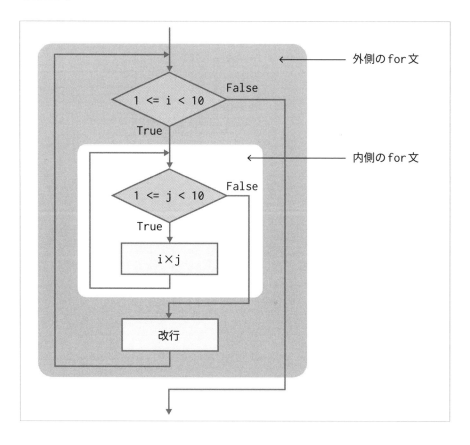

外側のfor文

内側のfor文

　では、フローチャートを上から順にたどっていきましょう。外側のfor文に入ったとき、掛けられる数（i）は1です。Trueの矢印に進んで内側のfor文に入ったとき、掛ける数（j）は1です。Trueの矢印に進むとi×j、つまり1×1を出力して矢印をたどると、内側のfor文の先頭に戻りました（fig. 4-16）。

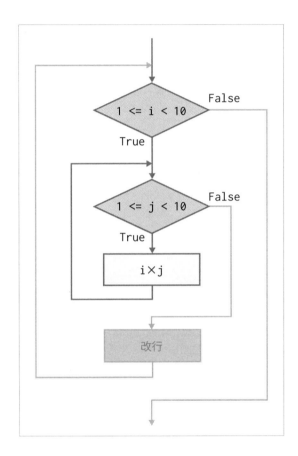

fig. 4-16
i=1、j=1のとき

　このときiは1のままですが、jは2になります。矢印を進んで1×2を出力して内側のfor文の先頭に戻って……という処理をjが9になるまで繰り返します（fig. 4-17）。

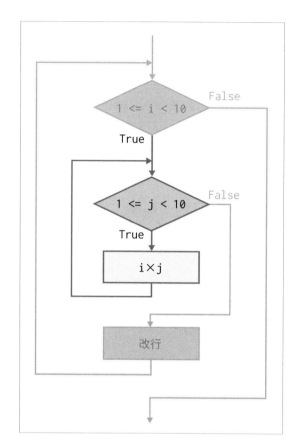

fig. 4-17
i=1でjが
2〜9のとき

　この後、内側のfor文の先頭に戻ったときはFalseの矢印に進むので改行を出力、さらに矢印をたどると外側のfor文の先頭に戻りました（fig. 4-18）。ここでiの値は2になります。再びTrueの矢印に進んで内側のfor文に入って……という処理を繰り返すと九九の表のできあがりです。

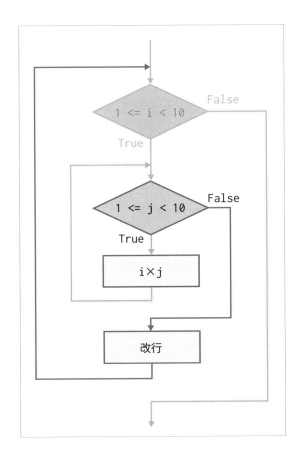

fig. 4-18
i=1でjが1〜9の
繰り返しを
終えたとき

文字で読むとややこしいのですが、ここで覚えてほしいのは「**繰り返し構造をネストすると、外側のfor文の処理を1回実行する間に、内側のfor文の処理は指定した回数行われる**」ということです。

list 4-18は、fig. 4-15のフローチャートをもとに作ったプログラムです。list 4-17と比べると、ずいぶんすっきりしましたね。外側のrange()で生成される数は1〜9ですから9回、内側の繰り返しも同じく9回ですから、i×jの答えを出力する処理は81回（＝9×9）行われることになります。

入力
```
for i in range(1, 10):              外側のfor文
    for j in range(1, 10):          内側のfor文
        print(i * j, end=' ')    ◀ i×jの答えを出力
    print()  ◀ 改行を出力
```

結果
```
1 2 3 4 5 6 7 8 9
2 4 6 8 10 12 14 16 18
3 6 9 12 15 18 21 24 27
4 8 12 16 20 24 28 32 36
5 10 15 20 25 30 35 40 45
6 12 18 24 30 36 42 48 54
7 14 21 28 35 42 49 56 63
8 16 24 32 40 48 56 64 72
9 18 27 36 45 54 63 72 81
```

4-5-4　range()の使い方

*「0、1、2、3、4
…」や「1、3、5、
7、9…」のように、
ある一定のルールに
従って並べられた数
値を「数列」と言い
ます。

　ここまで見てきたように、for文で繰り返す回数や範囲を指定するときは組み込み関数の**range()**を使います。改めて使い方を確認しておきましょう。

　「4-5-1：回数を決めて繰り返す」では「range()は0から始まる連続する値を生成する」のように説明してきましたが、本当はrange()は**数列*を作る**というのが正しい表現です。引数には整数を3つ指定できますが、stop以外は省略可能です。

```
range(start, stop, step)
```

　繰り返しの回数を指定するときは、range()の引数を1つだけ指定してください。この場合はstopを指定したことになり、次の範囲の整数 (n) を生成します。

```
0 ≦ n < stop
```

　繰り返す回数を数値の範囲で指定するときは、引数を2つ指定してください。この場合はstartとstopを指定したことになり、次の範囲の整数を生成します。この範囲を見てもわかるように、stopはstartよりも大きな値でなければなりません。

```
start ≦ n ＜ stop
```

range()の3つ目の引数stepは、数値の増分です。省略した場合は1とみなされるため、0、1、2、3……のように連続する数が生成されます。stepを2にしたときは2つずつ、3であれば3つずつ値が増えます。list 4-19を実行して、range()が生成する数列を確認しましょう。

list 4-19
0≦i＜50の範囲で
増分が5の数列を
生成する

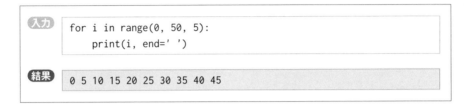

入力
```
for i in range(0, 50, 5):
    print(i, end=' ')
```

結果
```
0 5 10 15 20 25 30 35 40 45
```

stepには負の数を指定することもできます（list 4-20）。この場合、カウンタは5、4、3……のようにカウントダウンします。stopにはstartよりも小さな値を指定してください。

list 4-20
10から1まで
カウントダウンする

入力
```
for i in range(10, 0, -1):
    print(i, end=' ')
```

結果
```
10 9 8 7 6 5 4 3 2 1
```

list 4-19〜20の実行結果を見てもわかるように、**いずれの場合もstopに指定した値はrange()が作る連続する数には含まれません**。間違えやすいところなので気を付けましょう。

4-5-5 for文の仕組み

「4-5-1：回数を決めて繰り返す」の説明の中で、「`for i in range(5):`の『i』は繰り返した回数を数えるカウンタだ」という話をしました。「0 1 2 3 4 と5回数えたら終わり」と言えればわかりやすいのですが、実はPythonのfor文は繰り返した回数を数えながら仕事をしているわけではありません。fig. 4-19を見ながら、改めてPythonのfor文がどのような仕組みで動いているのか見ていきましょう。

fig. 4-19
Pythonのfor文

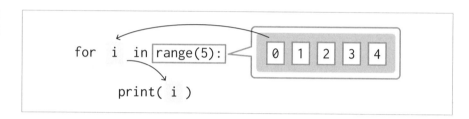

`range(5)`を実行すると、0 1 2 3 4の5つの値が並んだ数列が生成されます。Pythonのfor文は、この並びから先頭の値を取り出してブロック内の処理を行います。それが終わると次の値を取り出してブロック内の処理を行います。つまり、**inの直後に書いたデータの並びから取り出す値がなくなるまで繰り返す**──これがPythonのfor文の仕組みです（fig. 4-20）。

fig. 4-20
for文の
フローチャート

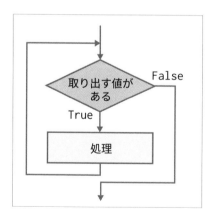

なお、`range(5)`で生成したデータの並びのように、値を1つずつ取り出すことができるものを**反復可能なオブジェクト**や**イテラブルなオブジェクト**と言うので覚えておきましょう。

4 - 6 ▶ 繰り返しを制御する

for文を利用すると「5回繰り返す」や「1〜9まで繰り返す」のように、回数を数えながら同じ処理を繰り返すことができます。もしも途中で止めたくなったら……？　そうです。for文の中で条件判断構造のif文を使って「**もしも〜なら、繰り返しを途中でやめる**」という命令を書くと、**繰り返しを最後まで実行せずに途中で止めることができます**。

4 - 6 - 1　繰り返しを終えたときに処理を行う——else文

まずは繰り返し処理を最後まで実行したかどうかを確認する方法を説明しましょう。for文に続けて**else**文を記述すると、繰り返し処理を最後まで終了した後にelse文の処理を実行します（fig. 4-21）。elseには「そのほかに」という追加の意味もあるので、「for文の処理のほかに」と考えるとよいかもしれません。

fig. 4-21
for-else文の
フローチャート

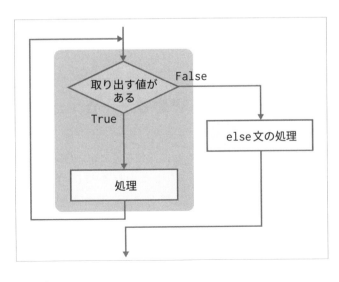

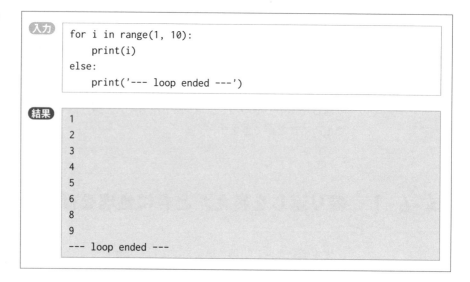

書式 4-6
for-else文 :
繰り返し処理の後に
特定の処理を行う

```
for 変数名 in range(start, stop, step):
    繰り返して行う処理
else:
    for文のブロックを終了したときに実行する処理
```

list 4-21はfor文にelse文を追加したプログラムです。プログラムを実行すると、最後に「--- loop ended ---」が表示されます。

list 4-21
繰り返し処理の後に
特定の処理を行う

入力
```
for i in range(1, 10):
    print(i)
else:
    print('--- loop ended ---')
```

結果
```
1
2
3
4
5
6
8
9
--- loop ended ---
```

list 4-21と実行結果を見て、「それがどうした？」と思ったかもしれませんね。**else文が実行されるのは、for文のブロックを最後まで終了したとき**ということを頭においたまま、次の「4-6-2：繰り返しを途中でやめる」に進みましょう。

4-6-2 繰り返しを途中でやめる──break文

1、2、3…と順番に調べて、3の倍数を見つけたら終わり──プログラムをこのように書き換える場合を考えましょう。list 4-21に「もしも3の倍数なら、繰り返しを終了する」という処理を追加すればよさそうですね。for文のブロックの中に**break**を記述すると、そのブロックを中断する、つまり繰り返しを途中でやめることができます（fig. 4-22）。

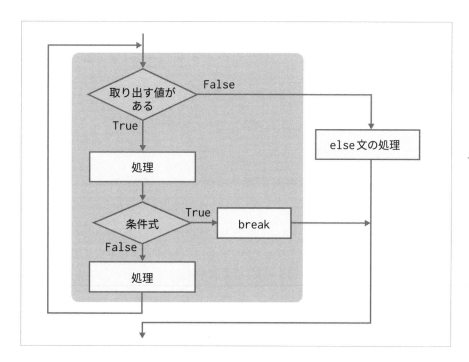

fig. 4-22

for-else文にbreak
を追加した
フローチャート

fig. 4-22のフローチャートで注目してほしいのは、breakから出ていく矢印です。この矢印をたどると、else文の処理を通らずにフローチャートの最後に到達しますね。else文の処理が実行されるのは、for文の繰り返しが最後まで行われたときだけです。**このようにbreakを実行して途中でやめたとき、else文の処理は行われません**。本当かどうか、プログラムを実行して確認しましょう。

list 4-22は、list 4-21に「もしも3の倍数なら、繰り返しを終了する」という処理を追加したプログラムです。3の倍数かどうかを調べるのはとても簡単で、

$$1 \div 3 = 0 余り 1$$
$$2 \div 3 = 0 余り 2$$
$$3 \div 3 = 1 余り 0$$
$$4 \div 3 = 1 余り 1$$
$$\vdots$$

＊算術演算子は、
「3-3-1：計算に使
う記号」(P.79) で説
明しました。

このように3で割った余り＊が0であれば、その数は3の倍数です。

list 4-22

繰り返しを途中で
やめる

入力

```
for i in range(1, 10):
    if (i % 3) == 0:     iが3の倍数なら繰り返しを中断する
        break
    print(i)   ◀ iを画面に出力
else:
    print('--- loop ended ---')
```

結果

```
1
2
```

　list 4-22を実行すると、画面に「1　2」だけが出力されます。その次の3は3の倍数なので、for文のブロックを抜けてプログラムを終了します。もちろん「--- loop ended ---」も表示されません。

More Information

繰り返し構造をネストしているとき

*breakは「繰り返しを終了する」という処理を行うので、これ1つで「文」です。

　break文*の仕事は、そのブロックからの脱出です。内側のfor文にbreak文がある場合は、内側のfor文のブロックから脱出して外側のfor文の先頭に戻ります。また、外側のfor文にbreak文がある場合は外側のfor文のブロックからの脱出です。つまり、繰り返し処理全体を終了することになります（fig. 4-23）。

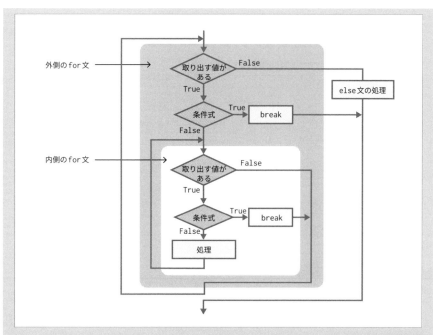

fig. 4-23
条件判断構造の
ネストとbreak文

list 4-23は、九九の表を作成するプログラム（list 4-18）にbreak文を追加し
たプログラムです。外側のfor文は3回、内側のfor文は5回繰り返したとこ
ろで、それぞれ繰り返しを中止します。

list 4-23
条件判断構造の
ネストとbreak文

（入力）
```python
for i in range(1, 10):
    if i > 3:
        break
    for j in range(1, 10):
        if j > 5:
            break
        print(i*j, end=' ')
    print()
```

（結果）
```
1 2 3 4 5
2 4 6 8 10
3 6 9 12 15
```

139

4-6-3 処理を途中でやめて繰り返しの先頭に戻る ——continue文

1、2、3…と順番に調べて、3の倍数以外を画面に表示してください——さて、どうしましょう？ list 4-22のようにbreak文を使うと3の倍数を見つけたところで繰り返し処理を中止してしまうので、4以降の値が表示できません。

こういう場合はcontinueを使いましょう。continue文の仕事は、**そのブロックから脱出して、ブロックの先頭に戻ること**です。break文との違いを確認するために、先にプログラムを実行してみましょう。list 4-24は、list 4-22のbreakをcontinueに変更したものです。

list 4-24
処理を途中でやめて
繰り返しの先頭に
戻る

入力
```python
for i in range(1, 10):
    if (i % 3) == 0:
        continue
    print(i)
else:
    print('--- loop ended ---')
```

結果
```
1
2
4
5
7
8
--- loop ended ---
```

3の倍数以外のすべての値が表示されましたね。フローチャートで表すとfig. 4-24になります。**continue文はブロックから脱出した後、繰り返しの先頭に戻るため、for文のブロックは最後まで行われます**。その結果、3の倍数以外のすべての値を表示して、else文のブロックも実行されます。fig. 4-22とfig. 4-24を見比べて、break文との違いを確認してください。

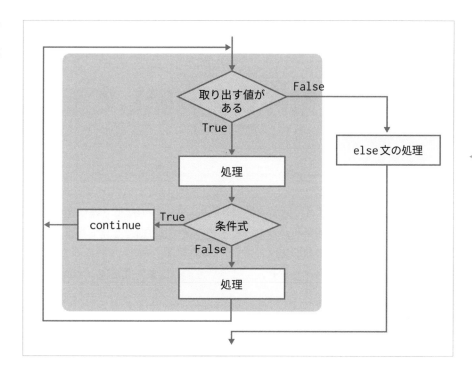

fig. 4-24
for文と
continue文

4

　この節ではfor文を使って繰り返しを制御する3つの命令（else文、break文、continue文）を説明しましたが、これらは次節で説明するwhile文でも同じように利用できます。

条件式を判断して繰り返す

ここまでは「10回繰り返す」や「1～100まで繰り返す」のように、繰り返す回数や範囲がわかっているときの繰り返し構造を見てきました。しかし、「答えが100未満の間繰り返す」といった処理は、実際にプログラムを実行するまで繰り返す回数がわかりません。こういう場合は**条件式を使って繰り返すかどうかを判断します**。

4-7-1 ～まで繰り返す――while文

「答えが100未満の間」や「正しいPINコードが入力されるまで」のように、**条件式を使って繰り返すかどうかを判断するとき**はwhile文を利用します。

書式 4-7
while文：条件式が
Trueの間繰り返す

```
while 条件式:
    繰り返して実行する処理
```

while文は直後に記述した条件式の結果がTrueの間、繰り返して処理を行います。たとえば「答えが100未満の間」繰り返すのであれば、answer < 100 という条件式を記述してください。「正しいPINコードが入力されるまで」繰り返すときは、「PINコードが正しくない間」のように考えてpin != 登録済みのPINコードのように条件式を記述してください。

そしてwhile文を使うときは、絶対に忘れてはいけないことが1つあります。それは、「**条件式に使った変数の値を、繰り返し処理の中で必ず更新すること**」です。更新処理を忘れると、いつまでも同じ条件式を判定することになり、繰り返しを抜けることができなくなります。

list 4-25は、「1234が入力されるまで」、別の言い方をすると「キー入力した値

が1234と等しくない間」、繰り返しキー入力を求めるプログラムです (fig. 4-25)。
ちゃんとwhile文のブロックの中でpinの値を更新していますね。

fig. 4-25
while文の
フローチャート

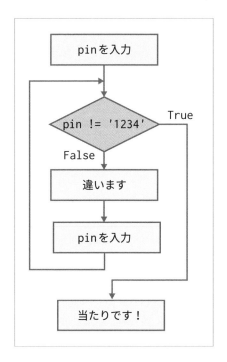

list 4-25
条件を満たして
いる間、繰り返す

入力
```
pin = input('PINを入力  ')
while (pin != '1234'):                while文
    print('違います')
    pin = input('PINを入力  ')  ← pinを更新
print('当たりです！')
```

結果
```
PINを入力  12
違います
PINを入力  1234a
違います
PINを入力  1234
当たりです！
```

4-7-2 無限に繰り返す

while文の直後に条件式ではなく**True**を記述すると、同じ処理をずっと繰り返すことができます。

書式 4-8
while()：処理を
無限に繰り返す

```
while True:
    繰り返して実行する処理
    if 条件式:
        break
```

この繰り返し構造を利用するときは、**1つ以上のbreak文が絶対に必要です**。break文を忘れるとwhile文のブロックから脱出することができないため、永久に同じ処理を繰り返すことになります。このような繰り返しを**無限ループ**と言います。これは絶対に起こってはいけない事態です。

list 4-26はlist 4-25と同じ処理を行うプログラムです。キー入力した値が1234と等しいときはbreak文を実行して繰り返し処理を終了しています（fig. 4-26）。

fig. 4-26
while文の
フローチャート

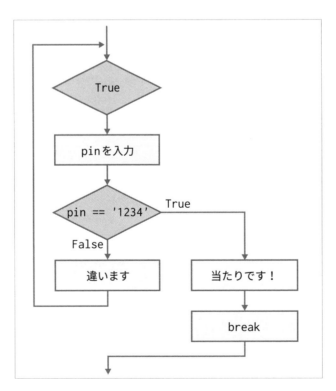

list 4-26
処理を無限に
繰り返す

入力
```
while True:
    pin = input('PINを入力  ')
    if (pin == '1234'):
        print('当たりです！')
        break
    else:
        print('違います')
```

4

結果
```
PINを入力  12
違います
PINを入力  1234a
違います
PINを入力  1234
当たりです！
```

　万一、無限ループに陥ってしまった場合は、［Kernel］メニューから［Interrupt］メニューを選択*してください。画面にKeyboardInterruptと表示されて、プログラムを停止することができます。

*対話型インタプリタを利用しているときは、CTRL キーと C キーを同時に押してください。

More Information

While 条件式: と While True: の違い

　list 4-25とlist 4-26、どちらも実行結果は同じですが、1つだけ大きな違いがあります。なんだかわかりますか？

　while 条件式:は、条件式を判断してブロック内の処理を実行するかどうかを決めます。そのため条件式で使う値を先に定義しておく必要があります。list 4-25ではwhile文に入る前に、pin = input('PINを入力 ')を実行していますね。この方法を**前判断**と言います。一方のwhile True:には、繰り返しを開始する条件がありません。いきなり繰り返し処理を開始して、ブロック内で継続するかどうかを判断します。この方法を**後判断**と言います。

　どちらのwhile文が正しいというわけではありません。処理の内容に応じて使い分けるとよいでしょう。ただし、while True:は無限ループを生成するということを忘れてはいけません。繰り返しを終了するためのbreak文を忘れずに記述してください。

確 認 ・ 応 用 問 題

Q1 1. 変数 x の値が偶数のときは「**偶数です**」、奇数のときは「**奇数です**」を表示するプログラムを作成してください。

2. 変数 x の値をキーボードから入力できるように変更してください。

Q2 次のプログラムは変数 score の値が 80 ～ 100 のときは「**合格**」、それ以外の値のときは「**不合格**」を表示するプログラムです。これを論理演算子を使ったプログラムに変更してください。

```
score = 85
if score >= 80:
    if score <= 100:
        print('合格')
    else:
        print('不合格')
else:
    print('不合格')
```

Q3 繰り返し構造を利用して、画面に「1　2　3　4　5」と順番に表示するプログラムを作成してください。

Q4 正しいパスワードが入力されるまで、繰り返しキー入力を促すプログラムを作成してください。パスワードは「**fruitsJuice**」とします。

Q5 Q4 のプログラムに、パスワードの入力に 5 回失敗したら繰り返しを終了する処理を追加してください。

第 **5** 章

////////////////////////////

文字列

第3章と第4章でPythonのプログラミングに最低
限必要なことは、ほぼ説明しました。ここから先
はPythonの**組み込みデータ型**を見ていきましょう。
それぞれのデータ型にはどのような特徴があって、
どのようなことができるのかを理解すると、もっ
と効率よくプログラムが書けるようになります。
この章では数値と同じくらいよく利用する文字列
を例に、組み込みデータ型について学習します。

5-1 文字列の扱い方

*シーケンスは、
「順序」や「連続する
もの」という意味で
す。

　Pythonでは引用符（'または"）で囲んだ文字の並びを**str**型で扱います。文字が順番に並んでいることから、**テキストシーケンス***と呼ぶこともあります。

5-1-1 文字列の長さ

　改めて説明すると、文字列は**0文字以上の文字が並んだもの**です。「1文字以上の間違いでは？」と思うかもしれませんが、「'Hello'」は'H','e','l','l','o'の5文字が並んだ文字列、「'H'」は1文字の文字列、そして「''」は文字が1文字もない文字列です。これを**長さ0の文字列**や**空文字列**と言います。組み込み関数のinput()を利用するとキーボードから値を入力できるようになりますが、このときに文字を何も入力せずに Enter キーを押すと、長さ0の文字列が得られます（list 5-1）。

list 5-1
キーボードから値を
入力する

| 入力 | `a = input('値を入力　')`　← キー入力した値をaに代入
`a`　← aの値を確認 |
| 結果 | 値を入力　← 何も入力せずに Enter キーを押すと ...
`''`　← 長さ0の文字列 |

　文字列の長さ、つまり文字数は組み込み関数の**len()**を使って調べることができます。

書式 5-1
len()関数：
文字数を調べる

`len(文字列)`

引数には文字列や文字列を代入した変数を指定してください。スペースや全角文字も1文字としてカウントされます（list 5-2〜3）。

list 5-2
len()使用例①

list 5-3
len()使用例②

5-1-2　文字列のインデックス

文字列には先頭から順番に0、1、2……のような番号が振られており、**この番号を使って文字列の中の1文字を参照することができます**（fig. 5-1）。この番号のことを**インデックス**または**添え字**と言います。

fig. 5-1
文字列の
インデックス

0	1	2	3	4	←────── インデックス
H	e	l	l	o	

書式 5-2
特定の文字を
参照する

文字列[インデックス]

日常生活で0から数えるという場面はあまりないので戸惑うかもしれませんが、先頭文字のインデックスは0、2文字目は1、最後の文字のインデックスは「文字数-1」です。この範囲を超えて参照するとIndexErrorが発生するので注意してください（list 5-4〜6）。

list 5-4
特定の文字を
参照する①

```
入力  msg = 'Hello'
      msg[0]  ← 0番目を参照
```

```
結果  'H'  ← 1文字目
```

list 5-5
特定の文字を
参照する②

```
入力  msg[1]  ← 1番目を参照
```

```
結果  'e'  ← 2文字目
```

list 5-6
間違い例

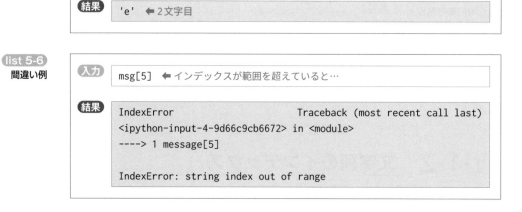

```
入力  msg[5]  ← インデックスが範囲を超えていると…
```

```
結果  IndexError                    Traceback (most recent call last)
      <ipython-input-4-9d66c9cb6672> in <module>
      ----> 1 message[5]

      IndexError: string index out of range
```

　インデックスに負の値を指定すると、文字列を末尾から参照することができます
（list 5-7）。最後の文字のインデックスは-1、最後から2文字目は-2です（fig.
5-2）。

fig. 5-2
文字列の
インデックス

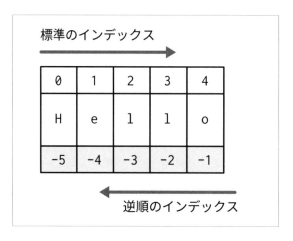

list 5-7
最後の文字を
参照する

このように、文字列内の文字はインデックスを使って参照できますが、参照した1文字を変更することはできません (list 5-8)。

list 5-8
間違い例

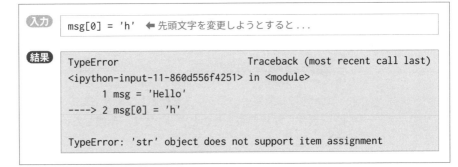

変数msgの内容を「Hello」から「hello」にしたいという場合は、`msg = 'hello'`のように、改めて文字列を定義してください。

5-1-3 スライスの使い方

*塊の肉を包丁でスライス (slice) するイメージです。sliceには「一部」という意味もあります。

スライス*は文字列の一部を取得する機能です。スライスで参照する範囲はインデックスで指定するのですが、このときに取得できるのは**start**から**stop**の1つ**前までの文字列**です。慣れないうちは戸惑うかもしれませんが、コツをつかめば簡単です。fig. 5-3の文字列を例に、スライスの使い方を見ていきましょう。

書式 5-3
部分文字列を
取得する

文字列[start:stop]

fig. 5-3
変数codeの内容

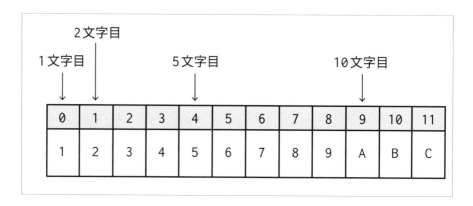

参照範囲を指定する

startには開始インデックスを指定してください。先頭文字から参照するときは0、2文字目から参照したいときは1です。**参照したい文字位置-1**と覚えるとよいでしょう。

stopは範囲の終わりです。実際に取得できるのは**stopの1つ前まで**なので、5文字目までを取得する場合、stopには5を指定してください（list 5-9）。

list 5-9
3～5文字目を
取得する

開始位置と文字数で指定する

参照したい範囲が3文字目から5文字の場合はどうでしょう？ この場合もstartは参照したい文字位置-1です。**stopはその値に参照したい文字数を足した値にしてください**。3文字目から5文字であれば、startは「3-1」で2、stopは「2+5」で7です（list 5-10）。

list 5-10
3文字目から5文字
取得する

先頭から n 文字取得する

　先頭文字から参照する場合は、startを省略することができます。stopには参照する文字数を指定してください。**startとstopを区切るコロン(:)は省略できません**(list 5-11)。

list 5-11
先頭から5文字
取得する

n 文字目から最後まで取得する

　stopを省略したときは、startから文字列の最後まで取得することができます。この場合もコロン(:)は省略できません(list 5-12)。

list 5-12
10文字目から
最後まで取得する

最後から n 文字取得する

　文字列の最後を起点にするときは**逆順のインデックス**を使うと便利です(fig. 5-4)。たとえば最後から3文字であればstartは-3です。stopを指定する必要はありません(list 5-13)。

fig. 5-4
文字列の
インデックス

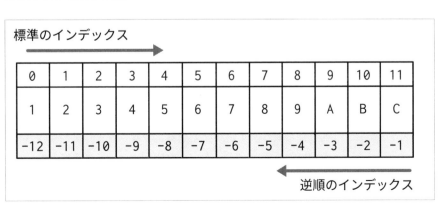

list 5-13
最後から3文字
参照する

3文字ごとに取得する

参照する範囲の後にコロン（:）を追加することで、インデックスの増分を指定することもできます。たとえば、[::3]にすると、先頭から最後まで3文字ごとに取得することができます（list 5-14）。

list 5-14
3文字ごとに
参照する

インデックスを超えて参照したとき

指定した範囲が文字列のインデックスを超えた場合でも、スライスは適切に処理をしてくれます（list 5-15）。インデックスで1文字を参照したときのようなエラーは発生しません。

list 5-15
10〜20文字目を
参照する

5-1-4 for文と文字列

「4-5-5：for文の仕組み」で、「Pythonのfor文は、inの直後に書いたデータの並びから取り出す値がなくなるまで繰り返す」（P.134）という話をしました。これを頭において'Hello'という文字列について考えてみましょう。

'Hello'は'H','e','l','l','o'という5つの文字が順番に並んでできたも

のです。ということは、for文のinの後ろに'Hello'と書けば、1文字ずつ取り出すことができそうですね（fig. 5-5）。

　list 5-16はfor文を使って'Hello'を1文字ずつ参照するプログラムです。inの後ろに直接'Hello'を記述しましたが、ここに文字列を定義した変数の名前を記述しても、同じように1文字ずつ参照できます。

fig. 5-5
for文と文字列

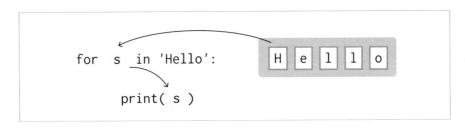

```
for  s  in 'Hello':

    print( s )
```

list 5-16
1文字ずつ参照する

入力
```
for s in 'Hello':
    print(s)
```

結果
```
H
e
l
l
o
```

　list 5-16でカウンタに使ったsはstring（文字列）の頭文字です。繰り返した回数を数えるときはi、j、k…、文字列を参照する繰り返しではsなど、カウンタの中身がわかるような名前をつけるのはPythonプログラマたちがよく使う方法です。

5-2 文字列を使ったプログラム

　突然ですが、「apple pineapple banana」の中に「p」はありますか？——こう聞かれたとき、私たちは無意識に先頭文字から順に「p」を探すのではないでしょうか？　list 5-17は、私たちが頭に思い浮かべたこの処理を行うプログラムです。少し長いプログラムですが、ここまでに学習したことだけでできています。fig. 5-6のフローチャートを見ながら、内容を確認しましょう。

list 5-17
文字列中にpが
あるかどうか

```
strs = 'apple pineapple banana'  ← 検索対象の文字列
is_found = False  ← 対象文字が見つかったかどうかを表すフラグ

for s in strs:  ← 1文字ずつ参照する繰り返し
    if s == 'p':  ← sが「p」と等しいとき、
        is_found = True  ← is_foundをTrueにして、
        break  ← 繰り返しを終了

if is_found == True:      ← is_foundがTrueのとき
    print('ありました！')
else:                      ← is_foundがFalseのとき
    print('ありません')
```

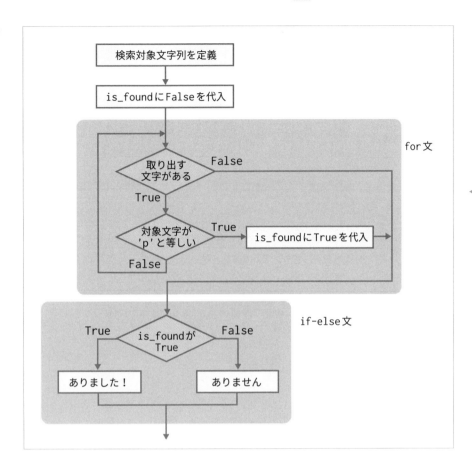

fig. 5-6
「p」が含まれるか
どうかを調べる
フローチャート

　最初は変数の定義です。strsは検索対象の文字列、is_foundは'p'があった
かどうかを覚えておくための変数です。is_foundは、'p'が見つかったときは
True、見つからないときはFalseにするという決まりのもとに使います。このよ
うな変数をプログラミングの世界では**フラグ**と言います。フラグはflag、つまり旗
です。遠くにいる人に旗を振って合図をするイメージです。

　次のfor文は、strsを1文字ずつ参照する繰り返しです。ここで先頭文字から
順に「'p'」と等しいかどうかを比較して、正しければis_foundをTrueにして繰
り返しを終了しましょう。これにはbreak文*を使います。

　最後のif-else文は結果を出力する処理です。ここでis_foundの値を見て（離
れたところから合図をもらって）、どちらに進むかを決めています。

　プログラムを入力できたら実行してみましょう。「ありました！」が表示される
はずです。list 5-17では文字列中に「'p'」があるかどうかを調べましたが、5行目
で変数sと比較する文字を変更すると、その文字があるかどうかを調べることがで

＊「4-6-2：繰り返
しを途中でやめる」
（P.136）で説明しま
した。

きます。いろいろな文字を入力して確認してみましょう。

さて、list 5-17は第4章で勉強したfor文やif文を使ったプログラムの練習にはちょうどよいのですが、実はPythonには**同じ処理を行う演算子が用意されています**（table 5-1）。

table 5-1
所属を調べる演算子

演算子	意味	使い方	結果
in	含まれる	検索文字列 in 対象文字列	検索文字列が対象文字列に含まれるとき True
not in	含まれない	検索文字列 not in 対象文字列	検索文字列が対象文字列に含まれないとき True

list 5-18は、このin演算子を使って文字列中に'p'があるかどうかを調べるプログラムです。list 5-17と比べると、ずっと簡単になりましたね。

```
strs = 'apple pineapple banana'  ◀ 検索対象の文字列
if 'p' in strs:  ◀ 「p」がstrsの文字列に含まれるとき
    print('ありました！')
else:
    print('ありません')
```

in演算子で調べられるのは1文字だけではありません。list 5-18の2行目に書いた条件式を'pine' in strsにすると、文字列中に'pine'が含まれるかどうかを調べることができます。条件式を変えて結果がどうなるか確認してみましょう。

さて、この章の冒頭で「データ型の特徴や何ができるのかを理解すると、効率よくプログラムが書ける」という話をしましたが、これがその1つの例です。**文字列（str型のオブジェクト）にはin演算子とnot in演算子が使える**ということを知っていれば、わざわざlist 5-17を作る必要はありませんね。

文字列に限らず、Pythonの組み込みデータ型には便利な機能がたくさん用意されています。次節ではその機能を利用する方法を説明します。

5-3 ▶ 文字列の操作

　「apple pineapple banana」の中に「p」がいくつ含まれるかを調べたい。「b」のインデックスを調べたい。「apple」、「pineapple」、「banana」の3つの単語に分けたい——どれも前節list 5-17のように自分で作ることができますが、Pythonには文字列を操作するたくさんの機能が**メソッド**という形で用意されています。わざわざ自分で作る必要はありません。メソッドとはどういうものか、そして文字列にはどのようなメソッドがあって、それを使って何ができるのかを理解すると、これから先、実用的なプログラムを開発するときに役立ちます。

5-3-1　メソッドとは

*「2-2-3：関数の使い方」(P.53)で説明しました。

　一言で説明すると、**メソッドは特定のデータ型で使える関数***のようなものです。次の書式で実行します。

書式 5-4
メソッドを実行する

> **オブジェクト . メソッド(引数1，引数2，引数3，…)**

　ここでは汎用性を持たせるために**オブジェクト**と記述しましたが、実際にメソッドを使うとき、この部分には値を代入した変数名が入ります。その後ろにドット(.)、そしてメソッド名と続きます。print()やinput()、len()のような組み込み関数はいろいろなデータ型の値を扱うことができますが、**メソッドは直前に書いた変数の値を使って決められた処理を実行し、結果を返します**。このようなメソッドが、Pythonの組み込みデータ型にはたくさん用意されています。
　たとえば、文字列にはcount()というメソッドが定義されています。これは「'apple pineapple banana'」の中に「'p'」がいくつあるかのように、文字列に含まれる特定の文字の個数を調べるメソッドです。

文字列 .count (検索文字列)

書式 5-5の最初の「**文字列**」は調べる対象の文字列です。「apple pineapple banaba」を調べるのであれば `strs = 'apple pineapple banana'` のように変数を定義しましょう。メソッドはこの変数を使って呼び出します。変数名に続けてドット（.）と count()を記述して、引数には個数を調べたい文字列を与えてください。たとえば、`strs.count('p')` のようにすると、「'apple pineapple banaba'」の中の「'p'」の個数を調べることができます（list 5-19）。

入力
```
strs = 'apple pineapple banana'
strs.count('p')
```

結果
```
5
```

fig. 5-7はメソッドの動作を表したものです。第2章で見た関数の図（fig. 2-31）とよく似ていますが、メソッドには引数のほかに、メソッドを呼び出したオブジェクトの値が必ず入力されます。メソッドはその値を使って決められた処理を実行した結果を出力します。

fig. 5-7
メソッド

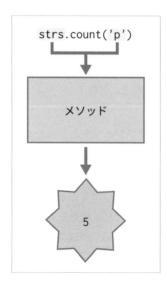

　文字列にはcount()以外にも便利なメソッドがたくさん定義されています。その中からよく利用するものをいくつか紹介しましょう。

5-3-2 文字列を検索する

　in演算子を利用すると、「'apple pineapple banana'」の中に'p'が含まれるかどうかを調べることができますが、「'p'」が何番目の文字かを調べることはできません。'p'のインデックスまで知りたいときは、find()メソッドまたはrfind()メソッドを利用しましょう（table 5-2）。

table 5-2
書式

メソッド	説明
文字列.find(検索文字列)	指定した文字列の最小インデックスを返す
文字列.rfind(検索文字列)	指定した文字列の最大インデックスを返す

　2つの違いは検索する方向です。find()は先頭から末尾に向かって検索し、最初に見つけた文字のインデックスを返します。そのため、同じ文字が複数ある場合は先頭に近い方、別の言い方をすると**最小インデックス**を返します。（list 5-20）。一方のrfind()は末尾から先頭に向かって検索するため、末尾にもっとも近いインデックス（**最大インデックス**）を返します（list 5-21）。指定した文字が見つからなかったときは、どちらも-1を返します。

list 5-20
先頭から末尾に
向かってpを検索

入力
```
strs = 'apple pineapple banana'
strs.find('p')
```

結果
```
1
```

list 5-21
末尾から先頭に
向かってpを検索

入力
```
strs.rfind('p')
```

結果
```
12
```

5-3-3 先頭または末尾が指定した文字列かどうかを調べる

文字列が「img」で始まっているかどうかを調べたい、文字列が「jpg」で終わっているかどうかを調べたい——こういう場合は **startswith()** メソッドまたは **endswith()** メソッドを使います（table 5-3）。

	メソッド	説明
table 5-3 書式	文字列.startswith(検索文字列)	文字列の先頭が「検索文字列」と等しいとき True を返す
	文字列.endswith(検索文字列)	文字列の末尾が「検索文字列」と等しいとき True を返す

list 5-22は、変数 filename の値が「'img'」で始まっているかどうかを調べるプログラムです。Pythonではアルファベットの大文字と小文字を区別するので、list 5-22の結果はFalseになります。

list 5-22
先頭が img かどうか

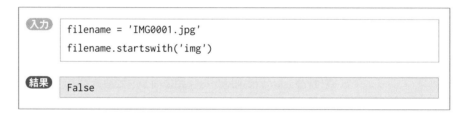

```
入力   filename = 'IMG0001.jpg'
       filename.startswith('img')

結果   False
```

「'img'」または「'IMG'」で始まっているかどうかを調べるには、検索文字列全体を丸括弧（()）で囲んで※

※()で囲んだ値は Pythonのtuple型（タプル）という形式です。詳しくは「7-1：タプル」（P.222）で説明します。

```
filename.startswith(('img', 'IMG'))
```

のように指定してください。丸括弧が2つ連続しますが、間違いではありません。この場合は内側の()に指定した検索文字列のいずれかと一致するときTrueを返します（list 5-23）。

list 5-23
先頭が「img」
または「IMG」か
どうか

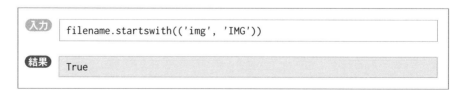

```
入力   filename.startswith(('img', 'IMG'))

結果   True
```

5-3-4 文字列の置換

「5-1-2：文字列のインデックス」でも説明したように、文字列は定義した後に1文字だけ変更することはできません。たとえば、変数greetsの内容がfig. 5-8のときにgreets[0] = 'G'を実行するとTypeErrorになります。定義した文字列の間違いに気付いたときはgreets = 'Good morning.'のように文字列を定義し直すか、replace()メソッドを使って置換した文字列でもとの変数を上書きしましょう。

fig. 5-8
定義した文字列は
変更できない

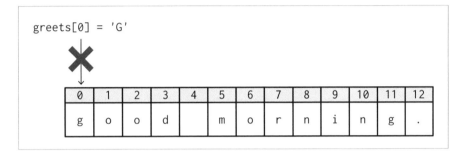

書式 5-6
replace()：
文字列の置換

| 文字列.replace(検索文字列, 置換文字列, 回数) |

3つの引数のうち、「回数」は省略可能です。その場合は文字列中に含まれるすべての「検索文字列」を「置換文字列」に変更した文字列を返します（list 5-24）。

list 5-24
すべてのgをGに
置換する

「回数」は文字を置換する回数です。次のようにすると「gをGに一度だけ変換する」という意味になるので、'good morning.'の1文字目だけを置換することができます（list 5-25）。

list 5-25
gをGに1回だけ
置換

入力
```
greets.replace('g', 'G', 1)
```

結果
```
'Good morning.'
```

　replace()は、文字列中に含まれる不要な空白を削除するときにも使えます。その場合は「**検索文字列**」を1文字文の半角スペース（' '）、「**置換文字列**」には長さ0の文字列（''）[*]を指定してください（list 5-26）。

*「5-1-1：文字列の長さ」（P.148）で説明しました。

list 5-26
半角スペースを
長さ0の文字列に
変換する

入力
```
colors = 'red, green, blue,  yellow,  magenta,  cyan '
colors.replace(' ', '')
```

結果
```
'red,green,blue,yellow,magenta,cyan'    ← すべての空白が削除された
```

　なお、replace()は**置換後の新しい文字列を返します**。もとの文字列を書き換えるわけではありません。もとの文字列を変更したい場合はcolors = colors.replace(' ', '')のように変数に代入する形でメソッドを実行してください。この後に説明するメソッドも同様で、文字列を使って何らかの処理をした後、新しい文字列を返します。

5-3-5 アルファベットの大文字・小文字を変換する

　capitalize()メソッド、upper()メソッド、lower()メソッド、swapcase()メソッドを利用すると、アルファベットの大文字と小文字を変換した新しい文字列を取得することができます。いずれのメソッドも引数はありません。変数greetsの内容がfig. 5-9のときに、それぞれのメソッドが返す文字列をtable 5-4に示しました。なお、table 5-4では半角アルファベットを例にしましたが、全角のアルファベットも同じように変換できます。

変数greetsの内容

0	1	2	3	4	5	6	7	8	9	10	11	12
G	O	O	D		m	o	r	n	i	n	g	.

table 5-4
アルファベットの
大文字と小文字を
変換するメソッド

使用例	説明	結果
greets.capitalize()	先頭を大文字に、その他を小文字に変換	'Good morning.'
greets.upper()	大文字に変換	'GOOD MORNING.'
greets.lower()	小文字に変換	'good morning.'
greets.swapcase()	大文字と小文字を入れ替え	'good MORNING.'

5

5-3-6　文字列の前後にある不要な文字を取り除く

*ファイルから読み
込む方法は、「11-
4：CSVファイルを
扱うモジュール」
(P.381) で説明しま
す。

　ファイルからデータを読み込んだとき*は、文字列の前後に空白が含まれていた
り、末尾にカンマ (,) やセミコロン (;) が含まれていたりすることがあります。
こういう場合は`strip()`メソッド、`lstrip()`メソッド、`rstrip()`メソッドを利
用しましょう。不要な文字列を削除した新しい文字列を取得できます (table 5-5)。

table 5-5
書式

メソッド	説明
文字列.strip(削除文字列)	文字列の前後から「削除文字列」を取り除く
文字列.lstrip(削除文字列)	文字列の先頭から「削除文字列」を取り除く
文字列.rstrip(削除文字列)	文字列の末尾から「削除文字列」を取り除く

　いずれのメソッドも引数は省略可能です。その場合は**文字列の先頭または末尾の
空白を取り除くことができます**。たとえばstrip()を利用すると、前後の空白を
すべて削除することができます (list 5-27)。

list 5-27
文字列の前後の
空白を削除する

```
入力  strs = '    apple pineapple banana        '
            ↑ 文字列の前後に空白がある
      strs.strip()
```

```
結果  'apple pineapple banana'  ← 前後の空白が取り除かれた
```

165

特定の文字を削除したいときは、引数にその文字を指定してください。list 5-28 は、末尾の「,」を削除するプログラムです。同じ文字が連続する場合は、その文字をすべて削除します。

list 5-28
末尾の「,」を
削除する

入力
```
colors = 'red,green,blue,,,,,,,'
colors.rstrip(',')
```

結果
```
'red,green,blue'
```

5-3-7 区切り文字で分割する

'cake cookie biscuit chocolate pie'や'red, green, blue'のように、半角スペースやカンマ（,）などの特定の文字が区切りに使われている場合は、**split()**メソッドを使って単語に分割することができます。

書式 5-7
split()：区切り文字
で分割する

文字列.split(区切り文字)

引数を省略したときは、空白が区切りになります。空白が連続している場合は、すべての空白を取り除いた形で単語を取得できます（list 5-29）。

list 5-29
空白で区切られた
単語を取得する

入力
```
str_sweets = ' cake cookie biscuit chocolate pie'
str_sweets.split()
```

結果
```
['cake', 'cookie', 'biscuit', 'chocolate', 'pie']
```

カンマ（,）と空白の組み合わせが区切りになっているときは、引数を', 'のように指定します（list 5-30）。カンマだけを指定すると、単語の前に空白が残るので注意してください。

**区切り文字が
「,」のとき**

入力
```
str_rgb = 'red, green, blue'
str_rgb.split(', ')
```

結果
```
['red', 'green', 'blue']
```

　さて、list 5-29～30の実行結果が角括弧（[]）で囲まれていることに気が付いたでしょうか？　これはlist型（リスト）という、複数の値を入れることのできるPythonの組み込みデータ型を表しています。個々の値を参照する方法など、リストの扱い方は第6章で説明します。

5

文字列の書式指定

定型文の一部に個別の値を差し込みたい。計算結果を小数点3桁まで表示したい。——文字列のformat()メソッドを利用すると、形を整えた新しい文字列を定義することができます。これを**書式指定**と言います。

5-4-1 文字列に値を差し込む

Pythonでは+演算子を使って文字列を連結できますが、文字列と数値の連結はできません*。そのため、変数appleが数値のときに「リンゴは250円」のように出力するときは、

*「3-4-3：文字列の連結」(P.92) で説明しました。

```
print('リンゴは' + str(apple) + '円')
```

のように、appleをstr型に変換してから連結する必要があります。出力する値が1つだけならこの方法でもよいのですが、orangeやbananaも……となると、文字列を囲む引用符の数を間違えてしまいそうです (list 5-31)。

list 5-31
数値を文字列に
変換してから
画面に出力

入力
```
apple = 250
orange = 130
print('リンゴは' + str(apple) + '円、オレンジは' + str(orange)
        + '円')
```

結果
```
リンゴは250円、オレンジは130円
```

書式指定文字列と置換フィールド

format()メソッドを利用すると、**文字列の指定した位置に値を差し込むことができます**。先に使用例を見てもらいましょう（list 5-32）。出力結果はlist 5-31と同じですが、とてもすっきりしたと思いませんか？

list 5-32
置換フィールドに
変数の値を
差し込んで出力

入力
```
print('リンゴは{}円、オレンジは{}円'.format(apple, orange))
```

結果
```
リンゴは250円、オレンジは130円
```

format()の対象になる文字列を、**書式指定文字列**と言います。上の例では「リンゴは{}円、オレンジは{}円」の部分です。この中の波括弧（{}）は**置換フィールド**と言い、ここにformat()の引数に指定した値が順番に差し込まれます（fig. 5-10）。

fig. 5-10
書式指定文字列

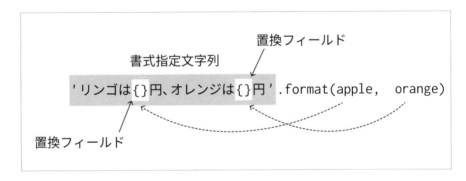

fig. 5-10ではformat()の引数に変数を指定しましたが、**数値や文字列を直接指定することもできます**（list 5-33）。

list 5-33
置換フィールドに
値を差し込んで出力

入力
```
print('名前は{}、{}才です。'.format('太郎', 10))
```

結果
```
名前は太郎、10才です。
```

置換フィールドの埋め込み先を指定する

置換フィールドに差し込む値は、format()の引数のインデックスで指定することもできます。Pythonではインデックスは0から始まるので、第1引数のインデックスは0、第2引数は1です（fig. 5-11、list 5-34）。

fig. 5-11
インデックスで
埋め込み先を
指定する

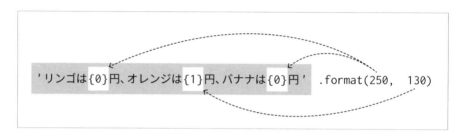

list 5-34
インデックスで
埋め込み先を
指定する

入力
```
print('リンゴは{0}円、オレンジは{1}円、バナナは{0}円'.format(250,
130))
```

結果
```
リンゴは250円、オレンジは130円、バナナは250円
```

More Information

置換フィールドの埋め込み先を変数名で指定する

文字列に変数の値を埋め込むときは、format()を使わずにlist5-35のように書くこともできます。このように文字列の先頭にfを付けて定義した文字列をf文字列と言います。fはformat（フォーマット）の頭文字です。

list 5-35
埋め込み先を
変数名で指定する

入力
```
apple = 500
orange = 300
print(f'リンゴは{apple}円、オレンジは{orange}円')
```

結果
```
リンゴは500円、オレンジは300円
```

5-4-2　数値の3桁ごとに区切り（,）を入れて出力する

「1000000」と「1,000,000」、パッと見て桁数がわかりやすいのは後者ですね。**書式指定子**を利用すると後者のように数値の3桁ごとに区切りを挿入することができます。先に例を見てもらいましょう（list 5-36）。

list 5-36
3桁ごとに「,」を挿入する

```
print('{:,}'.format(1000000))
```

結果
```
1,000,000
```

書式指定子は、置換フィールドに埋め込む値の書式を指定する文字列です。

| {インデックス:書式指定子}

のように、コロン（:）に続けて記述します。上の例では「,」を指定しました。これは**数値の3桁ごとの区切り**を表す書式指定子です。

インデックスはformat()に記述した引数の埋め込み位置です。置換フィールドと引数の個数が同じときは、list 5-36のようにインデックスを省略することができます。

5-4-3　左詰め・右詰め・中央揃えして出力する

「100　　　」、「　　　100」、「　　100　」のように、値を出力する幅を決めて、そこに左詰め、右詰め、中央寄せして出力するときは、

| {インデックス: align幅}

のように書式指定子を指定します。alignにはtable 5-6に示す記号を指定してください。

table 5-6
alignに指定できる
文字

書式指定子	意味
<	左詰め
>	右詰め
^	中央揃え

10 桁分の領域に右詰めで出力する

「　　　100」のように10桁分の幅に右詰めして出力するときは、書式指定子を:>10のように指定します（list 5-37）。:^10にすると中央寄せです。ただし、出力する値が10桁以上のときはalignの意味がありません。alignの後ろには、十分な幅を指定してください。

list 5-37
10桁分の領域に
右詰めで出力

```
print('{:>10}'.format(100))
```

結果

```
       100
```

3 桁ごとに区切った数値を右詰めで出力する

数値を3桁ごとに区切って、さらに右詰めで出力するときは書式指定子の順番に注意してください。3桁区切りを表すカンマ(,)は最後に指定します（list 5-38）。

list 5-38
3桁ごとに区切った
数値を右詰めで出力

```
print('{:>15,}'.format(1000000))   ← 右詰め、区切りの順に指定
```

結果

```
      1,000,000
```

5-4-4 小数点以下の桁数を指定する

小数点以下の桁数を指定するときは

　　| {インデックス:.桁数f}

のように書式指定子を指定します。たとえば:.2fにすると、小数部を2桁にそろ

えて出力することができます。小数部が指定した桁に満たない場合は、その桁を0
で埋めて出力します (list 5-39)。

list 5-39
小数部を2桁で
出力

入力
```
print('{:.2f}'.format(10.12345))
print('{:.2f}'.format(10.34567))
print('{:.2f}'.format(10))
```

結果
```
10.12
10.35  ← 小数点第3位で四捨五入した値
10.00  ← 小数部を0で埋める
```

5

173

確認・応用問題

Q1 1. スライス機能を使って「Happy Birthday!」からHappyの部分を取得してください。

2. スライス機能を使ってBirthdayの部分を取得してください。

Q2 「hello」を1文字ずつ大文字に変換して画面に出力するプログラムを作成してください。

Q3 変数priceの値が1078、変数taxの値が98のときに、「価格1078円、内税98円」のように画面に出力してください。

Q4 3.1415926を小数点第2位まで画面に出力してください。

Q5 「apple , orange, straw berry」から半角スペースを取り除いて、apple、orange、strawberryの3つの単語に分けるプログラムを作成してください。

第 **6** 章

//////////////////////////////

リスト

この章では、複数のデータをまとめて扱うことの
できる**リスト (list型)** というデータ型を学習しま
す。リストをうまく利用すると、プログラムで使
う変数の数を減らすことができます。また、リス
トは繰り返し構造ととても相性が良いので、大量
のデータを扱うプログラムを効率よく書くことが
できます。

6-1 リストとは

　ここまで見てきた変数には、int型（整数）やfloat型（実数）、str型（文字列）、bool型（True／False）の値を1つだけ入れることができました。しかし、これではプログラムで扱う値が増えるにつれて、たくさんの変数が必要になります。たとえばlist 6-1は、table 6-1のデータを使って平均点を求めるプログラムです。table 6-1の点数を入れる変数が5つ、合計と平均点を入れる変数が2つ、全部で7つの変数を使っています。

table 6-1
テストの点数

名前	点数
太郎	75
二郎	100
三郎	60
花子	85
桃子	90

list 6-1
平均点を求める

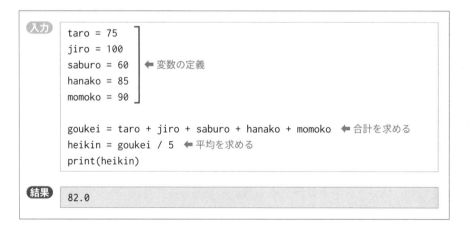

入力
```
taro = 75
jiro = 100
saburo = 60       ← 変数の定義
hanako = 85
momoko = 90

goukei = taro + jiro + saburo + hanako + momoko   ← 合計を求める
heikin = goukei / 5   ← 平均を求める
print(heikin)
```

結果
```
82.0
```

　もちろんlist 6-1は間違いではありません。しかし、これと同じ方法で50人分の平均点を求めるとなるとどうでしょう？　点数を入れるために50個の変数を用意

するだけでも大変だと思いませんか？　そして、その変数を使って合計を求める計算式（list 6-1下から3行目）を間違えることなく書く自信はありますか？　おそらく答えは「いいえ」です。

　こういう場合は**テストの点数を個別の変数に入れるのではなく、1つにまとめて扱う**ことを考えましょう。第5章で「文字列には先頭から順番に番号が振られていて、それを使えば1文字ずつ参照できる」*という話をしました。これと同じように、**テストの点数を1つにまとめて番号で管理できるようにしたものがリストです**（fig. 6-1）。Pythonではこれを`list`型というデータ型で扱います。

*「5-1-2：文字列のインデックス」で説明しました（P.149）。

fig. 6-1
文字列とリスト

　fig. 6-1からも想像できるように、リストは文字列と同じようにfor文を使って値を1つずつ参照したり、組み込み関数のlen()を使って個数を数えたりすることができます。まずはプログラム例を見てもらいましょう。list 6-2は、list 6-1と同じ処理をリストを使って作成したプログラムです。

list 6-2
平均点を求める

```
入力
scores = [75, 100, 60, 85, 90]  ← リストの定義

goukei = 0  ← 合計用の変数goukeiに0を代入
for score in scores:  ← リスト内の値を1つずつ参照する繰り返し
    goukei += score  ← goukeiにscoreを加算して合計を求める
heikin = goukei / len(scores)  ← goukeiを個数で割り算して平均を求める
print(heikin)
```

```
結果
82.0
```

　for文を使った分、プログラムが複雑になった印象を受けるかもしれませんが、注目してほしいのは合計と平均を求める計算式です。list 6-1のように点数を個別の変数に代入した場合は、テストを受ける人数が変わるたびに計算式を修正しなければなりません。しかし、リストを使ったlist 6-2ではすべての点数をscores、その中の1つの値をscoreで参照できるので、5人分でも50人分でも同じ式で計算できます。変更するのは1行目のリストを定義する部分だけです。プログラムのほ

かの部分を直す必要は一切ありません。

　このように、リストを使うと大量のデータを扱うプログラムを効率よく書くことができます。ここでは数値データを例に上げましたが、リストには文字列やリストもまとめて入れることができます。詳しく見ていきましょう。

Python のデータ型

　一般的なプログラミング言語では、数値や文字列など、プログラムで扱う値の種類のことを**データ型**と言います。そのため他の言語でプログラミングの経験がある人は、リストをデータ型と呼ぶことに違和感を覚えるかもしれませんね。そういう場合は、**Pythonのデータ型は値を入れる箱の種類**と考えてみましょう。int型は整数を入れる箱、float型は実数を入れる箱、str型は文字列を入れる箱、bool型はブール値を入れる箱、list型はリストを入れる箱です。そしてリストにはさらに複数のint型の箱、float型の箱、string型の箱、bool型の箱を入れられるというイメージです（fig. 6-2）。

fig. 6-2
list型のイメージ

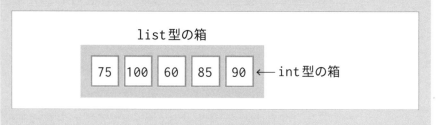

list型の箱

| 75 | 100 | 60 | 85 | 90 | ← int型の箱

6-2 ▶ リストの定義

＊角括弧（[]）で囲
まずに要素だけを並
べた場合は、第7章
で説明するタプル
（tuple型）という
データ型になりま
す。

　リストに入れる値を**要素**と言います。次のように**カンマ（,）**で区切って、全体を**角括弧（[]）**で囲んでください。[]で囲まずに要素だけを並べると、リストではなく別のデータ型＊になるので注意してください。

書式 6-1
リストの定義

> [要素1，要素2，要素3，…]

　定義したリストを変数に代入して値を確認すると、全体を[]で囲んだ値が表示されます（list 6-3〜4）。これは、その変数がlist型であることを表しています。

list 6-3
リストの定義①

入力
```
scores = [75, 100, 60, 85, 90]
scores
```

結果
```
[75, 100, 60, 85, 90]
```

list 6-4
リストの定義②

入力
```
names = ['taro', 'jiro', 'saburo', 'hanako', 'momoko']
names
```

結果
```
['taro', 'jiro', 'saburo', 'hanako', 'momoko']
```

　list 6-3〜4ではリストを定義した変数の名前をscoresやnamesのように英単語の複数形にしました。これはPythonプログラマがよく使う名前の付け方で、名前を見ただけで、複数の値を扱うリストだとわかるような工夫です。絶対に複数形の名前でなければならないというわけではありませんが、この方が普通の変数と区別しやすいですね。

要素数が１つのリストを定義する

要素が1つだけのリストを定義することもできます。このときも [] は省略できません (list 6-5)。[] で囲まずに代入すると、リストではなく変数の定義になるので注意しましょう。

list 6-5
リストの定義③

空のリストを定義する

要素を1つも持たない、空のリストを定義するときは [] だけを記述してください (list 6-6)。「空のリストなんて何に使うの？」と不思議に思うかもしれませんが、**これはあとで値を入れられるように入れ物を用意しておく**というイメージです。使い方は「6-5-2：要素の追加と挿入」で説明します。

list 6-6
リストの定義④

list() を使って定義する

リストは組み込み関数の list() を使って定義することもできます。引数には反復可能なオブジェクト、たとえば組み込み関数の range() が作る数列や文字列、そしてリストも指定できます。引数を省略したときは、list 6-6 と同じく空のリストを生成します。

書式 6-2
list()：リストを
生成する

list(反復可能なオブジェクト)

たとえば、2〜10までの偶数のリストを定義するにはlist 6-7のように引数を指定します。リストの要素は反復可能なオブジェクト（この例ではrange()が作る数列*）の要素と同じものになります。

＊「4-5-4：range() の使い方」(P.132) で説明しました。

list 6-7
リストの定義⑤

```
入力    even = list(range(2, 11, 2))   ← 2≦n<11の範囲で2つおきに数値を生成
        even
```

```
結果    [2, 4, 6, 8, 10]
```

More Information

データ型が混在するリスト

list 6-8は、文字列と数値が混在するリストを定義するプログラムです。このようにPythonのリストには異なる種類のデータを入れることができます。

list 6-8
データ型が混在する
リスト

```
入力    taro = ['sansu', 75, 'kokugo', 60]
        taro
```

```
結果    ['sansu', 75, 'kokugo', 60]
```

ただ、ここまでの章で説明したように、数値と文字列とではできることが違います。扱い方の異なるデータを同じリストにまとめるとプログラムを作りにくくなるので、本書では異なる種類のデータで構成されるリストは扱いません。

6-3 リストの扱い方

リストに定義した各要素は、インデックスやスライス機能を使って参照することができます。また、**参照した要素の書き換えや削除、新しい要素の追加**など、**リストは編集できる**のが特徴です。

6-3-1 要素を参照する

文字列と同じように、リストの各要素には先頭から0、1、2…のようにインデックスが振られます。最後の要素のインデックスは**要素数-1**です（fig. 6-3）。

fig. 6-3
リストの
インデックス

標準のインデックス →

0	1	2	3	4	5
'red'	'green'	'blue'	'yellow'	'magenta'	'cyan'
-6	-5	-4	-3	-2	-1

逆順のインデックス ←

インデックスを使って参照する

インデックスを使って要素を参照するときは、自分が要素をどのように数えているかを意識することが大切です。先頭要素を1番目と考えると、インデックスは**参照したい位置-1**です（list 6-9）。インデックスの範囲を超えて参照するとIndexErrorが発生するので注意してください。

list 6-9
3番目の要素
(インデックスは2)
を参照する

入力

```
colors = ['red', 'green', 'blue', 'yellow', 'magenta', 'cyan']
colors[2]
```

結果

```
'blue'
```

インデックスに負の数を指定すると、要素を後ろから参照することができます（list 6-10）。一番最後のインデックスは-1、後ろから2番目は-2です。

list 6-10
最後の要素を
参照する

入力

```
colors[-1]
```

結果

```
'cyan'
```

6

スライス機能を使って参照する

複数の要素を参照するときは、[start:stop]のように参照する範囲を指定してください。このときに参照できるのは**start**から**stop**の**直前**までの要素です（list 6-11〜12）。stopに指定した要素は範囲に含まれないので注意してください。詳しい指定方法は、「5-1-3：スライスの使い方」（P.151）で説明しています。そちらを参照してください。

list 6-11
2〜5番目の要素を
参照する

入力

```
colors = ['red', 'green', 'blue', 'yellow', 'magenta', 'cyan']
colors[1:5]
```

結果

```
['green', 'blue', 'yellow', 'magenta']
```
◆ インデックスが1〜4の範囲

list 6-12
先頭から3つ
取得する

入力

```
colors[:3]
```
◆ startを省略したときは「0」と見なされる

結果

```
['red', 'green', 'blue']
```

6-3-2 for文とリスト

「4-5-5：for文の仕組み」で、「Pythonのfor文はinの後ろに書いたデータの並びから取り出す値がなくなるまで繰り返す」(P.134) という話をしました。リストもデータが並んだものですから、次のfor文を使って全要素を参照することができます (fig. 6-4)。

fig. 6-4
for文とリスト

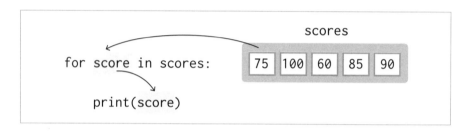

書式 6-3
for文：リストの
すべての要素を
参照する

```
for 変数名 in リスト：
    繰り返して実行する処理
```

このfor文はinの直後に書いたリストの要素を、inの直前に書いた変数名で参照します。リストの名前をscoresのように複数形にした場合は、変数名をscoreのような単数形にするというのもPythonプログラマがよく使う書き方です (list 6-13)。

list 6-13
リストのすべての
要素を参照する

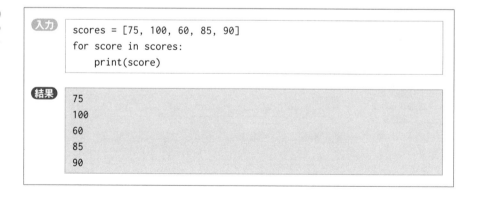

入力
```
scores = [75, 100, 60, 85, 90]
for score in scores:
    print(score)
```

結果
```
75
100
60
85
90
```

6-3-3　リストの連結

　複数に分かれているリストは、算術演算子の「+」を使って1つにまとめることができます。これを**リストの連結**と言います（list 6-14）。連結したリストの各要素には、先頭から順に0、1、2…とインデックスが振られます（fig. 6-5）。インデックスが重複することはありません。

fig. 6-5
リストの連結

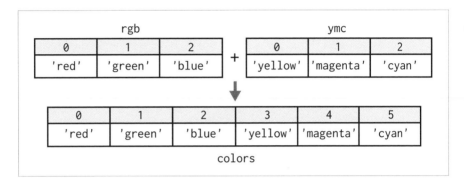

list 6-14
2つのリストを
1つにまとめる

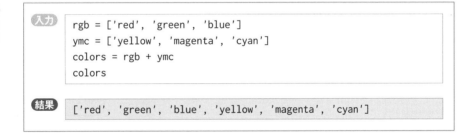

```
rgb = ['red', 'green', 'blue']
ymc = ['yellow', 'magenta', 'cyan']
colors = rgb + ymc
colors
```

結果

```
['red', 'green', 'blue', 'yellow', 'magenta', 'cyan']
```

　既存のリストと連結するときは、複合演算子の「+=」が便利です。list 6-15では、既存のリストcolorsに複合演算子でリストを連結しています。

list 6-15
既存のリストと
連結する

入力

```
colors += ['black', 'white']
colors
```

結果

```
['red', 'green', 'blue', 'yellow', 'magenta', 'cyan', 'black',
'white']
```

なお、+演算子と+=演算子の仕事は**リスト同士の連結**です。**連結する要素が1つ
の場合でも、必ず[ ]で囲んでください**（list 6-16）。

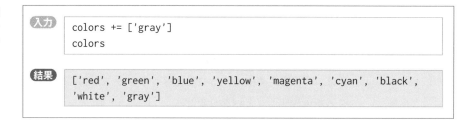

list 6-16
要素が1つのリスト
を連結する

入力
```
colors += ['gray']
colors
```

結果
```
['red', 'green', 'blue', 'yellow', 'magenta', 'cyan', 'black',
'white', 'gray']
```

More Information

リストに連結できるオブジェクト

　list 6-14～16ではリスト同士の連結を見てきましたが、本当はrange()が
作る数列や文字列など、反復可能なオブジェクトであればリストと連結するこ
とができます。たとえばlist 6-17は、リストと文字列を連結するプログラムで
す。この場合は「'pink'」ではなく「'p'、'i'、'n'、'k'」が連結されます。

list 6-17
リストと文字列の
連結

入力
```
colors += 'pink'
colors
```

結果
```
['red', 'green', 'blue', 'yellow', 'magenta', 'cyan',
'black', 'white', 'gray', 'p', 'i', 'n', 'k']
```
⬆ 反復可能なオブジェクトから取り出した要素がリストに追加される

6-3-4 要素を更新する

　リストの内容は変更可能です。**インデックスまたはスライス機能を使って参照し
た要素に、イコール（=）を使って値を代入してください。**

書式 6-4	リスト[インデックス] = 値
リストの内容を更新する	あるいは リスト[start:stop] = [値1, 値2, 値3, …]

1 要素を変更する

値を変更したい要素をインデックスで指定して、値を代入してください（list 6-18）。

list 6-18	入力
2番目の要素 （インデックスは1） を変更する	``` rgb = ['red', 'green', 'blue'] rgb[1] = 'GREEN' rgb ```

結果
```
['red', 'GREEN', 'blue']
```

スライスで参照した要素を変更する

*左辺が複数の要素のときは、反復可能なオブジェクトを代入できます。前節のコラムを参照してください。

スライスを使って複数の要素を指定したときは、それぞれの要素に代入する値もリストで指定*してください。たとえばnumbers[:3] = [0, 0, 0]のようにすると、先頭から3番目までの要素を0にすることができます（list 6-19）。

list 6-19
先頭から3番目までの要素を変更する

入力
```
numbers = [1, 2, 3, 4, 5, 6, 7, 8, 9]
numbers[:3]= [0, 0, 0]
numbers
```

結果
```
[0, 0, 0, 4, 5, 6, 7, 8, 9]
```

スライスで参照した要素数と、代入する値の個数が異なるとき

参照した要素数よりも代入する値が多いときは、余った要素がリストに挿入されます。たとえばnumbers[:3] = [0,0,0,0,0]のようにすると、先頭から3番目までの要素を0に変更して、その後ろに0を2つ追加します（list 6-20）。

list 6-20
参照した要素数より
も代入する値が多い

```
入力   numbers = [1, 2, 3, 4, 5, 6, 7, 8, 9]
       numbers[:3]= [0, 0, 0, 0, 0]  ← 参照した要素が3つ、代入する値が5つ
       numbers
```

```
結果   [0, 0, 0, 0, 0, 4, 5, 6, 7, 8, 9]  ← すべての値がリストに追加される
```

逆に、**参照した要素数よりも代入する値が少ないときは、要素の一部が失われる**ので注意してください。たとえば、numbers[:3] = [0]のようにすると、先頭要素は0に変更されますが、2番目と3番目の要素は削除されます（list 6-21）。

list 6-21
参照した要素数
よりも代入する値が
少ない

```
入力   numbers = [1, 2, 3, 4, 5, 6, 7, 8, 9]
       numbers[:3]= [0]  ← 参照した要素は3つ、代入する値は1つ
       numbers
```

```
結果   [0, 4, 5, 6, 7, 8, 9]  ← 要素の一部が失われる
```

6-3-5 要素の削除

del文を利用すると、インデックスまたはスライスで参照した要素を削除することができます。

書式 6-5
del文：指定した
要素を削除する

```
del リスト[インデックス]
あるいは
del リスト[start:stop]
```

list 6-22を実行すると、先頭から3番目の要素（インデックスは2）を削除することができます。要素を削除した後は、それに続くインデックスが変わります（fig. 6-6）。

list 6-22
3番目の要素を削除

入力
```
colors = ['red', 'green', 'blue', 'yellow', 'magenta', 'cyan']
del colors[2]
colors
```

結果
```
['red', 'green', 'yellow', 'magenta', 'cyan']
```

fig. 6-6
要素を削除した後の
インデックスの変化

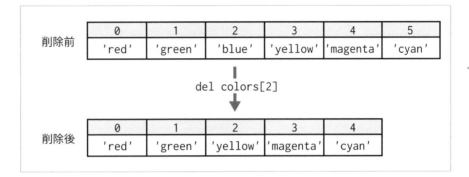

スライス機能を利用すると、複数の要素を一度に削除することができます。list 6-23を実行すると、4番目（インデックスは3）以降の要素をすべて削除することができます。

list 6-23
4番目以降を
削除する

入力
```
colors = ['red', 'green', 'blue', 'yellow', 'magenta', 'cyan']
del colors[3:]
colors
```

結果
```
['red', 'green', 'blue']
```

6-3-6 指定した要素が含まれるかどうかを調べる

fig. 6-7のリストに「'blue'」があるかどうかは、in演算子を使って調べることができます（list 6-24）。反対に、「'blue'」が含まれないことを確認するときはnot in演算子を使います（table 6-2）。

fig. 6-7
colorsの内容

0	1	2	3	4	5
'red'	'green'	'blue'	'yellow'	'magenta'	'cyan'

table 6-2
所属を調べる演算子

演算子	意味	使い方	結果
in	含まれる	値 in リスト	値がリストに含まれるときTrue
not in	含まれない	値 not in リスト	値がリストに含まれないときTrue

list 6-24
リストに **'blue'** が
含まれるかどうかを
調べる

入力
```
colors = ['red', 'green', 'blue', 'yellow', 'magenta', 'cyan']
if 'blue' in colors:
    print('ありました！')
else:
    print('ありません')
```

結果
```
ありました！
```

in演算子で調べられるのは、**リストの中に指定した要素があるかどうか**です。その要素のインデックスまでは調べられません。インデックスを調べる方法は、この後の「6-4-1：要素を検索する」で説明します。

6-3-7 要素数を調べる

リストに含まれる要素数は、組み込み関数の `len()` を使って調べることができます（list 6-25）。

書式 6-6
len()：要素数を
調べる

len(リスト)

list 6-25
要素数を調べる

入力
```
scores = [75, 100, 60, 85, 90]
len(scores)
```

結果
```
5
```

6-3-8 要素の総和を求める

リストに含まれるすべての要素が数値型のときは、組み込み関数の`sum()`を使って要素の総和を求めることができます。

書式 6-7
sum()：要素の総和
を求める

```
sum( リスト )
```

list 6-26は、リストの要素の平均を求めるプログラムです。「6-1：リストとは」では変数を使ったプログラム (list 6-1) と、for文を使ってリストの全要素を合計してから平均を求めるプログラム (list 6-2) を紹介しました。リストと組み込み関数をうまく使うと、平均を求めるプログラムはここまで簡単になります。

list 6-26
平均を求める

入力
```
scores = [75, 100, 60, 85, 90]

heikin = sum(scores) / len(scores)
print(heikin)
```

結果
```
82.0
```

6-3-9 最小値・最大値を調べる

組み込み関数の`min()`と`max()`を利用すると、リストの全要素の中から最小値と最大値を調べることができます。

書式 6-8
min()：リストの
全要素の最小値を
調べる

```
min( リスト )
```

書式 6-9
max()：リストの
全要素の最大値を
調べる

```
max( リスト )
```

list 6-27は、数値だけで定義したリストの最小値と最大値を確認するプログラムです。

list 6-27
数値の
最小値・最大値を
調べる

入力
```
numbers = [20, 10.5, 35, 100, 80.5]
print(min(numbers))
print(max(numbers))
```

結果
```
10.5   ← 最小値
100    ← 最大値
```

文字列だけで定義したリストに対してmin()とmax()を実行したときは、先頭から順番に文字コードの大小を比較します。たとえば、リストに「red」、「read」、「record」という3つの要素が定義されているときは、1文字目と2文字目が同じなので、3文字目の文字コード*を比較して最小値と最大値を決定します (fig. 6-8、list 6-28)。

＊「a」の文字コードは97、「c」は99、「d」は100です。

fig. 6-8
wordsの要素

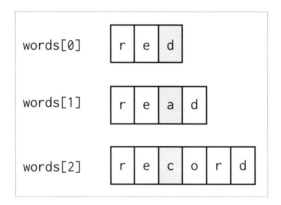

```
words[0]   r  e  d
words[1]   r  e  a  d
words[2]   r  e  c  o  r  d
```

list 6-28
文字列の
最小値・最大値を
調べる

入力
```
words = ['red', 'read', 'record']
print(min(words))
print(max(words))
```

結果
```
read   ← 最小値
red    ← 最大値
```

二次元のリスト

ここまでは数値と文字列を定義したリストを見てきましたが、**リストを要素とし
たリスト**も定義することができます。たとえば、table 6-3のデータを扱うときに

```
taro = [75, 80, 65]
jiro = [100, 70, 90]
saburo = [60, 50, 100]
hanako = [85, 80, 75]
momoko = [90, 65, 70]
```

のようにリストを5つ定義するのではなく、それぞれのリストを要素として1つの
リストにまとめることができます。これを**二次元のリスト**と言います。

table 6-3
3教科分の点数

名前	算数	国語	英語
太郎	75	80	65
二郎	100	70	90
三郎	60	50	100
花子	85	80	75
桃子	90	65	70

6-4-1　二次元のリストを定義する

　fig. 6-9左は、table 6-3の太郎くんのデータを扱うリストです。他の人のデータ
も同じようにリストに入れて、さらにそれを縦に並べてtable 6-3のすべてのデー
タを扱えるようにしたものが二次元のリストです（fig. 6-9右）。

fig. 6-9
二次元のリスト

	0	1	2
	75	80	65

一次元のリスト

	0	1	2
0	75	80	65
1	100	70	90
2	60	50	100
3	85	80	75
4	90	65	70

二次元のリスト

　二次元のリストを定義する方法は、これまでと同じです。次のように、それぞれのリストを1つの要素として指定してください。

```
scores = [[75, 80, 65], [100, 70, 90], [60, 50, 100], [85, 80, 70], [90, 65, 70]]
```

　ただ、この書き方では1行が長くなるだけでなく、fig. 6-9右のような形をイメージしにくいですね。list 6-29のように要素を区切るカンマ（,）の後ろで改行しても、同じリストを定義することができます。

list 6-29
二次元のリストを
定義する

入力
```
scores = [[75, 80, 65],
          [100, 70, 90],
          [60, 50, 100],
          [85, 80, 70],
          [90, 65, 70]]
scores
```

結果
```
[[75, 80, 65], [100, 70, 90], [60, 50, 100], [85, 80, 70], [90, 65, 70]]
```

　list 6-30は、for文を使ってリストのすべての要素を参照するプログラムです。これまでと同じように、inの後ろにはリスト名を記述しました。各要素はリストで定義されているので、このプログラムを実行するとリストが5つ表示されます。

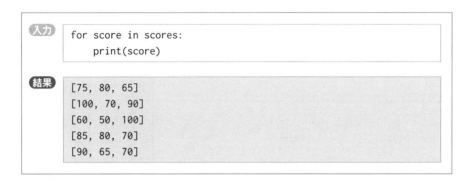

list 6-30
リストの全要素を
参照する

```
for score in scores:
    print(score)
```

結果
```
[75, 80, 65]
[100, 70, 90]
[60, 50, 100]
[85, 80, 70]
[90, 65, 70]
```

6-4-2　個々の要素を参照する方法

　一次元のリストは先頭要素から順に振られた0、1、2…というインデックスで参照することができました。二次元のリストの場合は横方向のインデックスともう1つ、縦方向にもリストに追加した順番に0、1、2…とインデックスが振られます（fig. 6-10右）。二次元のリストの各要素は、2つのインデックスを使って

|　scores[縦のインデックス][横のインデックス]

で参照します。たとえばfig. 6-10右の色を塗った部分の要素はscores[2][1]で参照できます。なお、縦方向を**行**、横方向を**列**のように表現することもあるので覚えておきましょう。

fig. 6-10
二次元のリスト

一次元のリスト

0	1	2
75	80	65

二次元のリスト

	0	1	2
0	75	80	65
1	100	70	90
2	60	50	100
3	85	80	75
4	90	65	70

6-4-3 for文と二次元のリスト

＊「4-5-3：繰り返し構造のネスト」(P.126) で説明しました。

　繰り返し構造を次のようにネスト＊すると、二次元のリストの各要素を1つずつ**参照することができます**。

```
for row in range(行数):
    for col in range(列数):
        リスト[row][col]
```

　外側の繰り返しに指定した「range(行数)」は、**0～縦方向の要素数-1**という意味です。これでfig. 6-11のリストの上から順、つまり要素としてのリストを順番に参照します。内側の繰り返しの「range(列数)」は、**0～横方向の要素数-1**という意味です。これで各リストの先頭要素から順に参照します。ここでそれぞれのループのカウンタをインデックスに使うと、要素を1つずつ参照できます (fig. 6-11)。

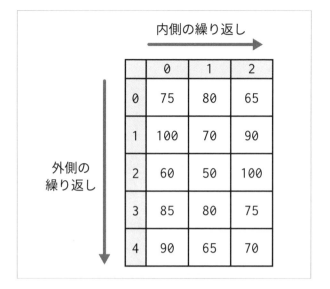

fig. 6-11
二次元のリストと
繰り返し構造

すべての要素を参照する

list 6-31はこの繰り返し構造を利用して、fig. 6-11のすべての要素を参照するプログラムです。外側の繰り返しの回数は行数の5、内側の繰り返しの回数は列数の3です。

list 6-31
二次元のリストの
すべての要素を
参照する

入力

```
scores = [[75, 80, 65],
          [100, 70, 90],
          [60, 50, 100],    ← 二次元のリストを定義
          [85, 80, 70],
          [90, 65, 70]]

for row in range(5):          ← 縦方向の繰り返し
    for col in range(3):      ← 横方向の繰り返し
        print(scores[row][col])   ← 値を出力
```

結果

```
75
80
65
100
70
90
 :
90
65
70
```

特定の列の要素を参照する

　もう一度、fig. 6-11を参照してください。二次元のリストを定義すると、表計算ができます。

　たとえば、縦方向のインデックスをiとすると、

```
scores[i][0]
```

これですべての行の先頭列の要素を参照することができますね。list 6-32は先頭列の平均を求めるプログラムです。横方向のインデックスを「1」に変更すると2列目が、「2」にすると3列目の平均が求められます。

list 6-32
先頭列の平均を
求める

入力

```
scores = [[75, 80, 65],
          [100, 70, 90],
          [60, 50, 100],   ← 二次元のリストを定義
          [85, 80, 70],
          [90, 65, 70]]

goukei = 0  ← 合計用の変数に0を代入
for i in range(5):  ← すべての行を参照する繰り返し
    goukei += scores[i][0]  ← 先頭列の要素を加算して合計を求める
heikin = goukei / 5  ← 合計を行数で割り算して平均を求める
print(heikin)
```

結果

```
82.0
```

6-5 リストの操作

第5章で文字列の扱い方を説明したときに、文字列には文字列だけで実行できる機能（メソッド）があることを確認しました。リストにもリストだけで実行できる便利なメソッドがあります。どんなメソッドがあるのか見ていきましょう。

6-5-1 要素の検索

*「6-3-6：指定した要素が含まれるかどうかを調べる」（P.189）で説明しました。

in演算子*を利用すると、fig. 6-12のリストに5があるかどうかを調べられますが、それがいくつあるかはわかりません。個数を調べるときはcount()メソッドを使用してください。また、index()メソッドまたはrindex()を利用すると、その値のインデックスを調べることができます（table 6-4）。

fig. 6-12
numbersの内容

0	1	2	3	4	5	6	7	8	9
1	2	5	3	4	5	6	7	8	5

table 6-4
要素を検索するメソッド

メソッド	説明
リスト.count(値)	指定した値の個数を返す
リスト.index(値)	指定した値の最小インデックスを返す
リスト.rindex(値)	指定した値の最大インデックスを返す

count() メソッド

count()は、**指定した値がリストにいくつ含まれるかを調べる**命令です（list 6-33）。

list 6-33
5の個数を調べる

入力
```
numbers = [1, 2, 5, 3, 4, 5, 6, 7, 8, 5]
numbers.count(5)
```

結果
```
3
```

index() メソッド

index()は、指定した値のインデックスを調べる命令です。index()は**先頭か
ら末尾に向かって検索し、最初に見つけた要素のインデックスを返します**。そのた
め同じ要素が複数登録されているときは先頭に近い方、別の言い方をすると最小イ
ンデックスを返します（list 6-34）。

list 6-34
5のインデックスを
調べる

入力
```
numbers = [1, 2, 5, 3, 4, 5, 6, 7, 8, 5]
numbers.index(5)
```

結果
```
2
```

指定した値がリストに含まれないとき

index()に指定した要素がリストに含まれないときはValueErrorになります
（list 6-35）。

list 6-35
指定した要素が含ま
れないとき

入力
```
numbers = [1, 2, 5, 3, 4, 5, 6, 7, 8, 5]
numbers.index(9)   ← 「9」のインデックスを調べる
```

結果
```
ValueError                          Traceback (most recent call last)
<ipython-input-17-91434b6df163> in <module>
      1 numbers = [1, 2, 5, 3, 4, 5, 6, 7, 8, 5]
----> 2 numbers.index(9)

ValueError: 9 is not in list   ← 「9」はリストに含まれない
```

この例のようにリストの要素を指定して何らかの処理を行う場合は、先にin演算子を使ってその要素がリストに含まれるかどうかを確認するとよいでしょう。list 6-36のようにすると、ValueErrorが発生してプログラムが停止するのを防ぐことができます。

list 6-36
list 6-35を改良したプログラム

入力
```
numbers = [1, 2, 5, 3, 4, 5, 6, 7, 8, 5]
if (9 in numbers): ← リストに「9」が含まれているとき
    numbers.index(9) ← インデックスを調べる
else: ← それ以外（「9」が含まれていない）
    print('ありません') ← メッセージを表示
```

結果
```
ありません
```

6-5-2　要素の追加と挿入

*「6-3-3：リストの連結」（P.185）で説明しました。

　+演算子や+=演算子を利用すると、リストに要素を追加*できます。これと同じ処理はappend()メソッドまたはextend()メソッドで実行できます。また、insert()メソッドを利用すると、リストの途中に要素を挿入することができます（table 6-5）。

table 6-5
書式

メソッド	説明
リスト.append(要素)	リストの最後に要素を追加する
リスト.extend(反復可能なオブジェクト)	リストの最後に反復可能なオブジェクトに含まれる全要素を追加する
リスト.insert(インデックス，要素)	指定した位置に要素を挿入する

append() メソッド

　リストに要素を1つだけ追加するときは、append()メソッドを使います（list 6-37）。

list 6-37
要素を1つ追加する

入力
```
numbers = [1, 2, 3, 4, 5]
numbers.append(6)
print(numbers)
```

結果
```
[1, 2, 3, 4, 5, 6]
```

この章の「6-2：リストの定義」で

```
data = []
```

のようにすると、空のリストを定義できるという話をしました。「空のリストなんて何に使うんだろう？」と気になっていたかもしれませんが、**append()を使えばここに要素を1つずつ追加できます**。list 6-38は1〜10の中から3の倍数を見つけてリストに追加するプログラムです。

list 6-38
3の倍数をリストに
追加する

入力
```
data = []          ◀空のリストを定義
for i in range(1, 11):      1〜10の範囲の繰り返し
    if (i % 3) == 0:        余りが0のとき、
        data.append(i)      リストに追加
print(data)
```

結果
```
[3, 6, 9]
```

extend() メソッド

リストの最後に複数の要素を追加するときは、**extend()**を使います。引数にはrange()が作る数列やリストなど、反復可能なオブジェクトを指定してください（list 6-39）。角括弧（[]）で囲まずに、「6，7，8」のように値をカンマ（,）で区切って記述するとTypeErrorになります。

list 6-39
複数の要素を
追加する

入力
```
numbers = [1, 2, 3, 4, 5]
numbers.extend([6, 7, 8])
print(numbers)
```

結果
```
[1, 2, 3, 4, 5, 6, 7, 8]
```

insert() メソッド

insert()は、**指定した要素を指定した位置に挿入する**命令です。たとえば colors.insert(1, 'gray')のようにすると、インデックスが1の位置に 'gray'を挿入します（fig. 6-13、list 6-40）。

fig. 6-13
要素の挿入

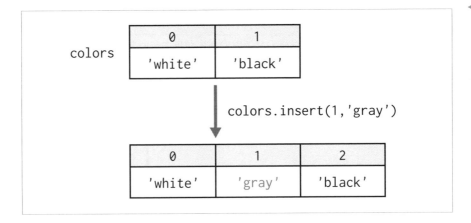

list 6-40
インデックスが1の
位置に挿入する

入力
```
colors = ['white', 'black']
colors.insert(1, 'gray')
colors
```

結果
```
['white', 'gray', 'black']
```

6-5-3　要素の削除

＊「6-3-5：要素の 削除」(P.188) で説 明しました。

del文＊は、インデックスで指定した要素を削除する命令です。これと同じ処理 はpop()メソッドで実行できます。「リストから'green'を削除する」のように、 要素を指定して削除するときはremove()メソッドを使います。また、clear()メ ソッドを利用すると、リストに定義されているすべての要素を削除することができ

ます（table 6-6）。

table 6-6
書式

メソッド	説明
リスト.pop(インデックス)	指定した要素を削除して、その値を返す
リスト.remove(要素)	指定した要素を削除する
リスト.clear()	すべての要素を削除する

pop() メソッド

　list 6-41は、fig. 6-14のリストからインデックスが1の要素を削除するプログラムです。**pop()**は削除した要素を返すので、その値を確認するために**print()**を使っています（2行目）。このプログラムを実行すると「'green'」（削除した要素）の後に削除後のリストの内容が出力されます。

fig. 6-14
colorsの内容

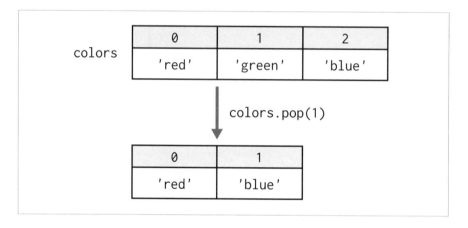

list 6-41
インデックスが1の
要素を削除する

```
colors = ['red', 'green', 'blue']
print(colors.pop(1))
colors
```

結果
```
green  ← 削除した要素
['red', 'blue']  ← 削除後のリスト
```

　pop()は引数を省略することもできます。この場合はリストの最後の要素を削除します（list 6-42）。

list 6-42
最後の要素を
削除する

入力
```
colors = ['red', 'green', 'blue']
print(colors.pop())
colors
```

結果
```
blue   ← 削除した要素
['red', 'green']   ← 削除後のリスト
```

*このエラーを回避
する方法は、「6-5-
1: 要素の検索」
(P.199) で説明して
います。

remove() メソッド

remove()の引数には、削除したい要素を1つだけ記述してください（list 6-43）。指定した要素がリストに含まれない場合はValueErrorになります*。

list 6-43
「green」を削除

入力
```
colors = ['red', 'green', 'blue']
colors.remove('green')
colors
```

結果
```
['red','blue']
```

fig. 6-15のように同じ要素が複数含まれているとき、remove()はリストの先頭に近い方の要素を削除します（list 6-44）。

fig. 6-15
numbersの内容

list 6-44
「5」を削除

入力
```
numbers = [1, 2, 5, 3, 4, 5, 6, 7, 8, 5]
numbers.remove(5)
numbers
```

結果
```
[1, 2, 3, 4, 5, 6, 7, 8, 5]
```

clear() メソッド

clear()を利用すると、**リストに定義されているすべての要素を削除すること**ができます（list 6-45）。

list 6-45
リストの全要素を
削除する

```
入力  colors = ['red', 'green', 'blue']
      colors.clear()
      colors
```

```
結果  []
```

6-5-4 要素の並べ替え

リストのすべての要素が同じ種類のデータで定義されているときは、**sort()**メソッドを使って昇順または降順に要素を並べ替えることができます。「**昇順**」は小さい方から順に並べる方法です。逆に大きな方から順番に並べることを「**降順**」と言います。また、**reverse()**メソッドを利用すると、要素を後ろから順に並べ替えることができます（table 6-7）。このような並べ替えを「**逆順**」と呼ぶことにします（fig. 6-16）。

fig. 6-16
昇順、降順、逆順

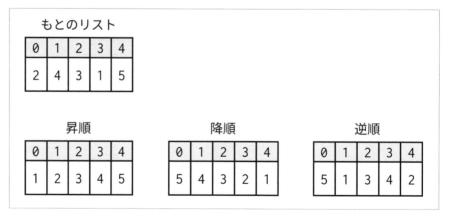

	メソッド	説明
table 6-7 書式	リスト.sort(reverse=ブール値)	Falseのときは要素を昇順に、Trueのときは降順に並べ替える
	リスト.reverse()	要素を逆順に並べ替える

なお、ここでは数値を定義したリストを例に説明します。文字列を定義したリストに対してsort()メソッドを実行した場合は、先頭文字から順に文字コードを比較して昇順または降順に並べ替えます。

sort() メソッド

オプション引数のreverseに代入する値で、並べ替えの順序を指定してください。昇順の並べ替えはFalse、降順はTrueです。**引数を省略した場合は昇順の並べ替えになります**（list 6-46～47）。

list 6-46
昇順の並べ替え

```
numbers = [2, 4, 3, 1, 5]
numbers.sort()
numbers
```

結果
```
[1, 2, 3, 4, 5]
```

list 6-47
降順の並べ替え

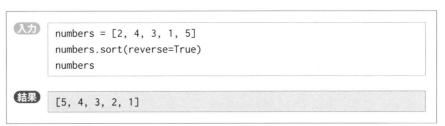

```
numbers = [2, 4, 3, 1, 5]
numbers.sort(reverse=True)
numbers
```

結果
```
[5, 4, 3, 2, 1]
```

reverse() メソッド

list 6-48は、リストの要素を後ろから順に並べ替えるプログラムです。このプログラムを実行した後にもう一度reverse()を実行すると、再び逆順に並べ替えられます。その結果、もとのリストに戻ります。

list 6-48
逆順の並べ替え

入力
```
numbers = [2, 4, 3, 1, 5]
numbers.reverse()
numbers
```

結果
```
[5, 1, 3, 4, 2]
```

More Information

sorted() 関数と reversed() 関数

list 6-46〜48の結果を見てもわかるように、sort()メソッドとreverse()メソッドを実行する前と後とでは要素の並びが変わります。もとのリストはそのままで、並べ替えた結果を別のリストで欲しいときは、組み込み関数のsorted()とreversed()を利用してください（table 6-8）。

table 6-8
書式

関数	説明
sorted(リスト, reverse=ブール値)	リストの要素を昇順または降順に並べ替えたリストを返す
reversed(リスト)	リストの要素を逆順に並べ替えたイテレータを返す

・sorted()関数

第1引数は要素を並べ替えるリスト、2つ目のreverseは並べ替えの順序です。昇順はFalse、降順はTrueを代入してください。list 6-49のようにreverseを省略したときは、昇順の並べ替えになります＊。

＊asc_numbersの「asc」は「上昇する」という意味のascendantを省略したものです。

list 6-49
昇順の並べ替え

入力
```
numbers = [2, 4, 3, 1, 5]
asc_numbers = sorted(numbers)
asc_numbers
```

結果
```
[1, 2, 3, 4, 5]
```

・reversed()関数

reversed()は、要素を逆順に並べ替えた結果を**イテレータ**という形で返します。これを組み込み関数のlist()に渡してリストに変換してください（list 6-50）。

list 6-50
逆順の並べ替え

入力
```
numbers = [2, 4, 3, 1, 5]
rev_numbers = list(reversed(numbers))
```
⬆ numbersの要素を逆順に並べ替えた結果をリストに変換
```
rev_numbers
```

結果
```
[5, 1, 3, 4, 2]
```

More Information

反復可能なオブジェクトとイテレータ

　改めて説明すると、**反復可能なオブジェクト**とはリストや文字列、range()が生成する数列など、繰り返して値を取り出すことのできるオブジェクトです。この後に説明するタプルや辞書、集合も反復可能なオブジェクトです。**イテラブルなオブジェクト**や単に**イテラブル**と表記されることもあります。

　イテレータ*は反復可能なオブジェクトから取り出した要素を管理するオブジェクトで、

*イテラブルやイテレータの語源はiterateです。これには「繰り返し適用される」という意味があります。

・組み込み関数のnext()で値を1つずつ取り出せる
・取り出した要素はオブジェクトからなくなる

という特徴があります。イテレータはそのままでは画面に表示することはできませんが、next()を使って取り出した要素は見ることができます。説明だけではわかりにくいので、list 6-51のプログラムで確認しましょう。

　reversed()関数の戻り値は、リストの要素を逆順に並べ替えたイテレータ(x)です(2行目)。これをnext()に渡すと、最初の要素が取り出せます①。同じ命令をもう一度実行すると、次の要素が取り出せます②。next()で取り出した要素はイテレータからなくなるので、ここでxをリストに変換すると[3, 4, 2]というリストになります③。

list 6-51
イテレータの要素を
確認する

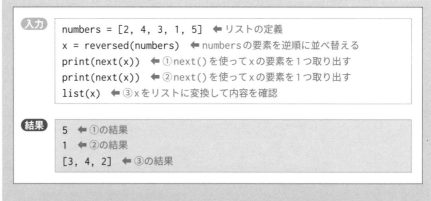

少し難しい話になりますが、for文のinの後ろに反復可能なオブジェクト
を書くと、自動的にイテレータが生成されます。そしてnext()で値を1つず
つ取り出して、イテレータの中が空になったらfor文を終了する（fig. 6-17）
——これがPythonのfor文の仕組みです。もう一度、「4-5-5：for文の仕組み」
（P.134）も合わせて読んでみてください。

fig. 6-17
反復可能な
オブジェクトと
イテレータ

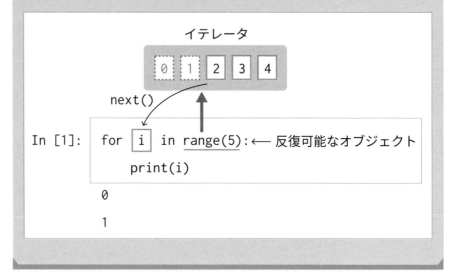

6-5-5 リストのコピー

list 6-52は変数に値を代入するだけの、ごく簡単なプログラムです。このプログ
ラムを実行した後、変数aとbには何が代入されるか予想してみてください。

list 6-52
変数の定義

```
a = 5
b = a
```

　答えはすでにわかっていると思いますが、fig. 6-18を見ながら確認しましょう。この図はlist 6-52を実行したときにコンピュータの中で行われていることを表したものです。a = 5を実行すると、メモリ上に5というオブジェクトが生成されて、それにaという名前が付けられます（fig. 6-18左）。次にb = aを実行すると、変数aが参照するオブジェクトにbという名前が付けられます（fig. 6-18中央）。つまり、変数bの値も5になります。この後にb = 3を実行すると、新たに3というオブジェクトを生成して、そのオブジェクトにbの名札を付け替えます（fig. 6-18右）。

6

fig. 6-18
変数の定義

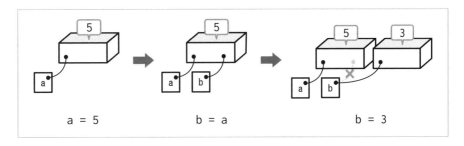

a = 5　　　　　　　　b = a　　　　　　　　b = 3

　今度はリストで同じことをしてみましょう。list 6-53はlist_aを定義した後、それをlist_bに代入して内容を確認するだけのプログラムです。実行結果にも問題ありませんね。

list 6-53
リストの定義

入力
```
list_a = [1, 2, 3, 4, 5]
list_b = list_a
list_b
```

結果
```
[1, 2, 3, 4, 5]
```

　リストの各要素は値を変更できるので、list_bの要素を1つだけ変更してみましょう（list 6-54）。値を更新した後にlist_aとlist_bの内容を確認すると……。

list 6-54
リストの要素を
変更する

入力
```
list_b[2] = 100   ← list_bの要素を1つだけ更新
print(list_a)
print(list_b)
```

結果
```
[1, 2, 100, 4, 5]  ← list_aの内容
[1, 2, 100, 4, 5]  ← list_bの内容
```

　更新したのは list_b の要素なのに、実行結果を見ると **list_aの内容も変わっ
ています**。もちろんこれは Python の間違いではなく、正しい結果です。どういう
ことか、fig. 6-19 で説明しましょう。

　list_a = [1,2,3,4,5] を実行すると、メモリ上に[1,2,3,4,5]が生成され
て list_a という名前が付けられます（fig. 6-19左）。list_b = list_a を実行す
ると、list_a と同じオブジェクトに list_b という名前が付けられます（fig. 6-19
中央）。ここまでは変数と同じですね。

　そして list_b[2] = 100 を実行した状態が fig. 6-19右です。list_b の名札が
付け替えられることなく、同じオブジェクトを参照したまま指定した要素を更新し
ていますね。その結果、list_a の内容を確認したときに[1,2,100,4, 5]が表示
されたというわけです。

fig. 6-19
リストの定義

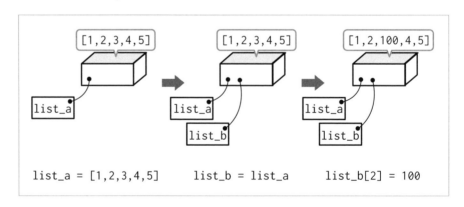

list_a = [1,2,3,4,5]　　　list_b = list_a　　　list_b[2] = 100

　少し複雑な話になりましたが、ここで覚えてほしいことは、

```
list_b = list_a
```

は同じリストを参照する命令であり、list_aと同じ要素を定義した別のリストが作

られるわけではないということです。この命令で「リストのバックアップをとったから編集しても大丈夫！」ということにはならないので注意してください。

リストのコピーを作成する

copy()メソッドを利用すると、リストのコピーを生成することができます（list 6-55）。copy()を実行して生成したリストは、もとのリストとは別のオブジェクトです。

書式 6-10
copy()：リストの
コピーを生成する

リスト.copy()

list 6-55
リストのコピーを
生成する

入力
```
list_a = [1, 2, 3, 4, 5]
list_c = list_a.copy()
list_c
```

結果
```
[1, 2, 3, 4, 5]
```

そのため、コピーしたリストの要素を変更しても、もとのリストには影響ありません（fig. 6-20、list 6-56）。

fig. 6-20
リストのコピー

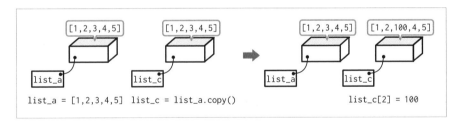

```
list_a = [1,2,3,4,5]  list_c = list_a.copy()        list_c[2] = 100
```

list 6-56
リストの要素を
変更する

入力
```
list_c[2] = 100    ← コピー先の要素を変更
print(list_a)
print(list_c)
```

結果
```
[1, 2, 3, 4, 5]    ← list_aの内容
[1, 2, 100, 4, 5]  ← list_cの内容
```

213

* 「4-2-1：値の比較に使う記号」(P.104)で説明しました。

6-5-6 リストの比較

2つのリストが等しいかどうかは、table 6-9に示した演算子を使って調べることができます。なお、ここではリストを例に説明しますが、これらはPythonの比較演算子*の一部です。他のオブジェクトでも同じように利用できます。

table 6-9
比較演算子

演算子	説明
==	リストの内容が等しいとき True
is	2つのリストが同じオブジェクトのとき True
is not	2つのリストが異なるオブジェクトのとき True

fig. 6-21は、list 6-57を実行して生成されたオブジェクトを示したものです。list_aとlist_bは同じオブジェクト、list_cは別のオブジェクトになります。

list 6-57
リストの定義

```
list_a = [1, 2, 3, 4, 5]
list_b = list_a
list_c = list_a.copy()
```

fig. 6-21
リストの定義

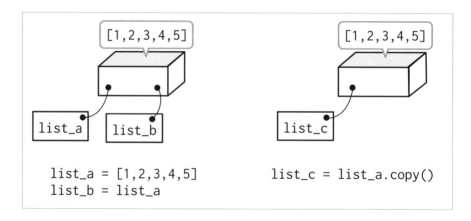

```
list_a = [1,2,3,4,5]        list_c = list_a.copy()
list_b = list_a
```

リストの内容を比較する

==演算子は、**2つのリストの内容が等しいかどうかを比較する演算子**です。list_a、list_b、list_cがfig. 6-21のときに

```
list_a == list_b
```

を実行すると、結果はTrueになります。`list_a == list_c`の結果もTrueです（list 6-58）。

list 6-58
list_aとlist_cの
内容を比較する

6

同一オブジェクトかどうかを確認する

`is`演算子と`is not`演算子は、リストの中身ではなく、**2つのリストが同じオブジェクトかどうか**を比較する演算子です。list_a、list_b、list_cがfig. 6-21のときに

```
list_a is list_b
```

を実行すると、2つは同じオブジェクトなので結果はTrueです。しかし、copy()メソッドで生成したlist_cはlist_aとは別のオブジェクトなので、`list_a is list_c`の結果はFalseになります（list 6-59）。

list 6-59
list_aとlist_cが
同一オブジェクトか
どうかを調べる

More Information

オブジェクトの ID を調べる

オブジェクトはメモリ上に生成されるときに識別子（ID）が付けられます。この値は組み込み関数の`id()`で調べることができます。

書式 6-11
id()：オブジェクト
のIDを調べる

id(オブジェクト)

list 6-60は、list 6-57と同じ順番にリストを定義して、それぞれのオブジェクトのIDを調べた様子です。fig. 6-21を見ながら確認しましょう。

list 6-60
オブジェクトの
IDを調べる

```
入力
list_a = [1, 2, 3, 4, 5]
print(id(list_a))  ← list_aのIDを確認
list_b = list_a  ← list_bにlist_aを代入 (fig. 6-21左)
print(id(list_b))  ← list_bのIDを確認
list_c = list_a.copy()  ← list_aのコピーを生成 (fig. 6-21右)
print(id(list_c))  ← list_cのIDを確認
```

```
結果
2851075890560  ← list_aのID
2851075890560  ← list_bのID
2851075750912  ← list_cのID
```

オブジェクトの識別子として表示される値は、オブジェクトを保存したメモリ上のアドレスです。list_aとlist_bは同じ値ですが、list_cは別の値ですね。

6-5-7 すべての要素に同じ処理を実行する

fig. 6-22左のリストは、すべての要素が文字列です。この値を計算に使うには、fig. 6-22右のような数値に変換しなければなりません。あなたならどうしますか？

fig. 6-22
要素の値が文字列と
数値のリスト

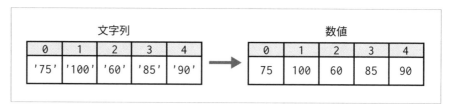

もっとも簡単な方法は、組み込み関数のint()を使ってすべての要素を1つずつ整数に変換し、それを新しいリストに追加する方法です (list 6-61)。

list 6-61
**全要素を整数に
変換する**

入力
```
str_list = ['75', '100','60', '85', '90']  ← 要素が文字列のリスト
int_list = []  ← 数値に変換した要素を入れるリスト

for s in str_list:  ← すべての要素を参照する繰り返し
    int_list.append(int(s))  ← 要素をint型に変換してint_listに追加
int_list
```

結果
```
[75, 100, 60, 85, 90]
```

実はこれと同じ処理は、組み込み関数の**map()**を使うとたった1行でできます。

書式 6-12
**map()：すべての
要素に同じ演算を
実行する**

map(関数 , 反復可能なオブジェクト)

**map()は反復可能なオブジェクトから取り出したすべての要素に、第1引数で指
定した関数を実行する**命令です。たとえば、list 6-61で定義したリスト（str_
list）の全要素をint型に変換するときは

```
map(int, str_list)
```

のように引数を設定します。**第1引数には関数名だけを記述してください。**いつも
のように引数を囲む()を付ける必要はありません。

なお、map()は処理の結果をイテレータ※で返します。これを組み込み関数の
list()に渡してリストに変換してください（list 6-62）。

＊「6-5-4：要素の
並べ替え」(P.206)
のコラム欄で説明し
ました。

list 6-62
**要素の値を文字列
から整数に変換する**

入力
```
int_list = list(map(int, str_list))
int_list
```

結果
```
[75, 100, 60, 85, 90]
```

6-6 リスト内包表記

　この章の最後に、これまでとは違う方法でリストを定義する方法を紹介しましょう。**リスト内包表記**は、**反復可能なオブジェクトに対して何らかの演算を実行し、その結果で新しいリストを定義する**方法です（fig. 6-23）。

書式 6-13
リスト内包表記

[演算 for 変数 in 反復可能なオブジェクト]

fig. 6-23
リスト内包表記

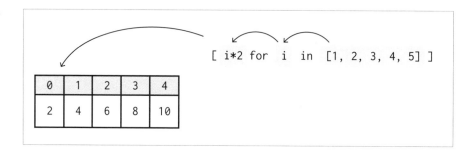

リスト内包表記を使ってリストを定義する

　inの後ろにはリストやrange()で生成した数列など、反復して値を取り出すことのできるデータの並びを指定してください。list 6-63はfig. 6-23をそのままプログラムに置き換えたものです。もとのリストの要素を2倍した値で、新しいリストが定義されることを確認しましょう。

list 6-63
リスト内包表記で
リストを定義①

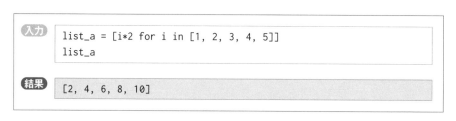

```
list_a = [i*2 for i in [1, 2, 3, 4, 5]]
list_a
```

結果
```
[2, 4, 6, 8, 10]
```

「リストを定義する角括弧（[]）の中にfor文があるなんて……、何をしているのかよくわからない！」という人は、list 6-64を見てください。このプログラムを実行すると、list 6-63と同じ結果が得られます。

list 6-64
list 6-63と同じ処理
をfor文で実行する

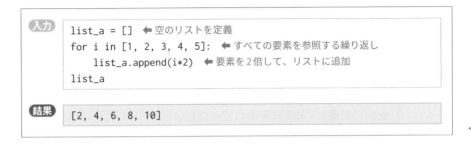

```
入力  list_a = []    ← 空のリストを定義
      for i in [1, 2, 3, 4, 5]:   ← すべての要素を参照する繰り返し
          list_a.append(i*2)    ← 要素を2倍して、リストに追加
      list_a
```

```
結果  [2, 4, 6, 8, 10]
```

リスト内包表記は、for文を使うと複数行になる処理をたった1行で書ける仕組みです。慣れないうちは戸惑うかもしれませんが、覚えておくと便利です。

条件に合致するデータのみ演算に使用する

リスト内包表記には条件式も追加することができます。この場合は、指定した条件を満たす要素だけが演算の対象になります（fig. 6-24）。

fig. 6-24
リスト内包表記
（条件式あり）

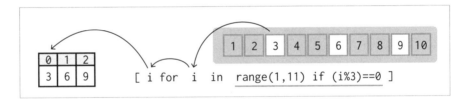

```
[ i for i  in  range(1,11) if (i%3)==0 ]
```

書式 6-14
リスト内包表記
（条件式あり）

[演算 for 変数 in 反復可能なオブジェクト if 条件式]

list 6-65は、fig. 6-24をそのままプログラムに置き換えたものです。ifに書いた条件式は「iを3で割った余りが0と等しければ」という意味なので、このプログラムを実行すると1～10の範囲内の3の倍数だけでリストを定義することができます。

list 6-65
条件に合致する
要素のみリストに
定義する

```
入力  list_b = [i for i in range(1, 11) if (i%3)==0]
      list_b
```

```
結果  [3, 6, 9]
```

確認・応用問題

Q1 1. 次の図の要素を持つリストを定義してください。

0	1	2	3	4
'cake'	'cookie'	'biscuit'	'chocolate'	'pie'

2. すべての要素を1つずつ画面に出力するプログラムを作成してください。

3. 先頭の要素をCAKEに変更してください。

4. リストからbiscuitを削除してください。

5. リストにcandyを追加してください。

Q2 1. 次の図の要素を持つリストを定義してください。

	0	1	2	3	4
0	50	80	65	80	75
1	100	70	75	65	70
2	60	90	100	90	85

2. 次のプログラムを実行すると、画面に何が出力されるか予想してください。

```
for i in range(3):
    for j in range(5):
        print(scores[i][j])
```

3. 定義したリストを使って、図の3列目の平均を求めるプログラムを作成してください。

4. 定義したリストを使って、図の2行目の平均を求めるプログラムを作成してください。

5. 定義したリストを使って、図の2列目の値を取り出して、新しいリストを定義してください。

第 **7** 章

//////////////////////////////

データ構造

複数のデータを効率よく扱えるように一定の形式
でまとめたものを**データ構造**と言います。前章で
説明したリストもPythonのデータ構造の1つです。
このほかに**タプル（tuple型）**、**辞書（dict型）**、**集
合（set型）** があります。プログラムで処理したい
内容に応じてデータ型を使い分けられるように、
それぞれの特徴を見ていきましょう。

7-1 タプル

タプル（tuple型）は、リストととてもよく似たデータ型です（fig. 7-1）。各要素はインデックスを使って参照できますが、**要素の更新や削除、追加、挿入は一切できません。内容を変更できない**という点がリストとの大きな違いです。

また、リストは要素を使って何らかの演算をすることが多いため、同じ種類のデータを入れるのが基本ですが、タプルの目的は関連する情報をまとめることです。そのため、タプルの要素はfig. 7-1のように異なる種類のデータになることも珍しくありません。

fig. 7-1
タプル

0	1	2	3
'taro'	170	63.5	'A'

7-1-1 タプルの定義

タプルに入れる要素を**カンマ（,）**で区切って、全体を**丸括弧（()）**で囲んでください。

書式 7-1
タプルを定義する

(要素1, 要素2, 要素3, …)

定義したタプルを変数に代入して値を確認すると、全体を()で囲んだ値が表示されます（list 7-1～2）。これは、その変数がtuple型であることを表しています。

list 7-1
タプルの定義①

入力
```
yellow = (255, 255, 0)
yellow
```

結果
```
(255, 255, 0)
```

list 7-2
タプルの定義②

入力
```
colors = ('red', 'green', 'blue')
colors
```

結果
```
('red', 'green', 'blue')
```

7

要素が1つのタプルを定義する

　タプルに入れる要素が1つの場合も、その要素の後ろにカンマ (,) が必要です (list 7-3)。

list 7-3
タプルの定義③

入力
```
data= (100,)    ← 値の後ろに「,」を付ける
data
```

結果
```
(100,)  ← dataはtuple型の変数
```

　カンマを付けずに実行すると、タプルではなく代入した値に応じたデータ型の変数の定義になるので注意してください (list 7-4)。

list 7-4
間違い例

入力
```
data= (100)    ← 「,」を入力し忘れると……
data
```

結果
```
100   ← dataはint型の変数
```

tuple() を使って定義する

タプルは組み込み関数の**tuple()**を使って定義することもできます。引数には
リストや組み込み関数のrange()が作る数列など、反復可能なオブジェクトを指
定してください。

書式 7-2
tuple() : タプルを
生成する

tuple(反復可能なオブジェクト)

list 7-5は、リストからタプルを定義するプログラムです。定義したタプルの要
素は、反復可能なオブジェクトの要素と同じものになります。

list 7-5
タプルの定義④

入力
```
tuple_data = tuple([1, 2, 3, 4, 5])
tuple_data
```

結果
```
(1, 2, 3, 4, 5)
```

7-1-2 タプルの扱い方

タプルの要素にはリストと同じように0、1、2…のようにインデックスが振られ
ます。たとえば、fig. 7-2の要素を持つタプルの名前がdataのときは

```
data[0]
```

のようにして先頭要素を参照することができます（list 7-6）。タプルを定義すると
きは丸括弧（()）を使いますが、要素を参照するときは角括弧（[]）を使うので間
違わないように注意しましょう。

fig. 7-2
dataの内容

0	1	2	3
'taro'	170	63.5	'A'

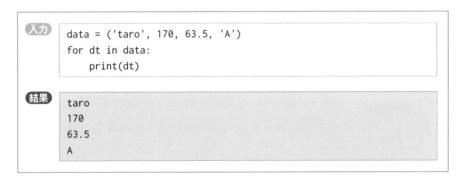

list 7-6
先頭要素を参照する

入力
```
data = ('taro', 170, 63.5, 'A')
data[0]
```

結果
```
'taro'
```

タプルの要素はインデックスで参照できますが、参照した要素を更新したり、削除したりすることはできません。たとえば、先頭要素の値を更新するつもりで

```
data[0] = 'TARO'
```

を実行すると、TypeErrorになります。また、タプルは要素を挿入したり、要素の並び順を替えることもできません。つまり、**タプルは内容を変更できません**。タプルを定義した後に内容を変更したいときは、以下のようにタプルを定義し直してください。

```
data = ('TARO', 170, 63.5, 'A')
```

タプルは反復可能なオブジェクトです。list 7-7のようにfor文を使ってすべての要素を参照することができます。

list 7-7
すべての要素を
参照する

入力
```
data = ('taro', 170, 63.5, 'A')
for dt in data:
    print(dt)
```

結果
```
taro
170
63.5
A
```

ここまで見てきたように、内容を変更できないという点を除けば、タプルはリストと同じような扱い方ができます。table 7-1にタプルで実行できる演算をまとめました。それぞれの演算はリストで説明済みです。詳しくは第6章を参照してください。

225

table 7-1
タプルで実行できる
演算

演算	説明
タプル[インデックス]	インデックスを使って要素を参照する
タプル[start:stop:step]	スライス機能を使って要素を参照する
値 in タプル	指定した値がタプルに含まれているとき True を返す
値 not in タプル	指定した値がタプルに含まれていないとき True を返す
タプル.count(要素)	指定した要素の個数を返す
タプル.index(要素)	指定した要素の最小インデックスを返す
len(タプル)	要素数を返す
min(タプル)	全要素の最小値を返す
max(タプル)	全要素の最大値を返す
sum(タプル)	全要素が数値のとき、要素の総和を返す
sorted(タプル, reverse=ブール値)	要素を昇順または降順に並べ替えたリストを返す
reversed(タプル)	要素を後ろから順に並べ替えたイテレータを返す
タプルA + タプルB	タプルAとタプルBを連結したタプルを生成する
タプルA += タプルB	タプルAにタプルBを連結する

More Information

タプルの連結

　table 7-1の最後の行を見て、何か気が付きませんか？　ここまで「定義したタプルは変更できない」と何度も言ってきたにもかかわらず、+=演算子を使えば既存のタプルに別のタプルを追加できるなんて、おかしな話だと思いませんか？

　list 7-8はタプルを定義した後、そのタプルに別のタプルを+=演算子で連結するプログラムです。実行結果を見ると、たしかにもとのタプルに要素が追加されていますね。

list 7-8
既存のタプルに
連結する

```
入力   numbers = (1,2,3)    ← タプルの定義
       numbers += (4,5,6)   ← numbersに追加
       numbers
```

```
結果   (1, 2, 3, 4, 5, 6)
```

　fig. 7-3左は、list 7-8を実行したときにコンピュータ内部で行われていることを示した図です。実はnumbers += (4, 5, 6)を実行すると、連結後のタプルで新しいオブジェクトが生成されて、そのオブジェクトにnumbersの名

札が付け替えられます。つまり、**連結前と後とでは別のオブジェクト**です。既存のタプルに要素を追加したわけではありません。

fig. 7-3
タプルの連結と
リストの連結

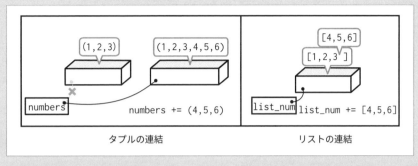

タプルの連結　　　　　　　　　リストの連結

参考までに、fig. 7-3右はリストに対して同様のこと (list 7-9) を行ったときのイメージです。この場合は、もとのリストの最後に要素が追加されます。別のリストが生成されるわけではありません。

list 7-9
既存のリストに
連結する

```
list_num = [1, 2, 3]   ← リストの定義
list_num += [4, 5, 6]  ← list_numに追加
list_num
```

結果
```
[1, 2, 3, 4, 5, 6]
```

7-1-3 パックとアンパック

「7-1-1：タプルの定義」(P.222) で、「タプルは要素を丸括弧 (()) で囲んで定義する」と説明しました。しかし、list 7-10のように()で囲まずに変数に代入しても、その変数は**tuple型**になります。

list 7-10
タプルの定義

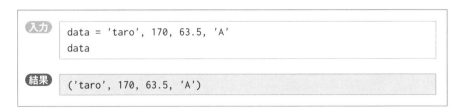

```
data = 'taro', 170, 63.5, 'A'
data
```

結果
```
('taro', 170, 63.5, 'A')
```

*packには「1つに
まとめる」や「梱包
する」という意味が
あります。

　ここからわかることは、**タプルを定義しているのは()ではなくカンマ(,)だと**いうことです。このように()で囲まずに複数の値を1つのタプルにまとめることを**パック***と言います。

書式 7-3
パック

> 変数 ＝ 要素1, 要素2, 要素3, …

　これとは逆に、タプルを展開して要素を1つずつ変数に代入することもできます。これを**アンパック***や**アンパック代入**と言います。

*unpackは「梱包を
ほどく」という意味
です。

書式 7-4
アンパック代入

> 変数1, 変数2, 変数3, … ＝ (要素1, 要素2, 要素3, …)

　アンパック代入を行うときは、**イコール(=)の右辺にタプルを、左辺にはタプルの要素数と同じ数だけの変数名を記述してください**(list 7-11)。

list 7-11
アンパック代入

入力

```
name, height, weight, blood =  ('taro', 170, 63.5, 'A')
print(name, height, weight, blood)
```

結果

```
taro 170 63.5 A
```

　要素数と値を代入する変数の数が異なるときはValueErrorになります(list 7-12)。

list 7-12
間違い例

入力

```
name, height, weight =  ('taro', 170, 63.5, 'A')
```
⬆ 変数名が3つ、タプルの要素が4つ
```
print(name, height, weight)
```

結果

```
ValueError                           Traceback (most recent call last)
<ipython-input-13-3c6d7f3e199d> in <module>
----> 1 name, height, weight = data
      2 print(name, height, weight)

ValueError: too many values to unpack (expected 3)
```
⬆ アンパック代入できる変数(3つ)に対して、値の方が多い

More Information

複数の変数を定義する

実はパックとアンパックはここで初めて出てきた話ではありません。どこかで使われていたのですが、わかりますか？
「3-1-2：変数の定義」（P.68）のコラム欄で、

```
apple, n = 250, 3
```

のように1行で複数の変数を定義する方法を紹介しました。ここで行われているのがパックとアンパックです。この1行で何が行われていたのか、fig. 7-4を見ながら確認しましょう。

右辺は()が省略されていますが、値をカンマ(,)で区切っているのでタプルの定義です。そして左辺には変数名が2つ書かれています。つまり、定義したタプルを展開してappleには250、nには3が代入されるという仕組みです。

fig. 7-4
複数の変数に値を
代入する

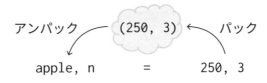

7-2 辞書

辞書（dict型）はキーと値のペアで複数の情報を管理するデータ型です（fig. 7-5）。**ディクショナリ型**のように表記されることもあります。

fig. 7-5は名前と身長、体重、血液型を登録した辞書です。辞書にはリストやタプルで見た**インデックスがありません**。その代わりに**キーを使って各要素を参照します**。そのため、1つの辞書に同じ名前のキーを入れることはできません。

fig. 7-5
辞書

personal

| キー ⟶ | name | height | weight | blood |
| 値 ⟶ | 'taro' | 170 | 68.5 | 'A' |

辞書にはfig. 7-5のように関連する情報をまとめて登録するのが一般的です。もちろん、リストやタプルでも同じ情報を扱うことはできますが、これらは要素を参照するときにインデックスで指定しなければなりません。その点、辞書は

```
personal['height']
```

のように、キーを使って値を参照することができます。また、タプルは定義した内容を変更できませんが、辞書は要素の更新や削除、新しい要素の追加ができます。目的の要素をすばやく参照できて内容も更新できるという点で、辞書はとても扱いデータ型です。

7-2-1　辞書の定義

辞書は全体を**波括弧（{}）**で囲んで定義します。キーと値の間は**コロン（:）**で区切ってください。要素の区切りはカンマ（,）です。1つ注意してほしいのは、**定義したキーは変更できない**という点です。キーをどのような名前にするか、辞書を定義する前に十分に検討してください。

書式 7-5
辞書を定義する

> {キー1: 値1, キー2: 値2, キー3: 値3, …}

定義した辞書を変数に代入して値を確認すると、全体を{}で囲んだ値が表示されます（list 7-13）。これは、その変数がdict型であることを表しています。

list 7-13
辞書の定義①

入力
```
person = {'name':'Taro', 'height': 170,
          'weight': 68.5, 'blood':'A'}
person
```

結果
```
{'name': 'Taro', 'height': 170, 'weight': 68.5, 'blood': 'A'}
```

list 7-13では文字列をキーにしましたが、数値をキーにすることもできます（list 7-14）。

list 7-14
辞書の定義②

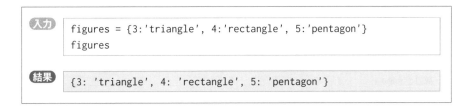

入力
```
figures = {3:'triangle', 4:'rectangle', 5:'pentagon'}
figures
```

結果
```
{3: 'triangle', 4: 'rectangle', 5: 'pentagon'}
```

1つの辞書に同じ名前のキーは登録できません。 list 7-15のように同じキーを2回登録したときは、**後から登録した値で上書きされます。**

入力
```
fruits = {'apple':250, 'orange':200, 'banana':300, 'apple': 500}
                ⬆ 'apple' を2回登録すると...
fruits
```

結果
```
{'apple': 500, 'orange': 200, 'banana': 300}
```
⬆ 後から登録した値で上書きされる

空の辞書を定義する

要素を1つも持たない、空の辞書を定義するときは{}だけを記述してください（list 7-16）。この辞書に要素を追加する方法は、この後の「7-2-4：要素の変更と追加」（P.237）で説明します。

入力
```
data = {}
data
```

結果
```
{}
```

dict() を使って定義する

辞書は組み込み関数の`dict()`を使って定義することもできます。引数には辞書に登録する要素を「**キー ＝ 値**」という代入文で指定＊してください。

dict(キー1=値1, キー2=値2, キー3=値3, …)

この書式を使うとき、キーに指定できるのは変数名の付け方の規則＊に従った文字列だけです。数値をキーにすることはできません。なお、このキーはdict()の中で使う変数のようなものです。キーを引用符（'または"）で囲む必要はありません（list 7-17）。

入力
```
fruits = dict(apple=250, orange=200, banana=300)
fruits
```

結果
```
{'apple': 250, 'orange': 200, 'banana': 300}
```

　dict()の引数には、キーと値のペアをタプルで定義したリストも指定できます。文字で読むと難しく感じるかもしれませんが、この方法なら数値をキーにした辞書も作成できます（list 7-18）。

書式 7-7
dict()：
辞書を定義する

```
dict([(キー1, 値1), (キー2, 値2), (キー3, 値3), …])
```

list 7-18
辞書の定義⑥

入力
```
figures = dict([(3, 'triangle'), (4, 'rectangle'),
                (5, 'pentagon')])
figures
```

結果
```
{3: 'triangle', 4: 'rectangle', 5: 'pentagon'}
```

7-2-2 辞書の扱い方

　辞書の要素はキーを使って参照します。文字列をキーにしたときは、忘れずに引用符（' または "）で囲んでください（list 7-19）。指定したキーが見つからないときはKeyErrorになります。

書式 7-8
辞書の要素を
参照する

```
辞書名[キー]
```

list 7-19
要素の参照

入力
```
fruits = {'apple':250, 'orange':200, 'banana':300}
fruits['apple']
```

結果
```
250
```

　辞書に登録したキーは変更できませんが、キーに対応する値は次の書式で更新することができます（list 7-20）。

書式 7-9
辞書の要素を
更新する

| 辞書名[キー] = 値 |

list 7-20
要素の更新

入力
```
fruits = {'apple':250, 'orange':200, 'banana':300}
fruits['apple'] = 500   ← apple キーの値を更新
print(fruits)
```

結果
```
{'apple': 500, 'orange': 200, 'banana': 300}
```

　辞書は反復可能なオブジェクトです。list 7-21のようにfor文と組み合わせて1つずつ要素を取り出すことができるのですが、実行結果を見ると**キーとして登録した値だけが表示されています**。

list 7-21
すべての要素を
参照する

入力
```
fruits = {'apple':250, 'orange':200, 'banana':300}
for item in fruits:
    print(item)
```

結果
```
apple
orange
banana
```

*「6-2：リストの
定義」(P.179) で説
明しました。

　もう1つ試してみましょう。list 7-22は組み込み関数のlist()*を使って、辞書の要素からリストを定義するプログラムです。実行結果を見ると、キーとして登録した値だけがリストの要素に追加されています。

list 7-22
辞書からリストを
生成する

入力
```
fruits = {'apple':250, 'orange':200, 'banana':300}
list_fruits = list(fruits)
list_fruits
```

結果
```
['apple', 'orange', 'banana']
```

　ここで覚えてほしいことは、**辞書から繰り返して取り出せるのはキーだけ**ということです。辞書に登録されているすべてのキーと値を参照するには、list 7-23のように**取り出したキーを使って値を参照する必要があります**。

list 7-23
list7-21の改良版

入力
```
fruits = {'apple':250, 'orange':200, 'banana':300}
for item in fruits:
    print(item, fruits[item])   ←「キー」と「値」を出力
```

結果
```
apple 250
orange 200
banana 300
```

「**要素を参照するときにキーを使う**」ことと、「**繰り返して取り出せるのはキーだけ**」という2点を除けば、辞書はリストやタプルと同じような扱い方ができます。table 7-2に辞書で実行できる演算をまとめました。それぞれの演算はリストで説明済みです。詳しくは第6章を参照してください。

table 7-2
辞書で実行できる演算

演算	説明
辞書[キー]	キーを使って要素を参照する
辞書[キー] = 値	参照した要素の値を更新する
キー in 辞書	指定したキーが辞書に登録されているとき True を返す
キー not in 辞書	指定したキーが辞書に登録されていないとき True を返す
del 辞書[キー]	キーを使って参照した要素を削除する
辞書.clear()	すべての要素を削除する
辞書.copy()	辞書のコピーを作成する
len(辞書)	要素数を返す
sorted(辞書, reverse=ブール値)	キーを昇順または降順に並べ替えたリストを返す
reversed(辞書)	キーを後ろから順に並べ替えたイテレータを返す
{キー: 演算 for キー in 反復可能なオブジェクト}	反復可能なオブジェクトから取り出した値を「キー」に、その値を使って演算した結果を「値」にした辞書を定義する

　このほかに、辞書には内容を変更したり、登録されているキーや値の一覧を取得するためのメソッドがあります。この後は辞書のメソッドを見ていきましょう。

7-2-3 要素の参照

fig. 7-6のように定義された辞書があるときに

```
tax_in = fruits['mango'] * 1.08
```

を実行すると、辞書にはmangoキーが存在しないためにKeyErrorになります。このエラーは**get()**メソッドを使うことで回避できます。

fig. 7-6
fruitsの内容

<table>
<tr><th colspan="3">fruits</th></tr>
<tr><td>apple</td><td>orange</td><td>banana</td></tr>
<tr><td>250</td><td>200</td><td>300</td></tr>
</table>

書式 7-10
get()：キーに
対応する値を返す

辞書.get(キー，値)

get()は指定したキーが辞書に存在するときは対応する値を、存在しないときは第2引数で指定した値を返します（list 7-24〜25）。

list 7-24
要素の参照①

入力
```
fruits = {'apple':250, 'orange':200, 'banana':300}
fruits.get('apple', 0)  ◀ 存在するキーを指定して、get()が返す値を確認
```

結果　250　◀ get()が返した値（appleキーに対応する値）

list 7-25
要素の参照②

入力
```
fruits = {'apple':250, 'orange':200, 'banana':300}
fruits.get('mango', 0)  ◀ 存在しないキーを指定して、get()が返す値を確認
```

結果　0　◀ get()が返した値（第2引数）

get()を利用すると、最初に示した計算式は

```
tax_in = fruits.get('mango', 0) * 1.08
```

のようになります。この場合、辞書にmangoキーがあるときはその値を使った計算を、存在しないときは第2引数の「0」を使った計算を行います。どちらの場合でもKeyErrorになることはありません。

なお、get()の第2引数は省略可能です。この場合は指定したキーが存在しないときにNoneという値を返します。NoneはPythonの予約語の1つで、**値がないことを表す特別な値**です。ただし、値がないのですからNoneは数値計算や文字列の連結など、演算に使うことはできません。そのため、辞書にmangoキーが存在しないときに

```
tax_in = fruits.get('mango') * 1.08
```

を実行するとTypeErrorになります。このようなエラーを防ぐためにも、get()の第2引数は指定することをおすすめします。

7-2-4 要素の更新と追加

辞書に定義した要素は

```
辞書[キー] = 値
```

という書式で値を変更することができます。このときに存在しないキーを指定すると、新しい要素として辞書の最後に追加されます（list 7-26）。

list 7-26
存在しないキーに
値を代入したとき

入力
```
fruits = {'apple':250, 'orange':200, 'banana':300}
fruits['grape'] = 1200
fruits
```

結果
```
{'apple': 500, 'orange': 200, 'banana': 300, 'grape': 1200}
```

ただ、「辞書[キー] = 値」という書式では要素を1つしか指定できません。複数の要素をまとめて更新したり追加するときは、**update()** メソッドが便利です。ま

た、**setdefault()**メソッドは、指定したキーが登録されていないときだけ新しい要素として追加します。これを利用すると、間違えて既存の要素を更新してしまうのを防ぐことができます。

update() メソッド

update()は引数に指定した辞書を使って、もとの辞書を更新する命令です。書式を3つ示しましたが、引数の書き方は「7-2-1：辞書の定義」（P.231）で説明した3つの書式と同じです。詳しくはそちらを参照してください。

書式 7-11
update()：辞書を
更新する

```
辞書.update({キー1: 値1, キー2: 値2, キー3: 値3, …})
あるいは
辞書.update(キー1=値1, キー2=値2, キー3=値3, …)
あるいは
辞書.update([(キー1, 値1), (キー2, 値2), (キー3, 値3), …])
```

list 7-27〜28は、1番上の書式を使って辞書を更新するプログラムです。辞書に存在するキーを指定したときは、そのキーに対応する値が更新されます（list 7-27）。list 7-28のように存在しないキーを指定したときは、新しい要素として辞書の最後に追加されます。

list 7-27
辞書を更新する①

入力
```
fruits = {'apple':250, 'orange':200, 'banana':300}
fruits.update({'apple':500, 'orange':400})    ← 存在するキーを指定
fruits
```

結果
```
{'apple': 500, 'orange': 400, 'banana': 300}    ← 要素の更新
```

list 7-28
辞書を更新する②

入力
```
fruits = {'apple':250, 'orange':200, 'banana':300}
fruits.update( {'grape':1200, 'mango':3000})    ← 存在しないキーを指定
fruits
```

結果
```
{'apple': 250, 'orange': 200, 'banana': 300, 'grape': 1200,
'mango': 3000}    ← 要素の追加
```

setdefault() メソッド

すでに辞書に登録されている要素を変更することなく、新しい要素を追加したいという場合は setdefault() メソッドを使うとよいでしょう。

書式 7-12
setdefault()：
キーの存在を確認
してから追加する

辞書.setdefault(キー , 値)

setdefault() は、**指定したキーが辞書に存在するときは、その値を返します。**
このとき、**キーに対応する値は更新されません**（list 7-29）。

list 7-29
要素の追加①

入力
```
fruits = {'apple':250, 'orange':200, 'banana':300}
print(fruits.setdefault('apple', 500))
                ⬆ 存在するキーを指定して、setdefault() が返す値を確認
fruits    ◀ 辞書の内容を確認
```

結果
```
250    ◀ setdefault() が返した値（'apple' キーに対応する値）
{'apple': 250, 'orange': 200, 'banana': 300}    ◀ 辞書は更新されない
```

指定したキーが辞書に存在しないときは、キーと値のペアを新しい要素として辞書の最後に追加します（list 7-30）。

list 7-30
要素の追加②

入力
```
fruits = {'apple':250, 'orange':200, 'banana':300}
print(fruits.setdefault('mango', 3000))
                 ⬆ 存在しないキーを指定して、setdefault() が返す値を確認
fruits    ◀ 辞書の内容を確認
```

結果
```
3000    ◀ setdefault() が返した値（第 2 引数）
{'apple': 250, 'orange': 200, 'banana': 300, 'mango': 3000}
                「'mango': 3000」が追加される ⬆
```

7-2-5 要素の削除

＊「6-3-5：要素の削除」(P.188) で説明しました。

辞書に定義されている要素は、del文＊を使って

```
del 辞書[キー]
```

で削除することができますが、存在しないキーを指定するとKeyErrorになります。このエラーはpop()メソッドを使うことで回避できます。

書式 7-13
pop()：指定した
要素を削除する

> **辞書.pop(キー, 値)**

list 7-31〜32は、pop()の動作を確認するプログラムです。pop()は指定したキーが辞書に存在するときは削除した値を、キーが存在しない場合は第2引数に指定した値を返します。その値を確認するためにprint()を使いました（2行目）。このプログラムを実行するとpop()が返した値と、pop()実行後の辞書の内容が出力されます。

list 7-31
要素の削除①

入力
```
fruits = {'apple':250, 'orange':200, 'banana':300}
print(fruits.pop('apple', None))
            ⬆ 存在するキーを指定して、pop() が返す値を確認
fruits  ← 辞書の内容を確認
```

結果
```
250  ← pop() が返した値（削除した値）
{'orange': 200, 'banana': 300}  ← apple キーが削除された
```

list 7-32
要素の削除②

入力
```
fruits = {'apple':250, 'orange':200, 'banana':300}
print(fruits.pop('mango', None))
            ⬆ 存在しないキーを指定して、pop() が返す値を確認
fruits  ← 辞書の内容を確認
```

結果
```
None  ← pop() が返した値（第2引数）
{'apple': 250, 'orange': 200, 'banana': 300}  ← 辞書は更新されない
```

　なお、pop()の第2引数は省略することもできますが、その場合は指定したキーが見つからなかったときにKeyErrorが発生します。このエラーを回避するためにも、第2引数は指定することをおすすめします。

7-2-6 　辞書の内容を取得する

　items()メソッドを利用すると、**辞書に登録されているキーと値の一覧を取得できます**。キーの一覧が欲しいときは**keys()**メソッド、値の一覧が欲しいときは**values()**メソッドを使用します (table 7-3)。これらのメソッドは、結果を反復可能なオブジェクトで返します。個々の要素を参照するにはfor文を利用するか、組み込み関数のlist()を使って新たにリストを生成してください。

table 7-3
辞書の内容
を取得するメソッド

メソッド	説明
辞書.items()	(キー, 値)の一覧を要素とする反復可能なオブジェクトを返す
辞書.keys()	キーの一覧を要素とする反復可能なオブジェクトを返す
辞書.values()	値の一覧を要素とする反復可能なオブジェクトを返す

items() メソッド

　items()メソッドを利用すると、辞書に登録されているすべてのキーと値の一覧を取得することができます (list 7-33)。

list 7-33
キーと値の一覧を
取得する

```
入力
fruits = {'apple':250, 'orange':200, 'banana':300}
fruits.items()
```

```
結果
dict_items([('apple', 250), ('orange', 200), ('banana', 300)])
```

　実行結果に表示されたdict_items()は**dict_items型**という意味です。丸括弧の中は(キー, 値)のタプルを要素としたリストになっていますが、dict_items型は反復可能なオブジェクトです。個々の要素はfor文を使って参照してください。list 7-34のようにタプルのアンパック機能を利用すると、キーと値を個別に取り出すことができます (fig. 7-7)。

fig. 7-7
アンパック

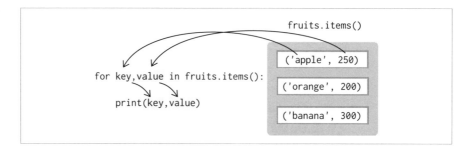

list 7-34
キーと値を別々に
取得する

入力

```
fruits = {'apple':250, 'orange':200, 'banana':300}
for key, value in fruits.items():
    print(key,value)
```

結果

```
apple 250
orange 200
banana 300
```

また、items()の結果をそのまま組み込み関数のlist()に渡すと、(キー, 値)
のタプルを要素にしたリストを生成することができます(list 7-35、fig. 7-8)。
個々の要素は縦と横のインデックスを使って*list_fruits[0][0]で参照してく
ださい。

*「6-3-5: 要 素 の
削除」(P.188) で説
明しました。

fig. 7-8
タプルのリスト

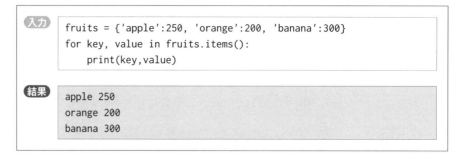

list 7-35
items()の結果を
リストで取得する

入力

```
fruits = {'apple':250, 'orange':200, 'banana':300}
list_fruits = list(fruits.items())   ← items()の結果をリストに変換
list_fruits
```

結果

```
[('apple', 250), ('orange', 200), ('banana', 300)]
```

keys() メソッド

keys()は、辞書に登録されているキーの一覧を**dict_keys型**で返します（list 7-36）。個々の要素を参照するにはfor文を使うか、list()関数を使ってリストに変換してください。

list 7-36
キーの一覧を
取得する

```
入力
fruits = {'apple':250, 'orange':200, 'banana':300}
fruits.keys()
```

```
結果
dict_keys(['apple', 'orange', 'banana'])
```

values() メソッド

values()は、辞書に登録されている値の一覧を**dict_values型**で返します（list 7-37）。個々の要素を参照するにはfor文を使うか、list()関数を使ってリストに変換してください。

list 7-37
値の一覧を取得する

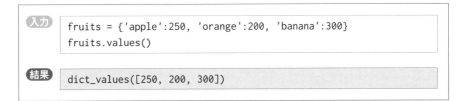

```
入力
fruits = {'apple':250, 'orange':200, 'banana':300}
fruits.values()
```

```
結果
dict_values([250, 200, 300])
```

　ところで、この章の「7-2-2：辞書の扱い方」（P.233）で「辞書から繰り返して取り出せるのはキーだけ」という話をしたのを覚えていますか？　in演算子やnot in演算子、sorted()関数やreversed()関数が対象にするのは、辞書に登録したキーだけです。しかし、values()を使えば、値を対象にしてこれらの演算ができるようになります（list 7-38）。

list 7-38
'pentagon' という
値があるかどうか

```
入力
figures = {3:'triangle', 4:'rectangle', 5:'pentagon'}
'pentagon' in figures.values()
```

```
結果
True
```

7-3 〉 **集合**

　集合（set型）は、Pythonで数学の集合演算を行うためのデータ型です。集合演算というと難しく感じるかもしれませんが、fig. 7-9なら見たことがあるでしょう？　集合演算とは、**2つのグループに共通する要素を取り出したり、重複する要素を取り除いて1つのグループにまとめたりする演算**です。set型は、この演算を行うためのデータ型です。複数の値をまとめて入れられるという点ではリストやタプルと同じですが、集合にはこれらと決定的に違う性質が2つあります。

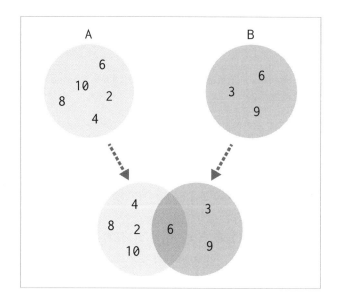

fig. 7-9
集合のイメージ

　1つは**集合の要素には順番がない**ということです。順番がないので、リストやタプルのようにインデックスを使って特定の要素を参照することはできません。もう1つは、**集合は重複した要素を持たない**ということです。たとえば、fig. 7-9の集合Aに10を追加することはできません。この2つの性質は集合を扱う上でとても大事なことなので、しっかり覚えておきましょう。

7-3-1 集合の定義

集合は全体を**波括弧（{}）**で囲んで定義します。要素の区切りは**カンマ（,）**です。波括弧で囲むのは前節で説明した辞書と同じですが、集合の場合は要素だけを{}の中に記述します。

書式 7-14
集合を定義する

> { 要素1，要素2，要素3，… }

定義した集合を変数に代入して値を確認すると、全体を{}で囲んだ値が表示されます（list 7-39〜40）。これも辞書と同様ですが、集合の場合はキーと値のペアではなく、要素だけが表示されます。

list 7-39
集合の定義①

入力
```
numbers = {1, 2, 3, 4, 5}
numbers
```

結果
```
{1, 2, 3, 4, 5}
```

list 7-40
集合の定義②

入力
```
colors = {'red', 'green', 'blue'}
colors
```

結果
```
{'blue', 'green', 'red'}
```

list 7-40を見て、集合を定義したときの要素の順番と、実行結果に表示された順番が違うことに気付いたでしょうか。最初に説明したように、集合の要素には順番がありません。そのため、list 7-39のように定義したのと同じ順番で表示されることもあれば、list 7-40のように異なる順番で表示されることもあります。

同じ要素を登録したとき

集合には要素に順番がないという性質のほかにもう1つ、重複した要素を持たないという性質がありました。list 7-41のように**同じ値を繰り返して定義した場合、重複した値は自動的に取り除かれます**。

list 7-41
同じ値を
定義したとき

入力
```
numbers = {1, 2, 3, 2, 1, 4, 5}
numbers
```

結果
```
{1, 2, 3, 4, 5}
```

set() を使って定義する

組み込み関数の **set()** を利用すると、リストやタプル、range() が生成する数列など、反復可能なオブジェクトから集合を生成することができます。

書式 7-15
set()：
集合を定義する

set (反復可能なオブジェクト)

set() を使って定義した集合の要素は、反復可能なオブジェクトの要素と同じものになります (list 7-42)。

list 7-42
集合の定義③

入力
```
numbers = set(range(1,11))
numbers
```

結果
```
{1, 2, 3, 4, 5, 6, 7, 8, 9, 10}
```

set() を使うときに注意してほしいのは、**文字列も反復可能なオブジェクト**だということです。list 7-43のようにすると、'banana' ではなく 'b', 'a', 'n' の3文字が集合の要素として定義されます。「'banana' を構成する文字の集合」という意味合いで定義したのなら問題ありませんが、「'banana'」を集合の要素にするつもりで定義したのであれば期待通りの結果は得られないので注意しましょう。

list 7-43
文字列を
指定したとき

入力
```
fruits = set('banana')
fruits
```

結果
```
{'a', 'b', 'n'}
```

　　set()の引数を省略すると、空の集合を定義することができます（list 7-44）。この集合に要素を追加する方法は、「7-3-3：要素の追加と削除」（P.249）で説明します。

list 7-44
集合の定義④

```
入力  data = set()
      data
```

```
結果  set()  ← 空の集合
```

7

7-3-2　集合の扱い方

　　繰り返しになりますが、集合の要素には順番がありません。集合に含まれる要素が同じであれば、同じ集合と見なされます（fig. 7-10）。このことを確認するプログラムがlist 7-45です。2つの集合（set_aとset_b）は、順番を変えて同じ要素を追加しました。==演算子で2つを比較すると結果はTrueです。

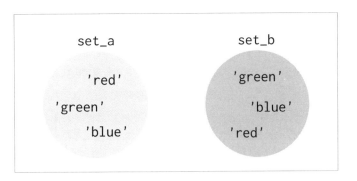

fig. 7-10
集合の要素には
順番がない

list 7-45
2つの集合が
等しいかどうか

```
入力  set_a = {'red', 'green', 'blue'}
      set_b = {'green', 'blue', 'red'}
      set_a == set_b
```

```
結果  True
```

集合は反復可能なオブジェクトです。list 7-46のようにfor文を使ってすべての要素を参照することができます。ただし、集合の要素には順番がないので、登録した順番と取り出す順番が同じにならないこともあります。

list 7-46
すべての要素を
参照する

```
入力    colors = {'red', 'green', 'blue'}
        for item in colors:
            print(item)
```

```
結果    green
        blue
        red
```

集合はtable 7-4に示した演算ができます。それぞれの演算の詳しい説明は第6章を参照してください。

table 7-4
集合で実行できる
演算

演算	説明
値 in 集合	指定した値が集合に含まれているときTrueを返す
値 not in 集合	指定した値が集合に含まれていないときTrueを返す
集合.copy()	集合のコピーを作成する
集合.clear()	すべての要素を削除する
len(集合)	要素数を返す
min(集合)	全要素の最小値を返す
max(集合)	全要素の最大値を返す
sum(集合)	全要素が数値のとき、要素の総和を返す
sorted(集合, reverse=ブール値)	要素を昇順または降順に並べ替えたリストを返す
{演算 for 変数 in 反復可能なオブジェクト}	反復可能なオブジェクトから取り出した値に対して何らかの演算を実行し、その結果で新しい集合を定義する

このほかに、集合には要素の追加や削除など、内容を変更するためのメソッドや、集合演算のためのメソッドがあります。この後は集合のメソッドを見ていきましょう。

7-3-3　要素の追加と削除

集合は**add()**メソッドを使って要素を追加することができます。**pop()**メソッドを利用すると、集合の要素をどれか1つ削除することができます。要素を指定して削除するときは、**remove()**メソッドまたは**discard()**メソッドを利用してください。

add() メソッド

add()は、**既存の集合に要素を追加する**命令です。

書式 7-16
add()：要素の追加

> 集合 . add(要素)

引数には要素を1つだけ指定してください（list 7-47）。複数の要素をカンマ（,）で区切って指定したり、リストや集合を引数にすると**TypeError**になります。

list 7-47
要素の追加①

入力
```
colors = {'red', 'green', 'blue'}
colors.add('yellow')
colors
```

結果
```
{'blue', 'green', 'red', 'yellow'}
```

集合は重複した要素を持ちません。list 7-48のように既存の要素と同じ値をadd()の引数に指定した場合、集合は更新されません。

list 7-48
要素の追加②

入力
```
colors = {'red', 'green', 'blue'}
colors.add('red')    ← 既存の要素を追加
colors
```

結果
```
{'blue', 'green', 'red'}    ← 集合は更新されない
```

pop() メソッド

pop() は集合内の要素を1つ削除して、その値を返します。集合が空のときに実行すると KeyError になるので注意してください。

書式 7-17
pop()：任意の要素を削除する

> 集合 **.pop()**

list 7-49 は pop() が削除した値と、削除後の集合を確認するプログラムです。どの要素が削除されるかは、実行するまでわかりません。

list 7-49
任意の要素を削除する

入力
```
colors = {'red', 'green', 'blue'}
print(colors.pop())  ← 要素を1つ削除して、pop() が返す値を確認
colors
```

結果
```
green  ← pop() が返した値 (削除した要素)
{'red', 'blue'}  ← 削除後の colors の内容
```

remove() メソッド

要素を指定して削除するときは、**remove()** を使用します (list 7-50)。

書式 7-18
remove()：要素の削除

> 集合 **.remove(要素)**

list 7-50
指定した要素の削除①

入力
```
colors = {'red', 'green', 'blue'}
colors.remove('red')
colors
```

結果
```
{'green', 'blue'}
```

集合に存在しない要素を指定すると、remove() を実行したときに KeyError になります。このエラーを回避するもっとも簡単な方法は、discard() メソッドを使うことです。

discard() メソッド

discard()は、**指定した要素が集合に存在するときはその要素を削除しますが、存在しないときは何も行いません**（list 7-51）。remove()のようにエラーが発生することもありません。

discard()：
要素の削除

```
集合.discard(要素)
```

指定した要素の
削除②

入力
```
colors = {'red', 'green', 'blue'}
colors.discard('yellow')   ← 存在しない要素を指定
print(colors)
```

結果
```
{'blue', 'green', 'red'}   ← 集合は更新されない
```

7-3-4　集合の演算

集合演算とは、集合Aと集合Bの両方に属する要素や、どちらか一方に属する要素など、fig. 7-11に示す新しい集合を取得するための演算です。主にデータの整理に使います。

fig. 7-11
集合演算で
得られる集合

和集合

2つの集合の全要素を合わせた集合を**和集合**と言います（fig. 7-12）。**|演算子**または**union()**メソッドを使って取得することができます。

fig. 7-12
和集合

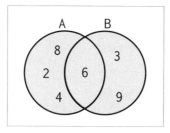

書式 7-20
和集合を取得する

```
集合A | 集合B
あるいは
集合A.union(集合B)
```

list 7-52は、2の倍数（set_a）と3の倍数（set_b）の和集合を求めるプログラムです。どちらの集合にも6がありますが、和集合は重複のない要素になります。

list 7-52
和集合を取得

入力
```
set_a = {2, 4, 6, 8}
set_b = {3, 6, 9}
result_1 = set_a | set_b    ←①|演算子を使って和集合を取得
print(result_1)

result_2 = set_a.union(set_b)    ←②union()を使って和集合を取得
print(result_2)
```

結果
```
{2, 3, 4, 6, 8, 9}    ←①result_1の内容
{2, 3, 4, 6, 8, 9}    ←②result_2の内容
```

More Information

|演算子とunion() メソッドの違い

|演算子とunion()メソッド、どちらを使っても得られる結果は同じですが、union()の引数には集合のほかに反復可能なオブジェクトを指定することが

できます。たとえばlist 7-53を実行すると、集合とリストから和集合を取得することができます（fig. 7-13）。

fig. 7-13
集合とリストから
和集合を生成

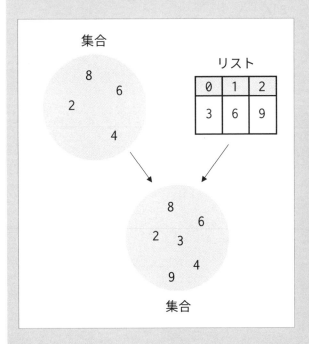

```
入力   set_a = {2, 4, 6, 8}  ← 集合
       list_b = [3, 6, 9]  ← リスト
       set_c = set_a.union(list_b)  ← 和集合を取得
       print(set_c)
```

```
結果   {2, 3, 4, 6, 8, 9}
```

　この後に説明する集合演算も同様です。集合とリストなど、集合以外のオブジェクトと演算する場合は集合のメソッドを利用してください。

積集合

　積集合は、2つの集合の交わる部分、つまり両方の集合に共通する要素の集合です（fig. 7-14）。**&演算子**または**intersection()**メソッドで取得することができます（list 7-54）。

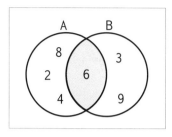

fig. 7-14
積集合

書式 7-21
積集合を取得する

> **集合A & 集合B**
> あるいは
> **集合A.intersection(集合B)**

list 7-54
積集合を取得

入力
```
set_a = {2, 4, 6, 8}
set_b = {3, 6, 9}
result = set_a & set_b
print(result)
```

結果
```
{6}
```

差集合

　一方の集合からもう一方の集合の要素を引いたものを**差集合**と言います。「どちらか一方に属する要素の集合」と言い換えることもできます。

　差集合は**-演算子**または**difference()**メソッドで取得できますが、どちらの集合から引くかで結果が変わるので注意してください (fig. 7-15)。

fig. 7-15
差集合

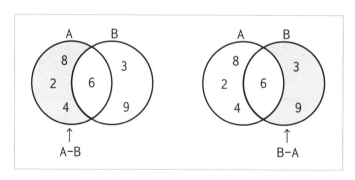

書式 7-22
差集合を取得する

集合A - 集合B
あるいは
集合A.difference(集合B)

list 7-55は「集合A-集合B」と「集合B-集合A」の違いを確認するプログラムです。

list 7-55
差集合を取得

入力

```
set_a = {2, 4, 6, 8}
set_b = {3, 6, 9}
result_1 = set_a - set_b    ← A-B
print(result_1)

result_2 = set_b - set_a    ← B-A
print(result_2)
```

結果

```
{8, 2, 4}    ← A-B
{9, 3}    ← B-A
```

対称差集合

対称差集合とは、2つの集合のすべての要素から共通する要素を取り除いた集合です（fig. 7-16）。**^演算子**または**symmetric_difference()**メソッドで取得することができます（list 7-56）。

fig. 7-16
対称差集合

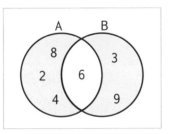

書式 7-23
対称差集合を
取得する

集合A ^ 集合B
あるいは
集合A.symmetric_difference(集合B)

list 7-56
対称差集合を取得

入力
```
set_a = {2, 4, 6, 8}
set_b = {3, 6, 9}
result = set_a ^ set_b
print(result)
```

結果
```
{2, 3, 4, 8, 9}
```

7-3-5　集合を活用する

　この節の冒頭で触れたように、集合は「数学の集合演算を行う」という目的がはっきりと決まっているデータ型です。そのために集合の要素には順番がなく、重複した要素を持たないという特徴があります。「でも、いったい何に使うの？」と不思議に思っているかもしれませんね。最後に集合の活用方法をいくつか紹介しましょう。

リストから重複した要素を取り除く

　list 7-57は「集合は重複した要素を持たない」という性質を利用して、fig. 7-17のように定義されたリストから重複した要素を取り除くプログラムです。リストから集合を生成した後、それをリストに変換しました。

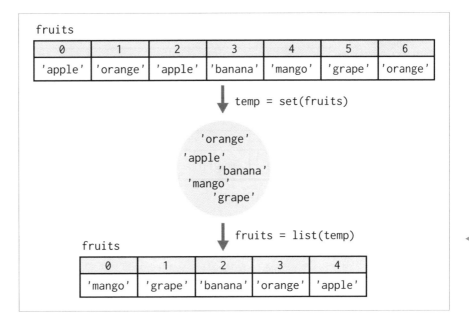

fig. 7-17
リストから**重複する**
要素を取り除く

list 7-57
リストから**重複する**
要素を取り除く

入力
```
fruits = ['apple', 'orange', 'apple', 'banana', 'mango', 'grape',
'orange']
temp = set(fruits)   ← リストから集合を生成
fruits = list(temp)   ← 集合をリストに変換
fruits
```

結果
```
['mango', 'grape', 'banana', 'orange', 'apple']
```

　繰り返しになりますが、集合の要素には順番がありません。新しいリストの要素の並び順は、もとのリストから変わる可能性があることは覚えておきましょう。

複数のリストに分かれたデータを整理する

*「6-3-3：リストの連結」(P.185)を参照してください。

　fig. 7-18の2つのリストを連結*すると、新しいリストには'black'と'white'が2つずつ登録されます (list 7-58)。

fig. 7-18
重複した要素がある
2つのリスト

colors_1

0	1	2	3	4
'red'	'green'	'blue'	'white'	'black'

colors_2

0	1	2	3	4
'yellow'	'magenta'	'cyan'	'black'	'white'

list 7-58
2つのリストを
1つにまとめる

入力
```
colors_1 = ['red', 'green', 'blue', 'white', 'black']
colors_2 = ['yellow', 'magenta', 'cyan', 'black', 'white']
colors = colors_1 + colors_2
colors
```

結果
```
['red', 'green', 'blue', 'white', 'black', 'yellow', 'magenta',
'cyan', 'black', 'white']
```

　fig. 7-18のリストを集合に変換すると、集合演算ができるようになります。たとえば和演算を利用すると、重複のない要素で新しいリストを定義することができます（list 7-59）。

list 7-59
集合を使って
2つのリストを
1つにまとめる

入力
```
colors_1 = ['red', 'green', 'blue', 'white', 'black']
colors_2 = ['yellow', 'magenta', 'cyan', 'black', 'white']
colors = set(colors_1) | set(colors_2)    ◀ 集合に変換して和集合を取得
colors = list(colors)    ◀ リストに変換
colors
```

結果
```
['red', 'yellow', 'black', 'magenta', 'white', 'blue', 'cyan',
'green']
```

　また、積演算を利用して2つのリストに共通する要素で新しいリストを作成したり、差演算を利用すれば2つのリストの差分を取り出して新しいリストを生成することもできます。集合はデータ整理にとても役に立つということを覚えておきましょう。

確認・応用問題

Q1

1. 次の図の要素を持つタプルを定義してください。
2. 3番目の要素を画面に出力してください。
3. 定義したタプルの最小値と最大値を画面に出力してください。

0	1	2	3	4
52	36	98	72	56

Q2

1. 次の図の要素を持つ辞書を定義してください。

'apple'	'orange'	'banana'
250	200	300

2. すべてのキーと値を画面に出力するプログラムを作成してください。
3. 次の命令を実行すると、辞書の内容がどうなるかを予想してください。

```
fruits['orange'] = 500
```

4. 次の命令を実行すると、辞書の内容がどうなるかを予想してください。

```
fruits['mango'] = 3000
```

5. 次の命令を実行するとKeyErrorが発生します。エラーが発生する原因を考えて、このエラーを回避するプログラムを作成してください。

```
del fruits['grape']
```

7

259

確 認 ・ 応 用 問 題

Q3 1. 次の図の要素を持つ集合Aと集合Bを定義してください。

2. 集合Aと集合Bの両方に含まれる要素を取得して、新しい集合を作成してください。

3. 集合Aだけに含まれる要素を取得して、新しい集合を作成してください。

Q4 次の図のリストには同じ値がいくつか含まれています。このリストから重複する値を取り除くプログラムを作成してください。

0	1	2	3	4	5	6	7	8	9	10
1	3	5	2	3	1	5	4	6	4	7

第 **8** 章

//////////////////////////////

ユーザー定義関数

ここから先は本格的なプログラム開発を目指すための章です。その第一歩として、この章では自分で関数を作る方法を学習します。この関数を**ユーザー定義関数**と言います。すでに第2章で関数の使い方は説明済みですが、自分で作るにあたって、**プログラムの関数**とはどういうものかを確認するところから始めましょう。

プログラムの関数とは

数学の時間に「$y = f(x)$」という式を書いた記憶はありませんか？　これは関数の一般式で、**「xをある一定の規則に従って変換すると、yが求まる」**ということを表しています（fig. 8-1）。

fig. 8-1
関数のイメージ

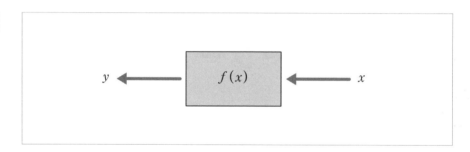

プログラムで使う関数も、イメージはこれとほぼ同じですが、

・プログラムの関数は、値を返さないことがある
・値を入れなくても、プログラムの関数は決まった処理をする

この2点が数学の関数と大きく違います。

8 - 1 - 1 　関数の特徴とは

「$y = f(x)$」の説明をプログラムの関数に置き換えると、**与えられた情報（引数）を使って一連の処理を実行し、その結果（戻り値）を返す**となります。たとえば、

```
len('Hello')
```

を実行すると、len()関数はHelloの文字数の「5」を返します。また、

```
max(1, 3, 2)
```

を実行すると、max()関数は最大値の「3」を返します。どちらも引数を使って決まった処理を実行し、その結果を返していますね。

　しかし、プログラムの関数の中には戻り値のない関数や、引数を使わない関数もあります。たとえば、

```
print('Hello')
```

は「画面に『Hello』を表示して改行を出力する」という処理を行いますが、結果として何かが求まるわけではありません。また、引数を与えずに

```
print()
```

とだけ書くと「画面に改行を出力する」という処理を行います。引数がないからといってエラーになることはありません。

　引数や戻り値がなくても動作するということを踏まえると、プログラムの関数は**一連の処理を行うプログラムに名前を付けたもの**と考えることができます。

8-1-2 関数を使う場面

　ここまでの章で私たちが作ってきたのは、練習用の小さなプログラムばかりです。しかし、実用的なプログラムとなると、もっとたくさんの処理が必要で、プログラムも長くなることは想像できるでしょう？

　一般的にプログラムは長くなるにつれ、内容を把握しにくくなります。数十行、場合によっては100行を超えるプログラムを理解するために、1行ずつ確認するのはとても大変です。このような状態を**可読性が悪い**と言います（fig. 8-2左）。

fig. 8-2
関数を使うと
プログラム全体を
把握しやすくなる

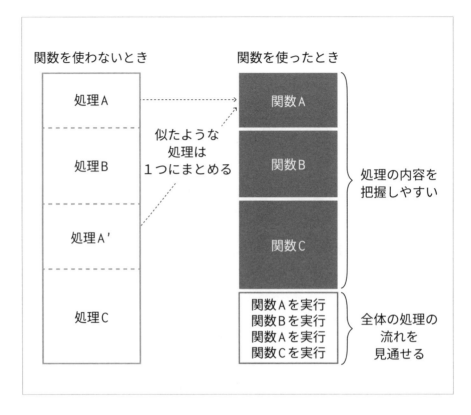

　プログラムが長くなるときは、一連のまとまった処理を関数にしましょう。似た
ような処理をしている部分は別々に関数を作るのではなく、1つにまとめます。そ
うするとプログラムの重複がなくなり、あとから処理の内容を見直すのも楽になり
ます。また、メインのプログラムでは関数を呼び出すだけで済むので、全体の処理
の流れを見通せるようになります。さらに、関数に分けることで個々のプログラム
も短くなるため、結果として可読性のよいプログラムになります（fig. 8-2右）。

8 - 2　ユーザー定義関数

ユーザー定義関数を利用するには、最初に関数を作る作業が必要です。これを**関数の定義**と言います。定義した関数は、組み込み関数と同じように呼び出して実行できます。

8 - 2 - 1　関数の定義

関数を定義する命令はdefです。defは「定義する」という意味のdefineを省略したものです。

・関数の名前
・関数がどのような情報を受け取るか
・受け取った情報を使って、どのような処理を行うか
・処理をした結果、どのような値を出力するか

この4つを定義して1つの命令文となるため、def文と呼ぶこともあります。

書式 8-1
def文：関数の定義

```
def 関数名(引数1, 引数2, 引数3, …):
    処理
       :
    return 戻り値
```

defの後ろには関数名と()、最後にコロン(:)を記述してください。名前の付け方のルールは変数名と同じ*です。何をするための関数なのか、処理の内容がわかるような名前を工夫して付けてください。

関数名の後ろの丸括弧(())には、関数が受け取る値を入れる変数名を記述してください。これを**引数**と言います。関数を定義する段階ではどのような値になるか

＊「3-1-5：変数名の付け方」(P.73)で説明しました。

265

わからないけれど、関数での処理に必要な値だから**仮の入れ物を用意しておく**というイメージで、**仮引数**と呼ぶこともあります。

引数は**関数の中だけで使える変数**という理解でかまいません。ここには関数の呼び出し時に渡した値が代入されます。この値のことを**実引数***と言います。関数の処理に複数の値が必要であれば、()の中に引数名をカンマ(,)で区切って指定してください。引数が必要ないときは、関数名の後ろに()だけを記述してください。

*「実際に関数に渡す値」と覚えるとよいでしょう。

書式 8-2
def文：引数を
使わない関数の定義

```
def 関数名():
    処理
      :
    return 戻り値
```

2行目からは関数で実行する処理です。この項の最初に説明したように、def文は関数名と引数、処理の内容、そして結果を出力するところまでを定義して1つの命令文になります。2行目からは行頭に半角スペース4文字分のインデントを挿入してください。「4-3-2：複合文の書き方」(P.109)でも説明したように、Pythonではインデントが重要な意味を持ちます。関数の中でif文やfor文を利用するときは、インデントの位置を間違えないように注意してください。

最後の return 文は、関数で処理した結果を出力する命令です。この処理を**値を返す**のように言います。returnの後ろには、関数が返す値を入れた変数名や、その値を計算する式を記述してください。これを**戻り値**と言います。

Pythonのprint()関数のように処理を実行するだけで値を返す必要がない場合は、returnのみを記述してください。returnは省略することもできますが、本書では関数の終わりを明確にするためにreturnを記述します。

書式 8-3
def文：戻り値の
ない関数の定義

```
def 関数名(引数1, 引数2, 引数3, …):
    処理
      :
    return
```

と、文字を読んでいるだけではイメージしにくいので、次の項では実際に関数を定義して、利用する練習をしましょう。

8-2-2 ユーザー定義関数の使い方

　これから作るのは「文字数を調べる関数」です。まずは関数の名前を決めるところから始めましょう。今回は「文字数を調べる」ための関数ですから、「strlen」はどうでしょうか。strはstring（文字列）、lenはlength（長さ）の略、この2つをつなげてstrlenです。

　次は関数の処理に必要な情報（引数）です。文字数を調べるのですから、文字列を受け取るための引数を1つ用意しましょう。関数名と同様に、引数にも何に使うのかがわかるような名前を工夫して付けてください。今回は対象の文字列という意味で「target」にします。

　関数の中で行う処理は、文字数を数えることです。これは1文字ずつ参照する繰り返しの中で、カウンタを1、2、3…のようにカウントアップしてください。そうすると、繰り返し処理を終えた後のカウンタの値が文字数になります。これをstrlen()関数の戻り値にしましょう。以上の内容で作ったプログラムがlist 8-1です。

list 8-1
strlen()関数の定義

```
def strlen(target):
    cnt = 0    ← カウンタの初期化
    for s in target:    ← targetに入っている文字を1文字ずつ参照する繰り返し
        cnt += 1    ← カウンタを1増やす
    return cnt    ← カウンタを返す
```

*1 「1-3-2：命令を実行する」(P.28)のコラム欄で説明しました。

*2 実際にはセルの左にある「In []:」の値が更新されています。

*3 対話型インタプリタを利用している場合は、インタプリタを終了するまで利用できます。

　プログラムを入力できたら実行してみましょう。list 8-1は関数を定義する文[1]なので、実行しても画面に変化はありません[2]。しかし、エラーが表示されなければ、メモリ上にstrlen()という名前の関数が定義できています。以降、Jupyter Notebookを使用している場合はこのNotebookを閉じるまでの間[3]、いつでもstrlen()関数を呼び出して利用することができます。

　では、実行してみましょう。定義した関数を呼び出す方法は、組み込み関数と同じです。strlen()関数は戻り値があるので、変数に代入する形で実行しましょう。list 8-2を実行すると、blueberryの文字数が表示されます。

list 8-2
strlen()関数の
呼び出し

入力
```
n = strlen('blueberry')
print(n)
```

結果
```
9
```

267

8-2-3 ユーザー定義関数を利用するときに注意すること

　説明の都合上、関数の定義とそれを呼び出すプログラムはセルを分けましたが、**これらを1つのセルに入力してもかまいません**（list 8-3）。その場合はインデントの位置に注意してください。Jupyter Notebookでは入力した命令（list 8-3ではdef、for、return）に応じて自動的にインデントの位置が変わるので、それを参考にしてプログラムを入力するとよいでしょう。

list 8-3
関数定義と
呼び出しを1つの
セルに入力①

```
入力
def strlen(target):      関数の定義
    cnt = 0
    for s in target:
        cnt += 1
    return cnt

n = strlen('blueberry')  ← 関数の呼び出し（行頭から書き始める）
print(n)
```

```
結果
9
```

　list 8-4で定義したsay_hello()関数は、引数で受け取った値を使って「Hello ○○」と画面に表示するだけで、結果を返さない関数です。「8-2-1：関数の定義」（P.265）で、「値を返さない関数はreturn文を省略できる」という話をしました。それができるのは、Pythonではインデントがどこまでの命令を実行するかの目印だからです。

　ただ、Jupyter Notebookはreturnが入力されるまでは関数の処理が続いていると判断して、新しい行にインデントを挿入します。returnを省略する場合は、for文やif文の終わりと同じように自分で行頭のインデントを削除してください。

list 8-4
関数定義と
呼び出しを1つの
セルに入力②

```
入力
def say_hello(name):      関数の定義
    print('Hello ' + name)

say_hello('太郎')  ← 関数の呼び出し（行頭から書き始める）
```

```
結果
Hello 太郎
```

　さて、list 8-3とlist 8-4、どちらも「**関数の定義**」、「**関数の呼び出し**」の順にプログラムが書かれていたことに気が付いたでしょうか。値を代入することで変数が使えるように、関数も定義することで利用できるようになります。list 8-5のように**関数を定義する前に呼び出すと`NameError`になるので注意してください。**

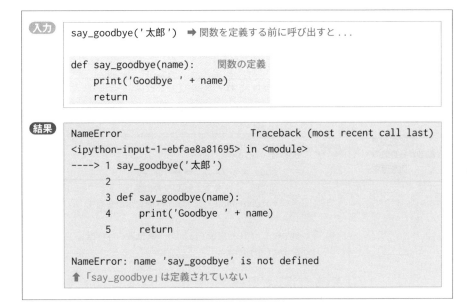

list 8-5
間違い例

入力
```
say_goodbye('太郎')  ➡ 関数を定義する前に呼び出すと...

def say_goodbye(name):       関数の定義
    print('Goodbye ' + name)
    return
```

結果
```
NameError                          Traceback (most recent call last)
<ipython-input-1-ebfae8a81695> in <module>
----> 1 say_goodbye('太郎')
      2
      3 def say_goodbye(name):
      4     print('Goodbye ' + name)
      5     return

NameError: name 'say_goodbye' is not defined
```
⬆「say_goodbye」は定義されていない

　また、関数の内容を変更したときは、必ずそのプログラムを実行して関数を定義し直してください。list 8-6は、list 8-4で定義したsay_hello()関数で表示する文字列を「こんにちは　○○」に変更したプログラムです。このプログラムを実行せずにsay_hello()を呼び出すと、関数の内容はlist 8-4で定義したままですから、画面に表示される文字列は「Hello　○○」になります。

list 8-6
say_hello()関数の
内容を変更

```
def say_hello(name):
    print('こんにちは ' + name)  ◀ 処理内容を変更
```

8-2-4 関数から複数の値を返す

関数から複数の値を返すこともできます。その場合は

| return 戻り値1, 戻り値2, 戻り値3, …

のように戻り値をカンマ (,) で区切って指定してください。

list 8-7で定義したdivision()関数は、「a÷b」を計算して、商と余りを返す関数です。プログラムを実行して、関数が返す値を確認しましょう。

list 8-7
関数から複数の値を返す

入力
```
def division(a, b):
    shou = a // b     ← 割り算の商
    amari = a % b     ← 割り算の余り
    return shou, amari    ← 商と余りを返す

answer = division(10, 3)    ← 関数の呼び出し
print(answer)
```

結果
```
(3, 1)
```

*「7-1-3：パックとアンパック」(P.227)で説明しました。

実行結果を見ると、商と余りが丸括弧 (()) で囲まれています。これはタプル (tuple型) を表しているのでしたね。returnの後ろに書いた複数の値がパック*されて呼び出し元に返されるという仕組みです。この後、割り算の商を参照するときはanswer[0]、余りを参照するときはanswer[1]のように、個々の要素はインデックスを使って参照してください。

ここではタプルを使って関数から複数の値を返しましたが、次のようにリストや辞書を使うこともできます。

| return [戻り値1, 戻り値2, 戻り値3, …]   ← リスト
| return {キー1:戻り値1, キー2:戻り値2, キー3:戻り値3, …}   ← 辞書

*1 「6-3-1：要素を参照する」(P.182)で説明しました。

*2 「7-2-2：辞書の扱い方」(P.233)で説明しました。

この場合は処理の結果を受け取った変数もリスト (list型)、または辞書 (dict型) になります。リストの要素はインデックス*1で、辞書の要素はキー*2を使って参照してください。

More Information

複数の値を返す関数の呼び出し方

list 8-7で定義したdivision()関数は

```
shou, amari = division(10, 3)
```

のように、左辺に戻り値の数だけ変数名を書いて呼び出すこともできます（list 8-8）。この場合はタプルが展開されて、それぞれの変数に戻り値が1つずつ代入されます（fig. 8-3）。

fig. 8-3
アンパック代入

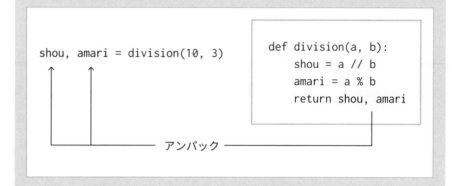

list 8-8
戻り値を別々の
変数で受け取る

---

8 - 2 - 5 　returnの役割

　ここまでreturnは「関数が処理した結果を返す命令」として使ってきましたが、returnの本当の役割は**関数の処理から抜けること**です。関数の中でreturn文に到達すると、そこで処理を終了します。**returnよりも後ろに書かれた命令は実行**

271

されません。

　たとえば、「8-2-2：ユーザー定義関数」（P.267）で作った strlen() 関数は、呼び出し時に 123 のような数値を与えて実行すると TypeError になります（list 8-9）。

list 8-9
間違い例

入力
```
def strlen(target):      関数の定義 (list 8-1と同じ)
    cnt = 0
    for s in target:
        cnt += 1
    return cnt

n = strlen(123)  ← 数値を与えると ...
print(n)
```

結果
```
TypeError                     Traceback (most recent call last)
<ipython-input-97-2d01eae3472a> in <module>
----> 1 n = strlen(123)  ← strlen()の呼び出しでエラーが発生
      2 print(n)

<ipython-input-96-8ee967e78c02> in strlen(target)
      1 def strlen(target):
      2     cnt = 0
----> 3     for s in target:  ← エラーの発生場所
      4         cnt += 1
      5     return cnt

TypeError: 'int' object is not iterable
  ← 数値は反復可能なオブジェクトではない
```

　このエラーを防ぐには、文字数を調べる前に引数 target のデータ型を調べて、**str 型以外のときは何も処理を行わずに関数を終了する**、というように関数を定義し直せばよさそうです（fig. 8-4）。

　list 8-10 は、fig. 8-4 をもとに定義した strlen() 関数です。target が str 型かどうかは 2 行目の type(target) != str という条件式で判断しています。type() はデータ型を調べるための Python の組み込み関数[*]です。右辺の str は変数名ではなく、str 型（文字列を扱うデータ型）という意味です。この 2 つが等しくない、つまり target の型が str 型でないときは、直後の return 文を実行することで関数の処理を終了します。この後、return 文よりも後ろに書かれた命令は実行されません。

[*] 「3-2-1：型の調べ方」（P.76）で説明しました。

fig. 8-4
strlen()関数の
フローチャート

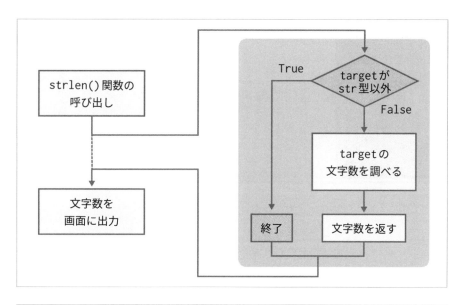

list 8-10
strlen()関数の
改良版

```
def strlen(target):
    if type(target) != str:    ◀ targetのデータ型がstr型ではないとき、
        return    ◀ 関数を終了する

    cnt = 0
    for s in target:
        cnt += 1
    return cnt
```

　それでは改良版のstrlen()を実行してみましょう。list 8-11のように数値を与えて関数を呼び出すと、今度はエラーにはならずにNoneが表示されます。Noneは「値が何もない」ことを表すPythonの予約語です。**return文で戻り値を省略したときはNoneを返す**ことを覚えておきましょう。

list 8-11
strlen()関数の
呼び出し

入力
```
n = strlen(123)
print(n)
```

結果
```
None
```

　なお、Noneが画面に表示されるのはlist 8-11のようにprint()を使ったときだけです。セルの最後にnとだけ書いて実行すると、**値が何もないので画面には何も表示されません。**

8-3 引数の渡し方

　引数の渡し方を工夫すると、関数はさらに使いやすくなります。複数の引数を使うときに順番を気にせずに渡す方法や、引数の初期値をセットする方法など、ここでは引数の受け渡しの方法を詳しく見ていきましょう。

8-3-1 値を順番に渡す──位置引数

　list 8-12で定義したdisp_param()関数は、引数を3つ使う関数です。仮引数の名前と、その引数で受け取った値を画面に出力するだけで、結果を返さない関数です。

list 8-12
disp_param()関数
の定義

```
def disp_param(strs, pos, n):
    print('strs:', strs)
    print('pos:', pos)
    print('n:', n)
    return
```

　disp_param()関数のように複数の引数を使うとき、通常は**その関数を呼び出すときに書いた順番で値が渡されます**（fig. 8-5、list 8-13 〜 14）。このような引数の渡し方を**位置引数**と言います。

fig. 8-5
位置引数①

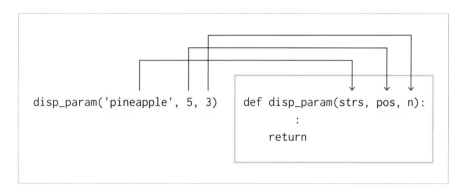

list 8-13
disp_param()関数
の呼び出し①

8

list 8-14
disp_param()関数
の呼び出し②

　位置引数を使うときは、引数の個数に気を付けてください。関数を定義したときの引数（仮引数）と呼び出し時に渡す値（実引数）の個数が異なると、list 8-15のようにTypeErrorになります。

list 8-15
間違い例

275

また、**位置引数では値を渡す順番が重要です**。disp_param()のように、値を出力するだけの関数であれば問題ないのですが、通常は受け取った値を使って何らかの処理を行います。そのため値を渡す順番を間違えると、期待した結果が得られません。具体的な例で見ていきましょう。

list 8-16で定義したsubstr()関数[*1]は、文字列の一部を取得する関数です。引数のstrsは対象の文字列です。posとnは参照する区間を指定する引数で、**先頭文字を1番目と数えて、pos番目からn文字**を指定するように関数を定義しました。Pythonでは文字列中の1文字は0から始まるインデックスで参照する[*2]ので、2～3行目で参照する範囲を求め、最後にスライスを使って取得した文字列を返しています。

*1　プログラムの世界では部分文字列を「substring」と言うことから、関数名を「substr」にしました。

*2　「5-1-2：文字列のインデックス」(P.149) で説明しました。

list 8-16
substr()関数の定義

```
def substr(strs, pos, n):    ← 「文字列」、「開始位置」、「文字数」の順に値を受け取る
    s = pos - 1              ← 開始インデックスを求める
    e = s + n               ← 終了インデックスを求める
    return strs[s:e]        ← 文字列の一部を返す
```

この関数を呼び出すときは、「対象の文字列」、「開始位置」、「取得する文字数」の順に値を渡してください。list 8-17は、正しい順番で引数を渡したプログラムです。このプログラムを実行すると、pineappleの5文字目から3文字が表示されます。

list 8-17
substr()関数の
呼び出し

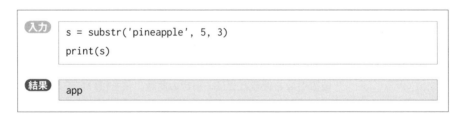

```
入力  s = substr('pineapple', 5, 3)
      print(s)

結果  app
```

しかし、関数に値を渡す順番を間違えると期待した結果は得られません。list 8-18はsubstr()に「開始位置」、「取得する文字数」、「対象の文字列」の順に渡した様子です。数値計算に使う引数nで文字列を受け取ったため、実行時にエラーになりました (fig. 8-6)。

fig. 8-6
位置引数②

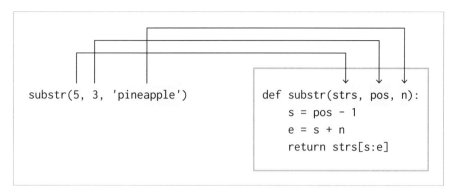

list 8-18
間違い例

入力
```
s = substr(5, 3,'pineapple')
print(s)
```

結果
```
TypeError                      Traceback (most recent call last)
<ipython-input-6-bcdde30ef8f6> in <module>
----> 1 s = substr(5, 3, 'pineapple')   ← substr()の呼び出しでエラーが発生
      2 print(s)

<ipython-input-4-535345717859> in substr(strs, pos, n)
      1 def substr(strs, pos, n):
      2     s = pos - 1
----> 3     e = s + n   ← エラーの発生場所
      4     return strs[s:e]

TypeError: unsupported operand type(s) for +: 'int' and 'str'
↑ 数値と文字列の演算はできない
```

8 - 3 - 2　キーワードを使って値を渡す──キーワード引数

　関数が複数の引数を使うときは、substr('pineapple', 5, 3)のように値をカンマ（,）で区切って渡しますが、**順番を間違えると期待した結果は得られません**。前項のlist 8-18のように実行時にエラーが発生すれば間違いに気付くこともできますが、そうでなければ関数がおかしな結果を返したことに気付かずに処理を継続することになります。

このような間違いを防ぐには、list 8-19のように**引数名＝値**という形で値を渡すとよいでしょう。これを**キーワード引数**と言います。キーワード引数の利点は、**順番を気にしない**という点です。引数の個数が正しければ、順番がどうであれ関数は正しく値を受け取ります（fig. 8-7、list 8-19）。

list 8-19
キーワード引数を
使った関数呼び出し

入力
```
s = substr(pos=5, n=3, strs='pineapple')
print(s)
```

結果
```
app
```

fig. 8-7
キーワード引数

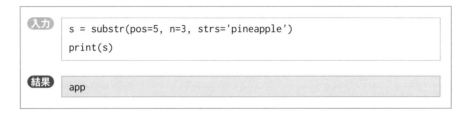

```
substr(pos=5, n=3, strs='pineapple')    def substr(strs, pos, n):
                                            s = pos - 1
                                            e = s + n
                                            return strs[s:e]
```

　なお、キーワードとして利用できる文字列は、**関数を定義するときに付けた仮引数の名前です**。substr()関数であれば、strs、pos、nです（list 8-16）。それ以外のキーワードを使用した場合はTypeErrorになります（list 8-20）。

list 8-20
間違い例

入力
```
s = substr(p=5, n=3, strs='pineapple')    ← 「pos」を「p」にすると...
print(s)
```

結果

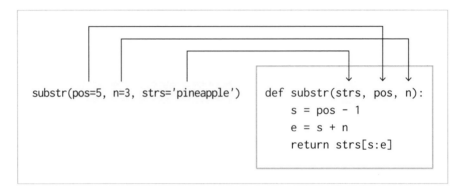

```
TypeError                          Traceback (most recent call last)
<ipython-input-8-14037b959eb5> in <module>
----> 1 s = substr(p=5, n=3, strs='pineapple')
      2 print(s)

TypeError: substr() got an unexpected keyword argument 'p'
```
↑ 予期しないkeyword argument（キーワード引数）'p'を受け取った

位置引数とキーワード引数を同時に使う

　関数を呼び出すときに、位置引数とキーワード引数を混在させることもできます。その場合は位置引数を先に記述してください。たとえば、

```
def substr(strs, pos, n):
        :
```

のように定義された関数を呼び出すときは、

```
substr('pineapple', pos=5, n=3)   ← 位置引数，キーワード引数，キーワード引数
```

の順番で値を渡してください。

```
substr(pos=5, n=3, 'pineapple')   ← キーワード引数，キーワード引数，位置引数
```

の順にするとSyntaxErrorになります。

8-3-3 引数の初期値を決めておく──オプション引数

　これまでに定義した関数は、「def strlen(target):」や「def substr(strs, pos, n):」のように、関数名の後ろの()に仮引数の名前だけを記述しました。このように定義した引数を**必須引数**と言います。「必須」という言葉から想像できるように、関数を呼び出すときは、**すべての引数に値を渡さなければなりません。**

　list 8-21で定義したtotal_price()関数は、レジ袋（1枚5円）の代金を含めた支払い金額を計算する関数です。関数名の後ろの()に引数名だけを記述したので、この引数はどちらも省略できません。関数を呼び出すときは「買い物した金額」と「レジ袋の枚数」の順に値を2つ渡してください（list 8-21の5行目）。

list 8-21
total_price()関数
の定義 (必須引数)

入力
```
def total_price(price, bag):
    total = price + (bag*5)
    return total


pay = total_price(2000, 2)  ← 関数の呼び出し
print(pay)
```

結果
```
2010
```

　レジ袋を購入しない場合でも、必須引数には値を渡さなければなりません。その場合は total_price(2000, 0) のように0を渡してください。しかし、関数を定義する段階で仮引数に初期値を代入しておくと、以下のように**呼び出し時に引数を省略できるようになります**。

```
total_price(2000)
```

　このような引数を**オプション引数**と言います。

書式 8-4
def文：オプション
引数を定義する

```
def 関数名（引数1=値，引数2=値，引数3＝値，…）:
    処理
      :
    return 戻り値
```

　list 8-22の total_price()関数は、引数をオプション引数に定義し直したプログラムです。**関数の呼び出し時に値が渡されたときはその値を、値が渡されなかったときは仮引数に代入した値**（list 8-22では0）を使って関数内の処理を行います（fig. 8-8）。

list 8-22
total_price()関数
の定義
（オプション引数）

入力
```
def total_price(price=0, bag=0):  ← 引数に初期値を代入
    total = price + (bag*5)
    return total


pay = total_price(2000)  ← 引数を1つだけ与えると...
print(pay)
```

結果
```
2000  ← bagの初期値0を使って計算した答え
```

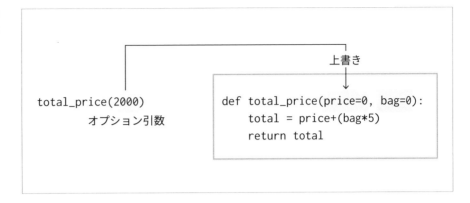

fig. 8-8
オプション引数

必須引数とオプション引数を同時に使う

　関数を定義するときに必須引数とオプション引数を混在させることもできますが、その場合は必須引数を先に記述してください。たとえば、

```
def total_price(price, bag=0):   ←必須引数, オプション引数
```

は正しい定義の仕方ですが、次の書き方ではSyntaxErrorになります。

```
def total_price(price=0, bag):   ←オプション引数, 必須引数
```

8-3-4 引数の数が決まっていないとき──可変長引数

　試験を受ける人数はわからないけれど、平均点を求める関数を作りたい──このように関数を定義する段階で値をいくつ受け取るかがわからないときは**可変長引数**を利用しましょう。可変長は「長さを変えられる」という意味です。つまり、**受け取る個数を変えられる引数**です。

```
def 関数名(*引数):
    処理
     :
    return 戻り値
```

＊list 8-23で引数名に使ったargsは、「引数」という意味のargumentの複数形を短縮したものです。

関数を定義するときに引数名の前に**アスタリスク**（*）を1つ挿入すると、その引数は0個以上の値を受け取ることができるようになります。list 8-23を実行して、average()関数が受け取った値を確認してみましょう＊。

list 8-23
可変長引数

```
入力    def average(*args):    ← 可変長引数を定義
            print(args)
            return

        average(1, 2, 3)    ← 関数の呼び出し
結果    (1, 2, 3)
```

＊「7-1：タプル」（P.222）で説明しました。

list 8-23の実行結果を見ると、呼び出し時に渡した値が丸括弧（()）で囲まれています。これはタプル（tuple型）＊を表しているのでしたね。関数を定義するときに引数名にアスタリスクを付けると、呼び出し時に渡した値がパックされて引数に代入されるという仕組みです（fig. 8-9）。

fig. 8-9
可変長引数

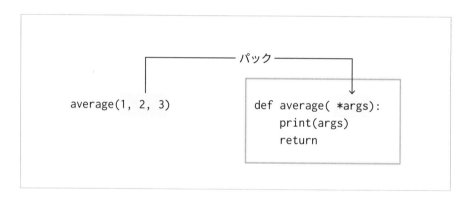

さて、average()が受け取った値がタプルだということがわかりました。タプルは反復可能なオブジェクトですから、for文を使ってすべての要素にアクセスすることができますね。list 8-24のaverage()関数は、すべての要素の合計を求めた後、その値を要素数で割って平均値を求めるように改良したプログラムです。

list 8-24
平均値を求める

入力
```
def average(*args):  ← 関数の定義（可変長引数）
    goukei = 0
    for x in args:  ← すべての要素を参照する繰り返し
        goukei += x
    ave = goukei / len(args)  ← 平均を求める
    return ave  ← 平均を返す

answer = average(1, 2, 3, 4, 5, 6, 7, 8, 9)  ← 関数の呼び出し
print(answer)
```

結果
```
5.0
```

　list 8-24 では average() を呼び出すときに値を9つ渡しました。引数の個数を変えて、正しく計算できることを確認しましょう。

可変長引数を使うときに注意すること

　関数を定義するときに、引数の一部を可変長引数にすることもできます。その場合は、

```
def func(a, b, *args):  ← 引数a, 引数b、可変長引数args
```

のように、**可変長引数を最後に定義してください**。関数を呼び出すときに func(1, 2, 3, 10, 20) のようにすると、（）の中に書いた順番で値が渡される*ので、args には「3, 10, 20」が代入されます（fig. 8-10、list 8-25）。

*「8-3-1：値を順番に渡す」(P.277) で説明しました。

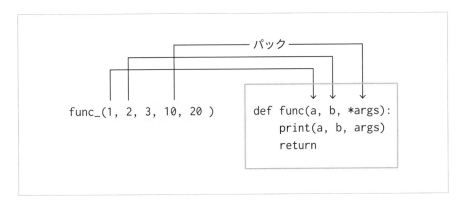

fig. 8-10
正しい受け渡し

list 8-25
位置引数と
可変長引数の
組み合わせ

```
入力    def func(a, b, *args):    ← 可変長引数を最後に定義
            print(a, b, args)
            return

        func(1, 2, 3, 10, 20)    ← 関数の呼び出し
```

結果   `1 2 (3, 10, 20)`

次のように可変数引数を先に定義しても間違いではありません。

```
def func(*args, a, b):    ← 可変長引数args, 引数a, 引数b
```

この場合は、func(1, 2, 3, a=10, b=20)のように、**残りの引数をキーワード引数で渡してください**。キーワードを付けずにfunc(1, 2, 3, 10, 20)のようにすると、**すべての値がargsに代入されてしまいます**。aとbに代入する値がないためにTypeErrorになるので注意してください (fig. 8-11)。

fig. 8-11
間違った受け渡し

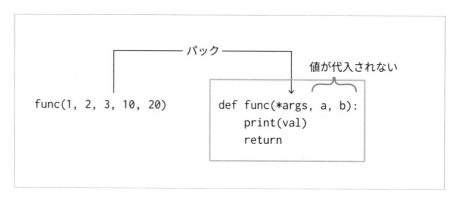

パック

値が代入されない

```
func(1, 2, 3, 10, 20)        def func(*args, a, b):
                                 print(val)
                                 return
```

More Information

可変長キーワード引数

関数を定義するとき、

```
def func(**kwargs):
```

のように引数名の前にアスタリスク (*) を2つ挿入すると、その引数は0個以上のキーワードと値を受け取ることができるようになります (list 8-26)。これを**可変長キーワード引数**と言います。

list 8-26
可変長キーワード
引数

入力
```
def func(**kwargs):    ◀ 関数の定義 (可変長キーワード引数)
    print(kwargs)
    return


func(a=1, b=2, c=3)    ◀ 関数の呼び出し
```

結果
```
{'a': 1, 'b': 2, 'c': 3}
```

　list 8-26の実行結果を見てもわかるように、可変長キーワード引数で受け取った値は辞書 (dict型) になります。各要素は

```
kwargs['a']
```

のようにキーワードを使って参照してください。ちなみに、可変長キーワード引数はこれまでの説明の中ですでに使っていたのですが、覚えていますか?「7-2-1:辞書の定義」(P.231) に戻って確認してみてください。

8

8-4 変数の有効範囲

ユーザー定義関数を作るときは、変数の扱い方に気を付けましょう。これまで意識することなく使ってきましたが、変数は関数の中で定義するか、関数の外で定義するかで**ローカル変数**と**グローバル変数**に分けられます（fig. 8-12、table 8-1）。2つの違いは**変数を利用できる範囲**です。**変数の有効範囲**や**スコープ***と表記することもあります。有効な範囲を超えて変数の値を参照したり更新したりすることはできません。

*スコープ(scope)は「範囲」や「領域」という意味です。

fig. 8-12
関数の中と外

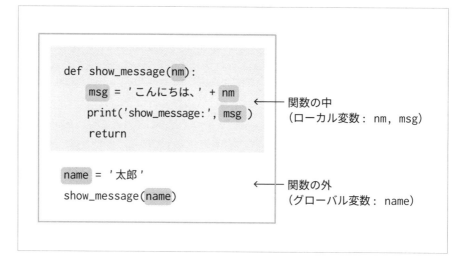

```python
def show_message(nm):
    msg = 'こんにちは、' + nm        ← 関数の中
    print('show_message:', msg )       （ローカル変数: nm, msg）
    return

name = '太郎'                          ← 関数の外
show_message(name)                       （グローバル変数: name）
```

table 8-1
変数の有効範囲

定義場所	呼び方	特徴
関数の中	ローカル変数	関数の中だけで有効
関数の外	グローバル変数	関数の中と外、どちらからでも参照できる

8 - 4 - 1　ローカル変数

　関数定義のブロックの中で定義した変数を**ローカル変数**と言います。fig. 8-12で
あれば、show_message()関数のmsgと、引数で受け取ったnmがローカル変数で
す。ローカル*という言葉から想像できるように、**関数の中で定義した変数は、そ
の関数の中だけで値を参照したり更新したりすることができます**。list 8-27で定義
したshow_message()関数は、ローカル変数のnmとmsgの値を使ったメッセージ
を画面に出力するプログラムです。このプログラムを実行すると、引数で受け取っ
た「'太郎'」を使ったメッセージが表示されます。

*localには、「特定の
場所の」や「その場所
でしか通用しない」と
いう意味があります。

list 8-27
ローカル変数の
有効範囲を
確認する①

入力
```
def show_message(nm):                       関数の中
    msg = 'こんにちは、' + nm
    print('show_message:', msg)
    return


name = ('太郎')                             関数の外
show_message(name)
```

結果
```
show_message: こんにちは、太郎
```

　ローカル変数は関数での処理が終わると有効期限が切れるため、関数の外からそ
の値を参照することはできません。list 8-28のようにshow_message()関数の外
からmsgを参照すると、NameErrorになります。

list 8-28
ローカル変数の
有効範囲を
確認する②

入力
```
def show_message(nm):                       関数の中
    msg = 'こんにちは、' + nm
    print('show_message:', msg)
    return


name = '太郎'                               関数の外
show_message(name)
print(msg)        ← show_message()内で定義したmsgを参照すると...
```

8

287

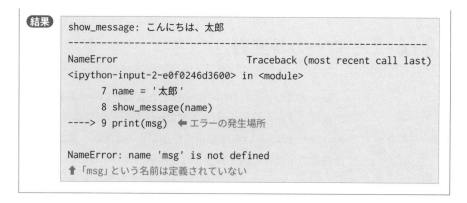

```
結果   show_message: こんにちは、太郎
       -----------------------------------------------------------------
       NameError                          Traceback (most recent call last)
       <ipython-input-2-e0f0246d3600> in <module>
             7 name = '太郎'
             8 show_message(name)
       ----> 9 print(msg)   ← エラーの発生場所

       NameError: name 'msg' is not defined
       ↑ 「msg」という名前は定義されていない
```

8-4-2 グローバル変数

関数定義のブロック以外で宣言した変数を**グローバル変数**と言います。「全体の」という意味を持つグローバル変数は、**関数の中と外、どちらからも参照可能です**。list 8-29で定義したshow_message_2()関数は、引数を使わない関数です。このプログラムを実行するとどうなるか、結果を予想してから実行してみましょう。

list 8-29
グローバル変数の
有効範囲を確認する

```
入力   def show_message_2():                              関数の中
          msg = 'こんにちは、' + name      ← グローバル変数 name を参照
          print('show_message2:', msg)
          return


       name = '太郎'  ← グローバル変数 name を定義           関数の外
       show_message_2()
```

```
結果   show_message2: こんにちは、太郎
```

予想通りでしたか？　show_message_2()関数の中で未定義の変数nameを使っているにもかかわらず、エラーにならずに「'こんにちは、太郎'」が表示できたのは、nameがグローバル変数だからです。

このように、関数の外で定義した変数は関数の中からでも値を参照できるのですが、今のような使い方はあまりおすすめできません。list 8-29のように全体が見通

せるプログラムであればnameが何かを調べることも簡単ですが、規模の大きなプログラムになると「nameって何？　いま何が入っているの？」ということになりかねません。

では、どういうときにグローバル変数を使うのか——？　たとえば、**定数***はプログラムの中で値を変更しないので、グローバル変数に向いています。list 8-30で定義したcalc_hontai()関数は、税込価格から消費税額を引いた本体価格を求める関数です。計算に使う消費税率は、TAXという変数名で関数の外で定義しました（1行目）。グローバル変数は関数の中からも参照できるので、消費税率が変わったときは1行目を変更するだけで、新しい消費税率を使った計算が行われます。

*「3-1-5：変数名の付け方」（P.73）で説明しました。

list 8-30
グローバル変数の
使用例

入力

```
TAX = 0.1  ← グローバル変数を定義（消費税率10%）

def calc_hontai(price):
    hontai = price / (1 + TAX)  ← 本体価格を計算
    hasuu = hontai - int(hontai)  ← 小数点以下の値を求める
    if hasuu > 0:  ← hasuuが0より大きければ切り上げ
        result = int(hontai) + 1
    else:  ← hasuuが0以下であれば、整数に変換
        result = int(hontai)
    return result

hontai = calc_hontai(3000)  ← 関数の呼び出し（税込3000円の本体価格を求める）
print(hontai)
```

結果
```
2728
```

8-4-3　変数の有効範囲と変数名

list 8-31はlist 8-29とほぼ同じプログラムですが、show_message_3()関数の中で変数nameに値を代入しています。どのような結果になるか、予想してから実行してみてください。

list 8-31

関数の中で
変数nameに
値を代入

入力
```
def show_message_3():                    関数の中
    name = 'Hanako'    ← 変数nameに「Hanako」を代入
    msg = 'こんにちは、' + name
    print('show_message_3:', msg)    ← ①メッセージを出力
    return


name = '太郎'    ← グローバル変数nameの定義    関数の外
show_message_3()
print(name)    ← ②変数nameを出力
```

結果
```
show_message_3: こんにちは、Hanako    ← ①の結果
太郎    ← ②の結果
```

　実行結果の1つ目は、show_message_3()関数のprint()で出力した値です（4行目）。2行目で変数nameに「'Hanako'」を代入したので、その値を使ったメッセージになっています。そして実行結果の2つ目は、list 8-31の最後のprint(name)で出力した値です。show_message_3()で「'Hanako'」を代入したにもかかわらず、結果は「'太郎'」のままです。不思議に思うかもしれませんが、これは正しい結果です。

　実は、**関数の中でグローバル変数と同じ名前の変数に値を代入すると、新しいローカル変数の定義になります**。関数の中でグローバル変数が更新されるわけではありません。

　少しややこしい話になりましたが、ここで覚えてほしいことは**有効範囲が異なれば、同じ変数名が使える**ということです。nameやpriceなど、使い勝手のよい変数名はプログラムの中で何度も定義したくなりますが、有効範囲を正しく把握していれば同じ名前を使いまわしても問題ありません。

More Information

関数の中でグローバル変数の値を更新する

　グローバル変数は関数の中と外、どちらからでも値を参照できますが、関数の中で値を更新することはできません。更新を許可してしまうと、いつ、どこで値が更新されたのかがわかりにくくなるからです。

　どうしても関数の中で更新したいというときは、関数の中でその変数がグローバル変数であることを宣言してください。宣言に使う命令は`global`です。

書式 8-6
global文：
グローバル変数の
宣言

global 変数名

list 8-32は、関数の中でグローバル変数を更新するプログラムです。2行目でグローバル変数を宣言した以外はlist 8-31と同じです。プログラムを実行して、list 8-31との違いを確認してください。

list 8-32
関数の中で
グローバル変数を
更新する

入力
```
def show_message_4():                        関数の中
    global name   ← グローバル変数の宣言
    name = 'Hanako'   ← 変数nameを更新
    msg = 'こんにちは、' + name
    print('show_message4:', msg)   ← ①メッセージを出力
    return


name = '太郎'   ← グローバル変数nameの定義    関数の外
show_message_4()
print(name)   ← ②変数nameを出力
```

結果
```
show_message_4: こんにちは、Hanako   ← ①の結果
Hanako   ← ②の結果
```

本来、グローバル変数は関数の中での更新が許可されていません。global文を利用するときは、本当にその関数の中で更新する必要があるのかを十分に検討してください。

8 - 4 - 4　関数にリストを渡したとき

list 8-33は、引数の受け渡しを確認するための簡単なプログラムです。関数（function）に変数（variable）を渡すという意味で、関数名をfunc_varにしました。結果を予測してからプログラムを実行しましょう。

```
入力
def func_var(a):      関数の定義
    a = 10  ← ③引数aに値を代入
    return

num = 5  ← ①変数numを定義
func_var(num)  ← ②関数呼び出し
print(num)  ← ④numを確認
```

```
結果
5
```

fig. 8-13は、list 8-33を実行したときにコンピュータの中で行われていることを示したものです。num = 5を実行すると、メモリ上に5というオブジェクトを生成してnumという名前を付けます（fig. 8-13左）。次にfunc_var(num)を実行すると、func_var()関数に変数numが参照するオブジェクトが渡されて、そこにaという名前が付けられます（fig. 8-13中央）。つまり、関数を呼び出した直後は引数aの値も5です。しかし、a = 10を実行することで、新たに10というオブジェクトが生成されて、そこにaの名札が付け替えられます（fig. 8-13右）。特におかしな点はありませんね。

fig. 8-13
引数の受け渡し
（変数の場合）

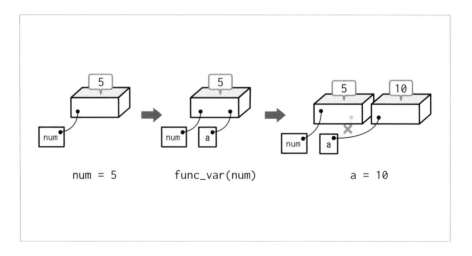

今度は同じことをリストで実行してみましょう。list 8-34では変数numsにリストを代入しました。そのリストをfunc_list()関数に渡して、関数の中で3番目（インデックスは2）の要素を変更しました。関数呼び出しの後にnumsの値を確認すると……結果を予測してから実行してみてください。

list 8-34
関数にリストを渡す

```
入力  def func_list(a):  ← 関数の定義
          a[2] = 10  ← ③3番目の要素を変更
          return

      nums = [1, 2, 3, 4, 5]  ← ①リストを定義
      func_list(nums)  ← ②関数呼び出し
      print(nums)  ← ④numsを確認
```

結果
```
[1, 2, 10, 4, 5]
```

　関数の中で扱う変数は引数も含めてローカル変数になる。関数での処理が終われば参照できなくなる――と説明してきたにもかかわらず、list 8-34では関数の外で定義したnumsの値が更新されてしまいました。もちろんこれはPythonの間違いではなく、正しい結果です。どういうことか、fig. 8-14を見ながら確認しましょう。

fig. 8-14
引数の受け渡し
（リストの場合）

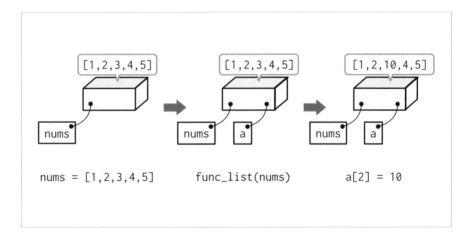

　nums = [1,2,3,4,5]を実行すると、メモリ上に[1,2,3,4,5]というオブジェクトを生成してnumsという名前を付けます（fig. 8-14左）。次にfunc_list(nums)を実行すると、numsと同じオブジェクトにaという名前が付けられます（fig. 8-14中央）。ここまでは変数と同じです。

　そしてa[2] = 10を実行した状態がfig. 8-14右です。aの名札が付け替えられることなく、**同じオブジェクトを参照したまま指定した要素を更新**していますね。その結果、関数での処理を終えた後にnumsの内容を確認すると値が更新されていたというわけです。

　少し複雑な話になりましたが、ここで覚えてほしいことは、**リストや辞書、集合**

を関数に渡すと、関数の中で内容を書き換えることができるということです。もちろん、内容を書き換えることが目的で関数にリストを渡すのであれば問題ありませんが、そうでないのなら関数にはリストのコピーを渡す方が安心です。コピーの作成方法は「6-5-5：リストのコピー」(P.210) を参照してください。

8 - 5 ▶ 無名関数

無名関数とは、その名の通り**名前のない関数**です。「lambda」という命令を使って1行で書けることから、**ラムダ式**と呼ばれることもあります。無名関数を使う場面は限られるかもしれませんが、これからPythonの勉強をしていく中で、他の人が書いたプログラムを読む機会はたくさんあると思います。そのときに「これは何?」、「どういう処理なの?」ということにならないように、無名関数の使い方を見ておきましょう。

8 - 5 - 1 無名関数とは

fig. 8-15のように「果物の名前」と「金額」、2つの要素からなるタプルがあったとき、2つ目の要素の値(金額)を取得する関数を作ってください――と言われたら、どのように作りますか?

fig. 8-15
タプルの内容

0	1
'apple'	250

「関数を作らなくても「タプル名[1]」で参照できるじゃない」と言いたい気持ちはわかりますが、無名関数とは何かを知るためにlist 8-35のような関数を定義しました。

list 8-35
タプルの2番目の
要素を返す

```
def get_price(item):
    return item[1]
```

　list 8-36は、list 8-35で定義したget_price()関数の呼び出し例です。要素数が2つのタプルを渡すと、2番目の要素の値が取得できます。

list 8-36
get_price()関数の
呼び出し

入力
```
price = get_price(('apple', 250))
print(price)
```

結果
```
250
```

　さて、改めてget_price()関数を見ると中身はたった1行、return文でインデックスが1の要素の値を返すだけです。こんなに簡単な処理のためにdef文を使ってわざわざ関数名まで付けるのは、なんだか大げさな気がしますね。こういうときに無名関数（ラムダ式）を使います。

書式 8-7
lambda式：
無名関数を定義する

lambda 引数： 処理

　list 8-35で定義したget_price()関数と同じものをラムダ式で書くと

```
lambda item: item[1]
```

になります。lambdaの直後には、**関数が受け取る引数を記述してください**。複数の引数を受け取るときはカンマ（,）で区切って、最後にコロン（:）を入力してください。関数が引数を使わないときは、何も書かずにコロンだけを記述します。**コロンの後ろには、関数の中で行う処理を1つだけ記述してください**。この処理の結果がラムダ式の戻り値になります。

　list 8-37は、上記のラムダ式の実行例です。ラムダ式全体を丸括弧（()）で囲んで、それに続けてラムダ式に渡す引数を丸括弧で囲んでください（fig. 8-16）。ちゃんとタプルの2つ目の要素の値を取得できますね。

fig. 8-16
ラムダ式を実行する

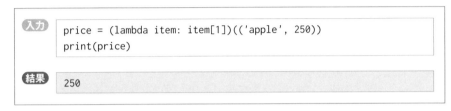

list 8-37
ラムダ式実行例

入力
```
price = (lambda item: item[1])(('apple', 250))
print(price)
```

結果
```
250
```

8

ラムダ式を利用すると**get_price()関数と同じことができますが、ラムダ式には名前がありません**。だから無名関数です。でも——。

「そもそも、たった1行で書ける処理をわざわざ関数にする必要があるの？　そして、いったい何に使うの？」と思いませんか？　次の項では、無名関数の利用例を1つ紹介します。

8-5-2 辞書の要素を「値」で並べ替える

*「7-2:辞書」(P.230) で説明しました。

Pythonの辞書はキーと値のペアで情報を管理するデータ型＊です。いま、fig. 8-17のように定義された辞書があるとき、この要素を「値」で並べ替えるにはどうすればいいでしょう？

fig. 8-17
辞書の内容

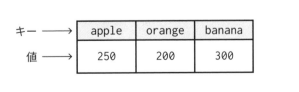

　list 8-38は、組み込み関数のsorted()を使ってfig. 8-17と同じ内容の辞書を並べ替えるプログラムです。実行結果を見ると、キーを昇順に並べ替えた結果しか取得できていません。

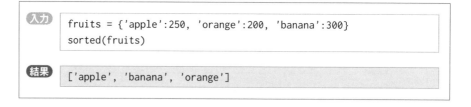

list 8-38
辞書のキーの
並べ替え

```
fruits = {'apple':250, 'orange':200, 'banana':300}
sorted(fruits)
```

結果
```
['apple', 'banana', 'orange']
```

*「7-2-6：辞書の内容を取得する」(P.241)で説明しました。

　辞書のキーと値の一覧はitems()メソッド*で参照できるので、list 8-39ではその一覧をsorted()関数の引数に使いました。それでも得られるのは「キー」を使って並べ替えた結果であり、「値」を使って並べ替えたものではありません。

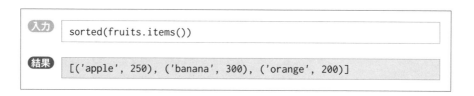

list 8-39
辞書のキーを
使った並べ替え

入力
```
sorted(fruits.items())
```

結果
```
[('apple', 250), ('banana', 300), ('orange', 200)]
```

　実は、sorted()関数にはkeyというオプション引数があり、そこには**並べ替えの対象になる要素（この例では辞書の各要素）に対して何らかの処理を行う関数を1つだけ記述することができます**。そうすると、その関数で処理した結果を使って並べ替えができるようになります。どういうことか、実際にプログラムで動作を確認しましょう。

　list 8-40のget_price()関数は、タプルの2番目の要素を取得する関数です。これをsorted()関数のkeyオプションに指定すると、2番目の要素、つまり辞書の値を使った並べ替えができます。

list 8-40
辞書の値を
使った並べ替え
(関数)

入力
```
def get_price(item):      ← 関数の定義 (list 8-35と同じ)
    return item[1]

sorted(fruits.items(), key=get_price)
```

結果
```
[('orange', 200), ('apple', 250), ('banana', 300)]
```

　ようやく当初の目的を達成できましたね。しかし、これでは辞書の要素を並べ替えるためだけにわざわざget_price()関数を定義しなければなりません。こういうときこそラムダ式の出番です。list 8-41は、list 8-40と同じ処理を行うプログラムです。**ラムダ式を使うと、辞書の値を使った並べ替えはたった1行で書くことができます。**

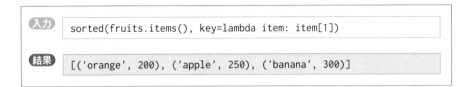

list 8-41
辞書の値を
使った並べ替え
（ラムダ式）

```
入力  sorted(fruits.items(), key=lambda item: item[1])

結果  [('orange', 200), ('apple', 250), ('banana', 300)]
```

　最初は難しく感じるかもしれませんが、ラムダ式で行っている処理は、関数にするとたった1行でできる処理です。ラムダ式はけっして難しくないということを覚えておきましょう。

8

確 認 ・ 応 用 問 題

Q1 1. 引数で受け取った文字列を使って、「明日の天気は○○です」と表示する関数を定義してください。

2. 定義した関数を使って、「明日の天気は晴れです」と表示してください。

Q2 1. inchからcmに単位を変換する関数を定義してください。1inchは2.54cmです。

2. 定義した関数を使って5inchは何cmかを調べてください。

Q3 1. 価格と消費税率を入力すると、消費税額と税込み価格を返す関数を定義してください（小数点以下は切り捨てとします）。

2. 定義した関数を使って1000円の商品の税込み価格と消費税額を求めてください。消費税率は8%とします。

3. 消費税率を省略して関数を実行したときは10%で計算するように、関数を定義し直してください。また、それが正しく計算されることを確認してください。

第 **9** 章

クラス

クラスは、データ型の詳しい仕様を記述したもの
です。**オブジェクトの設計図**のように説明されるこ
ともあります。そのデータ型でどのような値を扱
うのか、また、その値を使ってどのような処理が
できるのかなどの仕様を決めることで、データ型
は自分で作ることもできます。それがこの章の目
的です。

クラスとオブジェクト

第3章では「**Pythonのプログラムが扱うすべての『もの』を指す言葉**」としてオブジェクトを説明しましたが、わかったような、わからないような、そんな気分だったのではないでしょうか。コンピュータの世界で使う用語は実世界にはない概念を含むことが多く、一度で理解するのは難しいかもしれません。これまでに学習したことを踏まえて、ここでもう一度オブジェクトとはどういうものか、そしてこの章で学習するクラスが何をするものかを確認するところから始めましょう。

9-1-1　オブジェクトの特徴

＊「3-1-3：変数の仕組み」(P.70) で説明しました。

第3章で、「Pythonのプログラムに値を入力すると、オブジェクトが生成される」＊という話をしました。たとえば、

```
a = 'pineapple'
```

を実行すると、メモリ上に「'pineapple'」というオブジェクトが生成されて、そのオブジェクトにaという名前が付けられます。この後に、

```
print(a)
```

を実行すると、変数aが指しているオブジェクトを参照して、その値（この例では「'pineapple'」）を画面に出力します。

＊「5-3：文字列の操作」(P.159) で説明しました。

また、第5章では「文字列には文字列を操作するための機能（メソッド）がある」＊という話をしました。たとえば、

```
a.count('p')
```

を実行すると、変数aが指しているオブジェクトの値の中に「'p'」がいくつある
かを調べて、その個数を返します。また、

```
a.find('a')
```

を実行すると、変数aが指しているオブジェクトの値の中から「'a'」を探して、そ
のインデックスを返します（list 9-1）。**このようにオブジェクトは値と、その値を
使った処理の2つを持ちます。**

list 9-1
オブジェクトの確認

```
入力   a = 'pineapple'
       print(a)   ← ①変数aの値を確認
       print(a.count('p'))
                ↑ ②変数aの値の中に「'p'」がいくつあるかを調べて個数を返す
       print(a.find('a'))
                ↑ ③変数aの値の中から「'a'」を探してインデックスを返す
```

```
結果   pineapple   ← ①の結果
       3   ← ②の結果
       4   ← ③の結果
```

9-1-2　クラスとは

本書では数値型や文字列型、そしてリストやタプルといったデータ構造など、
Pythonの組み込みデータ型について、その特徴や、それぞれのデータ型だけで使
える機能（メソッド）を確認してきました。Pythonの場合、**どのデータ型になるか
はプログラムに値を入力した時点で決まります***。このことを確認するプログラム
がlist 9-2です。

*：「3-2-1：型の調
べ方」（P.76）で説明
しました。

list 9-2
データ型を確認する

入力
```
code = '円'
print(type(code))   ← ①変数codeが指しているオブジェクトのデータ型を確認
price = 1980
print(type(price))
          ↑ ②変数priceが指しているオブジェクトのデータ型を確認
```

結果
```
<class 'str'>   ← ①の結果
<class 'int'>   ← ②の結果
```

　第3章ではこの実行結果を「文字列はstr型で、整数はint型で扱うという意味だ」と説明したのですが、「<class 'str'>」の本当の意味は、（変数codeが指しているのは）**strクラスのオブジェクト**です。同じように<class 'int'>は（変数priceが指しているのは）**intクラスのオブジェクト**という意味です。ここで**クラス**という言葉が出てきましたね。

　クラスとは、そのデータ型が

> どのような値を扱うのか
> どのような演算ができるのか
> どのような機能を持つのか

など、データ型の詳しい仕様を書いたプログラムです。Pythonでは

```
code = '円'
```

を実行すると、「引用符（'）で囲まれているから、『円』は文字列だ」と判断して、strクラスに書かれているプログラムを実行してstr型のオブジェクトを生成し、そこにcodeという名前を付けます。また、

```
price = 1980
```

を実行したときは、「引用符や括弧で囲まれていない数字の羅列で、その中にドット（.）がないから1980は整数だ」と判断してintクラスに書かれているプログラムを実行し、int型クラスのオブジェクトを生成してそこにpriceという名前を付けます。「クラスはオブジェクトの設計図」のように説明されることが多いのは、コンピュータの内部で以上のような処理が行われているからです。

　さて、設計図が違うのですから、オブジェクトはその種類（データ型）によって

できることが違います。たとえば、int型とstr型の足し算はできません。そのため変数priceとcodeの値を使って「1980円」のような文字列を作るには、

```
str(price) + code
```

*「3-5：型変換」
(P.94)で説明しました。

のように組み込み関数のstr()を使って整数から文字列に変換する*必要がありました。

　実は、str()関数が行っているのは、**strクラスに書かれているプログラムを実行して、与えられた引数からstrクラスのオブジェクトを作成する**という処理です。同じように、整数に変換するためのint()関数や実数に変換するためのfloat()関数、リストやタプルを定義するためのlist()関数やtuple()関数な*「6-2：リストの
定義」(P.179)、第7
章「データ構造」の
それぞれの定義で説
明しました。ど*は、それぞれのクラスに書かれたプログラムを実行して、そのクラスのオブジェクトを作る命令です。組み込みデータ型を使っていたから気付かなかっただけで、私たちはこれまでもクラスとオブジェクトを使っていたのです。

9

9-1-3 クラスを使う理由

　ここまでのプログラムで私たちが「データ」として扱ってきたのは、数値と文字列だけです。この2つであれば、組み込みデータ型だけで十分なプログラムが作れます。しかし、コンピュータで扱うのはこの2つだけではありません。みなさんもコンピュータで音楽を聞いたり、写真を加工したりするでしょう？

　コンピュータで扱う情報が文字列であれば、その文字数を調べたり、特定の文字列を検索する機能が必要です。しかし、扱うデータが音楽のときに文字数や検索機能は必要ありません。音楽データを扱うときに必要なのは、再生時間や音楽を再生する機能、停止する機能です。また、画像データであれば画像の縦と横のピクセル数が必要な情報です。画像を加工する機能もあれば便利ですね。

　それぞれのデータで知りたい情報や必要な機能がfig. 9-1左のように一覧になっている状態と、fig. 9-1右のようにデータごとに整理されている状態を見比べると、わかりやすいのはfig. 9-1右のように整理された状態です。**この1つ1つがクラスに相当します。**

fig. 9-1
機能中心の考え方と
データ中心の考え方

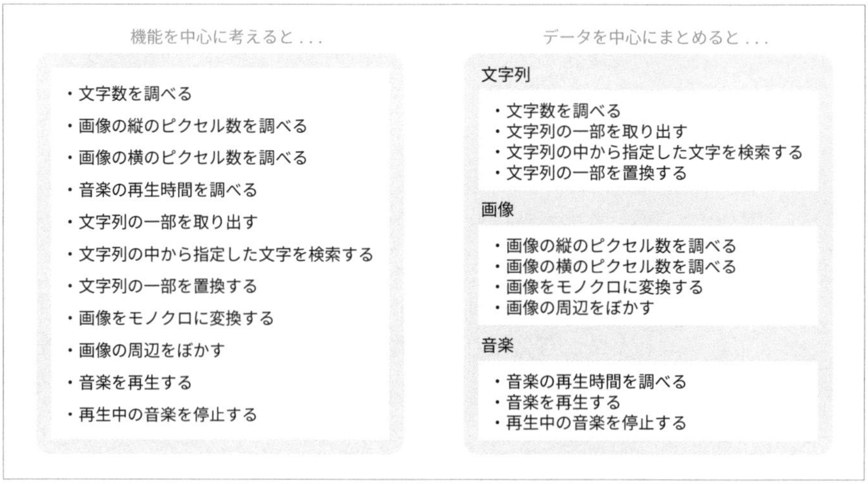

機能を中心に考えると...

- 文字数を調べる
- 画像の縦のピクセル数を調べる
- 画像の横のピクセル数を調べる
- 音楽の再生時間を調べる
- 文字列の一部を取り出す
- 文字列の中から指定した文字を検索する
- 文字列の一部を置換する
- 画像をモノクロに変換する
- 画像の周辺をぼかす
- 音楽を再生する
- 再生中の音楽を停止する

データを中心にまとめると...

文字列
- 文字数を調べる
- 文字列の一部を取り出す
- 文字列の中から指定した文字を検索する
- 文字列の一部を置換する

画像
- 画像の縦のピクセル数を調べる
- 画像の横のピクセル数を調べる
- 画像をモノクロに変換する
- 画像の周辺をぼかす

音楽
- 音楽の再生時間を調べる
- 音楽を再生する
- 再生中の音楽を停止する

＊この手法を「オブ
ジェクト指向」と言
います。

　これから先、実用的なプログラムを作るとなると、数値や文字列だけでなく、画像や音声、映像など、いろいろなデータを扱うことになります。そのときにプログラムをバラバラに管理するよりも、データとそのデータに必要な情報や機能をまとめて管理する＊方が、効率よくプログラムを開発できます。たとえば、「画像をモノクロに変換したい」と思ったときに、その方法をPythonの言語仕様全体から探すのは大変ですが、画像に関するプログラムが1つにまとめられていたら、その中から探せば済むでしょう？

　これがクラスを作る理由です。プログラミングの勉強を始めた今の段階で、クラスを自分で作るという場面はなかなか想像しにくいかもしれません。しかし、クラスを使ってデータとそのデータを使った処理や機能を1つにまとめたら、プログラムの開発や管理が楽になりそうだということは想像できるのではないでしょうか。ほかにも、作成したクラスをファイルに保存しておくと、別のプログラムから呼び出して利用できるようになります。その方法は第13章で説明するので、まずはクラスを作るところから始めましょう。

9-2　クラスを作る手順

Pythonには数値や文字列以外のデータを扱うためのクラス（データ型）がたくさん開発されていて、必要なときに読み込んで利用できるようになっています。たとえば、日付や時刻を扱うクラス[*1]や画像を扱うクラス[*2]など、多くの人が扱うデータに関しては、すでに用意されているので自分で作る必要はありません。

しかし、あるデータに特化したプログラム、たとえば「身長と体重から体格を判定するプログラム」を作ろうとしたとき、これらをうまく管理するようなクラスは自分で作るしかありません。ここから先は、クラスの作り方を学習しましょう。この章を読み終えると、「体格」を扱うためのクラスが完成しますが、そこまでの間は

> クラスを定義する
> 定義したクラスを基にオブジェクトを作成する
> オブジェクトを利用する

この3つの作業を繰り返しながら学習を進めることになります。「体格」を扱うクラスの具体的な内容は次節で説明するので、まずは手順を1つずつ確認しましょう。

*1 「11-3：日付を扱うモジュール」（P.375）で説明します。

*2 「12-4：Pillowライブラリ」（P.420）で説明します。

9-2-1　クラスの定義

クラスを定義する命令は`class`です。classの後ろにクラス名、そして最後にコロン（:）を付けてください。クラスで扱うデータや、そのデータを使った機能などの詳しい仕様は、2行目以降に半角スペース4文字分のインデントを挿入して記述します。

```
class クラス名：
    内容
```

変数名や関数名と同じように、クラスの名前は自由に付けることができます。ただ、Pythonのプログラマたちの間では

・**先頭文字は大文字にする**
・**複数の単語を組みわせるときは、単語の区切りを大文字にする**

という暗黙のルールがあります。これは大文字を利用することで、小文字が基本の変数名や関数名と見分けやすくするための工夫です。

今回は「体格」を扱うクラスを作るので、「BodyType」という名前でクラスを定義しましょう。——と言っても、クラスの詳しい仕様はまだ何も決めていないので、いまはfig. 9-2のような**白紙の設計図を作るだけです**。しかし、白紙とはいえ内容を何も書かないわけにはいきません。書式を見てもかるように、classの定義は2行目以降に書くクラスの詳しい仕様を含めて1つの命令文です。2行目以降に何も書かずに実行すると、SyntaxErrorになります。このエラーを避けるために、今回は**pass**とだけ記述しましょう（list 9-3）。pass文は「何もしない」というPythonの命令です。

fig. 9-2
BodyTypeクラス

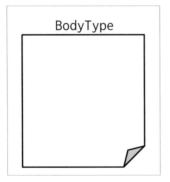

BodyType

```
class BodyType():
    pass
```

list 9-3を実行して、画面に何も表示されなければ成功です。これでBodyTypeクラスのできあがりです。

9-2-2 クラスのインスタンスを生成する

クラスを定義したら、次はこのクラスを基にオブジェクトを作成しましょう。この作業を**クラスのインスタンスを生成する**と言います。

新たに**インスタンス**という言葉が出てきましたね。インスタンス*は「設計図を基に作った実体」、つまりオブジェクトと同じようなものです。Pythonの組み込みデータ型から生成したオブジェクトと区別するために、クラスから生成したものをインスタンスと呼びます。

*日本語では「実例」という意味です。

少し話がそれましたが、インスタンスを生成する方法は組み込み関数のint()やstr()を使ってオブジェクトを生成する方法と同じです。クラス名の後ろに()を付けて、変数に代入する形で実行してください。

書式 9-2
クラスの
インスタンスを
生成する

> 変数名 = クラス名()

前項で定義したBodyTypeクラスのインスタンスを生成するには、list 9-4のように記述します。

list 9-4
BodyTypeクラス
のインスタンスを
生成

```
taro = BodyType()
```

list 9-4を実行しても、画面には何も変化がありません。これで本当にBodyTypeクラスのインスタンスが作成できたのかどうか不安ですね。list 9-5は組み込み関数のtype()を使って、taroの型を調べた様子です。

list 9-5
オブジェクトの型を
調べる

```
入力  print(type(taro))

結果  <class '__main__.BodyType'>
```

*ファイルに保存したクラスを使ってオブジェクトを作成した場合は、__main__.の代わりにそのファイル名が表示されます。

ちゃんとBodyTypeクラスのオブジェクトと表示されました。クラス名の直前の__main__.は、「このNotebookで定義されている」という意味です*。

9-2-3 インスタンスを利用する

BodyType クラスは「体格」を扱う目的で作るクラスですから、身長（height）と体重（weight）は必要な情報です。しかし、**クラスから生成したインスタンスには taro = 170 のように値を代入することはできません**（list 9-6）。これが組み込みデータ型から生成したオブジェクトと、インスタンスの違いです。

間違い例

入力
```
taro = 170  ←list9-4で生成したインスタンスに整数を代入すると ...
print(type(taro))
```

結果
```
<class 'int'>  ←taroはintクラスのオブジェクトになっている
```

クラスから生成したインスタンスに値を持たせるには、そのインスタンスの中だけで使える変数を定義します。これを**インスタンス変数**と言います。通常の変数と同様に、インスタンス変数も値を代入することで定義できます。

インスタンス変数の定義

インスタンス名 . 変数名 ＝ 値

＊「ネームスペース」と表記されることもあります。

インスタンス名と変数名の間はドット（.）でつないでください。これは**指定したインスタンスの中にある変数**という意味で、このような書き方を**名前空間**＊と言います。身近な例で説明すると、「日本橋」だけではどこの日本橋かわかりませんが、「東京.日本橋」のように書かれていれば東京の日本橋、「大阪.日本橋」であれば大阪にある日本橋だとわかりますね。名前空間とは、**変数名が同じでも、それがどこに所属する変数なのかを明らかにする仕組み**です。

実際にプログラムで確認しましょう。list 9-7は、list 9-3で定義したBodyTypeクラスのインスタンスを生成して、heightとweightの2つの変数を定義するプログラムです。print()関数を使って確認すると、それぞれの変数に代入した値が表示されます。

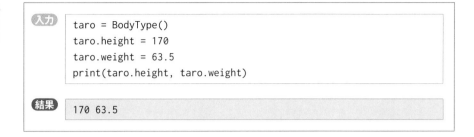

list 9-7
インスタンス変数に
値を代入する

```
入力
taro = BodyType()
taro.height = 170
taro.weight = 63.5
print(taro.height, taro.weight)
```

```
結果
170 63.5
```

　list 9-7で定義したheightとweightという2つの変数は、taroという名前のインスタンスの中だけで使える変数です。もう1つ、hanakoという名前でインスタンスを生成しても、hanakoにはheightとweightはありません (fig. 9-3)。そのため、これらの値を参照しようとするとAttributeError (属性エラー) になります (list 9-8)。

fig. 9-3
BodyTypeクラス
から生成した
インスタンス

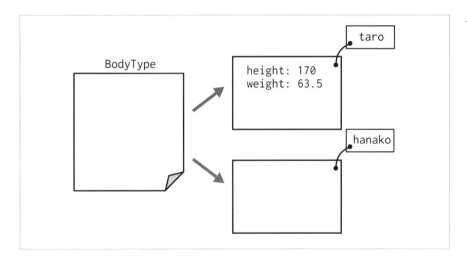

list 9-8
間違い例

```
入力
hanako = BodyType()  ← BodyTypeクラスのインスタンスを生成
print(hanako.height, hanako.weight)  ← heightとweightを参照すると...
```

```
結果
AttributeError                      Traceback (most recent call last)
<ipython-input-59-64ae2e58eadf> in <module>
      1 hanako = BodyType()
----> 2 print(hanako.height, hanako.weight)

AttributeError: 'BodyType' object has no attribute 'height'
```
↑ BodyType型のオブジェクトには「height」という属性がない

hanakoのインスタンス変数を定義するには、

```
hanako = BodyType()   ← BodyTypeクラスのインスタンスを生成
hanako.height = 160   ← インスタンス変数heightを定義
hanako.weight = 48    ← インスタンス変数weightを定義
```

　この順番で命令を実行してください。しかし、二郎くんや桃子さん、ほかの人の
データもとなると、インスタンスを生成するたびにこの3行を実行しなければなり
ません。それは少し面倒ですね。

　なぜ、このようなことになるのか――？　理由は**オブジェクトの設計図を作って
いないから**です。fig. 9-3左を見てもわかるように、list 9-3で定義したのは空のク
ラスです。次の節では、この白紙の設計図にheightやweightなど、オブジェク
トが扱う値やそれを使った処理などを定義します。なお、以降の説明では「クラス
の中」や「クラスの外」のような表現を使うことがあります。クラスの中はclass
文のブロックに書いたプログラム、クラスの外はインスタンスを生成して実行する
プログラムを指しています（fig. 9-4）。

fig. 9-4
クラスの中と外

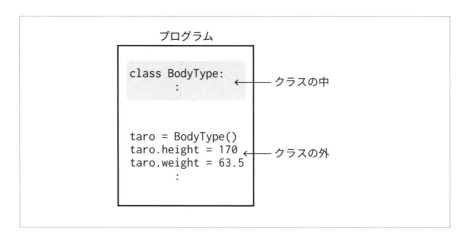

9-3 クラスの基本

クラスの定義にはオブジェクトの詳しい仕様、つまり**どのような値を持っていて、その値を使ってどんなことができるのか**を書くことになります。これまでは「クラスが扱う値」や、「値を使った処理」のように表現してきましたが、ここから先は、クラスが扱う値を**データ属性**、その値を使った処理のことを**メソッド**と表記します。

9-3-1 BodyTypeクラスの仕様

BodyTypeクラスは体格を扱う目的で作るクラスです。体格を表現するには「身長（height）」と「体重（weight）」が必要ですね。この2つがBodyTypeクラスのデータ属性になります。改めて「属性」という言葉を使うと何か新しい概念のように感じるかもしれませんが、これは前節で説明したインスタンス変数と同じものです。インスタンスごとにheightとweightは個別の値を持つことになります。

ところで、みなさんはBMIという言葉を聞いたことがありますか？　BMI（Body Mass Index）は身長と体重から計算できる体格を表す指数です。BodyTypeクラスには、この値を計算する機能と、計算したBMIをもとに肥満度を判定する機能を作りましょう。

以上のことをまとめると、BodyTypeクラスに定義する内容はtable 9-1のようになります。メソッドはBMIの計算や肥満度の判定を実現するためのプログラム、つまり関数のようなものです。これらのメソッドはインスタンスのデータ属性（ここでは身長と体重）を使って処理を行うことから、**インスタンスメソッド**とも言います。

313

	名前	説明
データ属性	`height` `weight`	身長（cm単位） 体重（kg単位）
メソッド	`bmi_calc` `bmi_hantei`	BMIを計算する BMIをもとに肥満度を判定する

9-3-2　インスタンスの生成時に実行するメソッド

この章の「9-2-3：インスタンスを利用する」で、インスタンスを生成するたびに

```
hanako = BodyType()    ← BodyTypeクラスのインスタンスを生成
hanako.height = 160    ← インスタンス変数heightを定義
hanako.weight = 48    ← インスタンス変数weightを定義
```

　この順番に命令を実行してインスタンス変数を定義するのは面倒だという話をしました。それよりも、インスタンスを生成すると同時に値を代入できれば便利です。これを実現するための命令が__init__()メソッドです。メソッドの定義には、関数を定義するときと同じようにdef文を使います。

```
def __init__(self, 引数1, 引数2, …):
    self.属性1 = 引数1
    self.属性2 = 引数2
        :
```

　__init__()メソッドは、インスタンスの生成と同時にインスタンス変数に値を代入する特別なメソッドです。**コンストラクタ**と呼ぶこともあります。メソッドの名前を変更することはできません。また、先頭の引数は必ず**self**でなければなりません。2番目以降には、インスタンスの生成時に渡された値を受け取る変数名を記述してください。——と言われても、イメージできませんね。

　プログラムで確認しましょう。list 9-9はBodyTypeクラスに初期化メソッドを追加したプログラムです。初期化メソッドはクラスの中に書くプログラムなので、行頭に半角スペース4文字分のインデントを挿入してから記述してください。このメソッドを追加すると、白紙だったBodyTypeクラスの設計図はfig. 9-5のようになります。

fig. 9-5
BodyTypeクラス

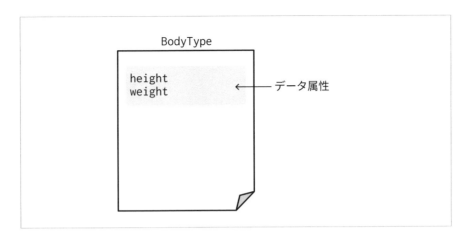

list 9-9
初期化メソッド

```
class BodyType:
    def __init__(self, height, weight):
        self.height = height
        self.weight = weight
```

　__init__()メソッドの第1引数に指定したselfは、**このクラスを基に生成したインスタンス自身です**。つまり、3行目のself.heightは、生成したインスタンスの中で利用できる変数heightを指しています。そこに値を代入するのですから、self.height = heightはインスタンス変数の定義と同じことです。では、右辺に記述したheightは何かというと、これはインスタンスを生成するときに渡された値です。関数を呼び出すときに引数で値を渡すのと同じですね。

　初期化メソッドを定義したクラスを基にインスタンスを生成するときは、次の書式を使用します。不思議に思うかもしれませんが、インスタンスを生成するときにselfを渡す必要はありません。

書式 9-5
クラスの
インスタンスを
生成する

> **変数名 ＝ クラス名（値1，値2，…）**

　list 9-10は、list 9-9で定義したクラスを基にインスタンスを生成するプログラムです。インスタンス生成時に渡した値が変数に代入されていることを確認できます。

list 9-10
インスタンスの
生成時に値を
初期化する

入力
```
taro = BodyType(170, 63.5)
print(taro.height, taro.weight)
```

> 結果
> ```
> 170 63.5
> ```

この項のはじめにインスタンスに値を持たせるためには

BodyTypeクラスのインスタンスを生成	→	`taro = BodyType()`
インスタンス変数heightを定義	→	`taro.height = 170`
インスタンス変数weightを定義	→	`taro.weight = 63.5`

この3つの命令が必要だという話をしましたが、初期化メソッドを定義することで

```
taro = BodyType(170, 63.5)
```

この1行でできるようになりました。では、初期化メソッドを定義したクラスのインスタンスを生成するときに、初期値を渡さなかったらどうなると思いますか？結果を予想してから、list 9-11を見てみましょう。

list 9-11
間違い例

> 入力
> ```
> hanako = BodyType()     ◀初期値を渡さずにインスタンスを生成すると...
> print(hanako.height, hanako.weight)
> ```

> 結果
> ```
> TypeError                          Traceback (most recent call last)
> <ipython-input-4-64ae2e58eadf> in <module>
> ----> 1 hanako = BodyType()
>       2 print(hanako.height, hanako.weight)
>
> TypeError: __init__() missing 2 required positional arguments:
> 'height' and 'weight'
> ```

残念ながら、この場合はTypeErrorになります。**初期化メソッドを定義したクラスでは、インスタンスの生成時に忘れずに初期値を指定してください。**

9-3-3　インスタンス変数に初期値を定義する

　もう一度、list 9-11のエラーメッセージを見てみましょう。「__init_()メソッドは2つの位置引数（heightとweight）が必要なのに設定されていない」とあります。まるで関数の呼び出しに失敗したときに表示されるメッセージのようですね。

　ところで、関数を定義するときに引数の初期値を指定できたことを覚えていますか？　クラスのメソッドも、同じように**オプション引数***を利用できます。list 9-12は、__init__()メソッドの引数に初期値を設定したプログラムです。これでBodyTypeクラスの設計図はfig. 9-6のようになります。

*「8-3-3：引数の初期値を決めておく」（P.279）で説明しました。

fig. 9-6
BodyTypeクラス

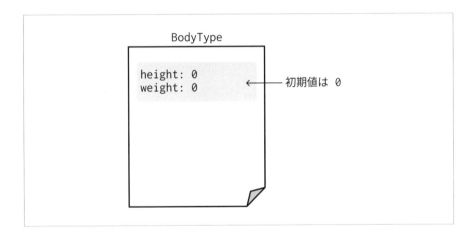

list 9-12
インスタンス変数の初期値をセット

```
class BodyType:
    def __init__(self, height=0, weight=0):   ← 初期値を設定
        self.height = height
        self.weight = weight
```

　list 9-12を実行した後に、改めてlist 9-13を実行してみましょう。インスタンスの生成時に初期値を与えなかった場合は、heightとweightに0が代入されることを確認できます。

317

list 9-13
インスタンスを
生成する
(list9-11再掲)

入力

```
hanako = BodyType()   ← 初期値を渡さずにインスタンスを生成すると…
print(hanako.height, hanako.weight)
```

結果

```
0 0   ← 初期値の0が表示される
```

　これらの値はインスタンスを生成した後でも変更できます。list 9-13に続けて list 9-14を実行して、値が更新されることを確認しましょう。

list 9-14
インスタンス変数に
値を代入

入力

```
hanako.height = 160
hanako.weight = 48
print(hanako.height, hanako.weight)
```

結果

```
160 48
```

9-3-4 BMIを計算するメソッド

　初期化メソッドによって、インスタンスの生成時に個別の値を持たせることができるようになりました。次は、その値を使った処理、**インスタンスメソッド**を定義しましょう。定義の仕方は第8章で見た関数と同じです。唯一の違いは、**クラスに定義するインスタンスメソッドの第1引数はselfにする**という点です。初期化メソッドの定義でも説明したように、selfはメソッドを実行するインスタンス自身を表します。このメソッドの中でインスタンス変数は、

|　self.インスタンス変数名

で参照します。

書式 9-6
def文：
メソッドの定義

```
def メソッド名(self, 引数1, 引数2, …):
    処理
    return 戻り値
```

　それでは、BMIを求めるメソッドを定義しましょう。BMIは

| 体重[kg]÷(身長[m]の2乗)

*1 list 9-15は
BodyTypeクラスの
インスタンスを生成
するときに、身長を
センチ(cm)単位で
入力することを前提
にしたプログラムで
す。メートル(m)
単位で入力した場
合、この処理は必要
ありません。

*2 「3-3-6：値の
丸め」(P.85)で説明
しました。

という式で計算できる体格指数です。体重の単位はキログラム(kg)、身長の単位
はメートル(m)になるので注意してください。クラスのインスタンスを生成する
ときに身長をセンチ(cm)単位で入力したときは、BMIを計算する前にメートル
(m)単位に変換する必要があります。

list 9-15は、BodyTypeクラスにBMIを計算するためのbmi_calc()メソッドを
追加したプログラムです。BMIはインスタンス変数のheightとweightがあれば
計算できるので、引数はselfのみです。身長をメートル(m)単位に変換[*1]して
BMIを計算した後、組み込み関数のround()[*2]を使って小数部を1桁に丸めた結
果を返しています。

list 9-15
bmi_calc()
メソッドを追加

```
class BodyType:
    def __init__(self, height=0, weight=0):
        self.height = height          ←初期化メソッド(list9-12と同じ)
        self.weight = weight

    def bmi_calc(self):   ←BMIを計算するメソッド
        h = self.height * 0.01   ←cm -> m
        bmi = self.weight / (h**2)   ←BMIを計算
        return round(bmi, 1)   ←BMIを返す
```

定義したメソッドを呼び出す方法は、組み込みデータ型のメソッドを実行する方
法と同じです。インスタンス名に続けてドット(.)を記述した後、メソッド名を
記述してください。メソッドを定義するときは第1引数にselfを記述しましたが、
メソッドを呼び出すときにselfを渡す必要はありません。この部分にはメソッド
の呼び出し時に自動的にインスタンス自身が渡されます。

書式 9-7
メソッドの呼び出し

インスタンス名 . メソッド名(引数1, 引数2, …)

list 9-16は、list 9-15で定義したクラスのインスタンスを生成して、bmi_
calc()メソッドを実行するプログラムです。このプログラムを実行すると、身長
170cm、体重63.5kgの人のBMIが表示されます。

list 9-16
bmi_calc()
メソッドの呼び出し

ご自身の身長と体重を入力して、どのような結果になるか確認しましょう。

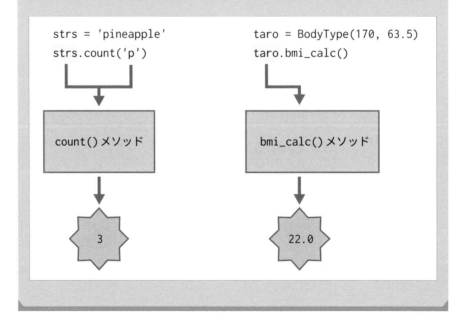

> **More Information**
>
> ## メソッドの第 1 引数
>
> fig. 9-7左は、第5章で文字列のメソッドを説明したときに使用した図です。このときに「メソッドには引数のほかに、メソッドを呼び出したオブジェクトの値が必ず入力される」という話をしました。ここまでくれば、その理由もわかるのではないでしょうか。
>
> 参考までに、fig. 9-7右は、BodyTypeクラスのbmi_calc()メソッドを実行したときの様子です。このメソッドを定義したとき、第1引数はselfにしました (list 9-15)。この部分にはメソッドを実行したインスタンス自身が渡されるので、インスタンス変数のheightとweightを使った計算ができます。

fig. 9-7
メソッドに
渡される値

9-3-5　肥満度を判定するメソッド

みなさんのBMIはどのような値になりましたか？　身長170cm、体重63.5kgであればBMIは22.0です。table 9-2を見ると、普通体重のようですね。今度は、table 9-2を参考にして肥満度を判定するメソッドを定義しましょう。

table 9-2
肥満度判定基準 *
＊日本肥満学会の基準。http://www.jasso.or.jp/data/magazine/pdf/chart_A.pdf

BMI	判定
18.5未満	低体重
18.5以上25未満	普通体重
25以上35未満	肥満
35以上	高度肥満

list 9-17は、BodyTypeクラスに肥満度を判定するためのbmi_hantei()メソッドを追加したプログラムです。初期化メソッドやbmi_calc()メソッドと同様に、第1引数はselfです。今回はbmi_calc()メソッドで計算したBMIを引数で受け取ることにしました。この引数は、bmi_hantei()メソッドの中だけで使えるローカルな変数です。初期化メソッドやbmi_calc()メソッドからは参照できません。

list 9-17
bmi_hantei()
メソッドを追加

```
class BodyType:
        :
    (list9-15と同じ)
        :
    def bmi_hantei(self, bmi):
        if bmi < 18.5:
            return '低体重'
        elif bmi < 25.0:
            return '普通体重'      ← 肥満度を判定するメソッド
        elif bmi < 35.0:
            return '肥満'
        else:
            return '高度肥満'
```

list 9-17を実行すると、BodyTypeクラスの設計図はfig. 9-8になります。

fig. 9-8
BodyTypeクラス

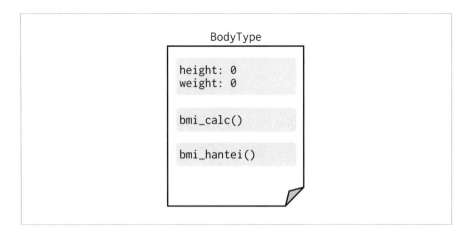

list 9-18は、この設計図を基にインスタンスを生成して、BMIと肥満度を判定するプログラムです。

list 9-18
bmi_hantei()
メソッドの呼び出し

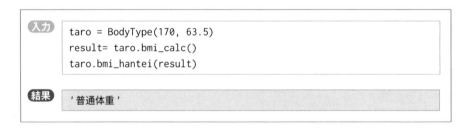

ご自身の身長と体重を入力して、肥満度を判定してみましょう。

9-3-6 クラスの中でメソッドを呼び出す

もう一度、list 9-18を見てください。BMIを計算して、その結果を使って肥満度を判定するという手順に問題はありませんね (fig. 9-9左)。しかし、身長と体重はインスタンス変数に保存されているのですから、bmi_hantei() メソッドの中でBMIを計算してもよさそうです (fig. 9-9右)。

fig. 9-9
BMIを計算する
場所

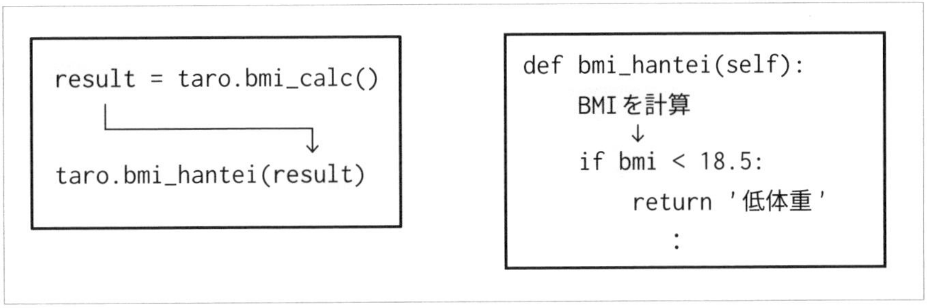

```
result = taro.bmi_calc()


taro.bmi_hantei(result)
```

```
def bmi_hantei(self):
    BMIを計算
      ↓
    if bmi < 18.5:
        return '低体重'
          :
```

bmi_hantei()メソッドの定義をlist 9-19のように変更しましょう。引数は
selfだけです。BMIは計算式を書くのではなく、インスタンスメソッドのbmi_
calc()を利用しました。インスタンス変数を参照するのと同じように、インスタ
ンスメソッドは**self. メソッド名**で呼び出すことができます。

また、list 9-19では判定した肥満度と一緒にメソッド内で計算したBMIも呼び出
し元に返すように変更しました。メソッドから複数の値を返す方法やその仕組み
は、関数から値を返す方法と同じ*です。

*「8-2-4：関数か
ら複数の値を返す」
（P.270）で説明しま
した。

list 9-19
bmi_hantei()
メソッド内で
bmi_calc()を
実行する

```
class BodyType:
       :
    (list9-15と同じ)
       :
    def bmi_hantei(self):          ← 肥満度を判定するメソッド
        bmi = self.bmi_calc()      ← bmi_calc()メソッドの呼び出し
        if bmi < 18.5:
            return bmi, '低体重'
        elif bmi < 25.0:
            return bmi, '普通体重'
        elif bmi < 35.0:
            return bmi, '肥満'
        else:
            return bmi, '高度肥満'
```

変更後のbmi_hantei()メソッドを呼び出すときに、引数は必要ありません。
インスタンスを生成してbmi_hantei()メソッドを実行すると、BMIと肥満度の
両方が表示されます（list 9-20）。

list 9-20
bmi_hantei()の
呼び出し

```
入力
taro = BodyType(170, 63.5)
taro.bmi_hantei()
```

323

> **結果** (22.0, '普通体重')

9-3-7 クラスの中だけで使うメソッドを定義する

table 9-3は、この節の最初に示したBodyTypeクラスの仕様です。

table 9-3
BodyTypeクラス
の仕様
(table 9-1 再掲)

	名前	説明
データ属性	height weight	身長（cm単位） 体重（kg単位）
メソッド	bmi_calc bmi_hantei	BMIを計算する BMIをもとに肥満度を判定する

そして前項ではbmi_hantei()メソッドでBMIと肥満度の両方を取得できるようにしました。

```
taro = BodyType(170, 63.5)
bmi, level = taro.bmi_hantei()
```

*「8-2-4：関数から複数の値を返す」(P.270)のコラム欄で説明しました。

この順番に命令を実行すれば、BMIと肥満度を別々の変数に代入することもできます*。そうすると、BMIを計算するためのbmi_calc()メソッドをクラスの外で

```
taro.bmi_calc()
```

のように呼び出す場面はあまりなさそうです。また、呼び出したとしてもBMIの数値だけでは肥満度がわからないので、結果をどう見ればよいのか悩んでしまいそうです。そこで、bmi_calc()メソッドをクラスの中だけで利用できるメソッドに変更しましょう。方法はとても簡単で、**メソッドを定義するときに名前の先頭にアンダースコア（_）を2つ付ける**だけです。こうすることで、クラスの外から不用意にbmi_calc()メソッドが呼ばれるのを防ぐことができます。

書式 9-8
def文：クラスの
中だけで利用できる
メソッドを定義する

```
def __メソッド名(self, 引数1, 引数2, …):
    処理
    return 戻り値
```

list 9-21は、bmi_calc()メソッドをクラスの中だけで利用できるメソッドに変更したプログラムです。名前がbmi_calcから__bmi_calcに変わったので、これを呼び出すbmi_hantei()メソッドの中も忘れずに変更してください。

list 9-21
bmi_calc()
メソッドをクラスの
中だけで利用できる
ようにする

```
class BodyType:
    def __init__(self, height=0, weight=0):
        self.height = height
        self.weight = weight

    def __bmi_calc(self):    ◀ 名前の先頭に __ を挿入
        h = self.height * 0.01
        bmi = self.weight / (h**2)
        return round(bmi, 1)

    def bmi_hantei(self):
        bmi = self.__bmi_calc()    ◀ __bmi_calc() メソッドの呼び出し
        if bmi < 18.5:
            return bmi, '低体重'
        elif bmi < 25.0:
            return bmi, '普通体重'
        elif bmi < 35.0:
            return bmi, '肥満'
        else:
            return bmi, '高度肥満'
```

list 9-22は、list 9-21で定義したBodyTypeクラスのインスタンスを生成して、BMIと肥満度を判定するプログラムです。これまでと同じように実行できることを確認してください。

list 9-22
BMIと肥満度を
判定

入力
```
taro = BodyType(170, 63.5)
taro.bmi_hantei()
```

結果
```
(22.0, '普通体重')
```

　ここではインスタンスメソッドで説明しましたが、インスタンス変数も同様です。名前の前にアンダースコアを2つ（__）挿入すると、そのインスタンス変数は外部から参照できなくなります。

9-3-8 アンダースコア（_）の使い方

　Pythonの勉強をするとき、他の人が書いたプログラムはとても参考になります。その中でデータ属性やメソッドの先頭にアンダースコアが1つというプログラムを目にするかもしれません。「_」と「__」でどのような違いがあるのか、list 9-23を例に簡単に説明しましょう。

list 9-23
SayGreetsクラス
の定義

```
class SayGreets:
    def hello(self):   ◀ アンダースコアなし
        print('Hello')

    def _hi(self):   ◀ アンダースコアが1つ
        print('Hi')

    def __bye(self):   ◀ アンダースコアが2つ
        print('Good bye')
```

アンダースコアが1つ

　list 9-23の_hi()のように、名前の先頭にアンダースコアを1つだけ挿入したデータ属性やメソッドは、**クラスの中だけで使用することを目的に作られたもの**です。他の人が書いたプログラムの中にアンダースコアが1つのものを見つけたら、「このデータ属性はクラスの外から値を変更してはいけないんだな」、「このメソッドはクラスの外から呼び出してはいけないんだな」と思ってください。

　ただ、これはプログラマたちが慣例としている書き方であって、そのデータ属性やメソッドがクラスの外から参照できなくなるわけではありません。list 9-24を実行すると、hello()メソッドと同じように_hi()メソッドも実行できます。

アンダースコアが2つ

　list 9-23の__bye()のようにアンダースコアを2つ挿入したデータ属性やメソッドは、**クラスの外から参照できません**（list 9-25）。「値を勝手に更新されたくないものや利用されたくないメソッドは、アンダースコアを2つ付ける」と覚えておきましょう。

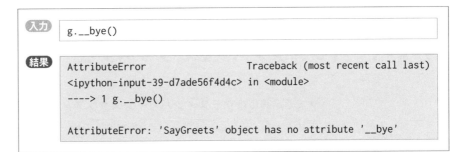

9-4 クラス変数

　インスタンス変数は、生成したインスタンスの中だけで利用できる変数です。これとは別に、すべてのインスタンスで共有できる変数があります。それが**クラス変数**です。**クラス属性**のように表記することもあります。クラス変数を利用すると、インスタンスを生成した順番に1、2、3…のような連番を持たせたり、生成したインスタンスの個数を数えたりすることができます。

9-4-1 インスタンス変数とクラス変数

*「メンバー」と表記されることもあります。

　クラスの定義には**クラスメンバ**と**インスタンスメンバ**を書くことができます（fig. 9-10）。メンバ*を英語で書くとmember、つまり「クラスやインスタンスを構成するもの」という意味です。これまでにBodyTypeクラスに定義してきたものは、すべてインスタンスメンバです。BMIや肥満度の判定には、それぞれのインスタンスが持つ身長や体重を使います。ほかのインスタンスの値を計算に使うことはできません。もう少し具体的に言うと、taroという名前のインスタンスは、taroのheightとweightを使ってBMIや肥満度を判定しますが、taroからhanakoのheightやweightを利用することはできません。

fig. 9-10
クラスメンバとインスタンスメンバ

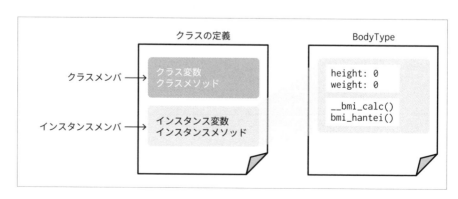

　一方のクラスメンバは、クラス自体が持つデータ属性とメソッドです。インスタンス変数がインスタンスごとに値を保存するのに対して、クラス変数が保存する値はインスタンスをいくつ生成しても1つだけです (fig. 9-11)。生成したインスタンスの個数など、複数のインスタンスで共有する値を管理するときに利用します。なお、クラスメンバはインスタンスを生成していない状態でも利用できます。これは実際にプログラムを作って確認しましょう。

fig. 9-11
インスタンス変数と
クラス変数

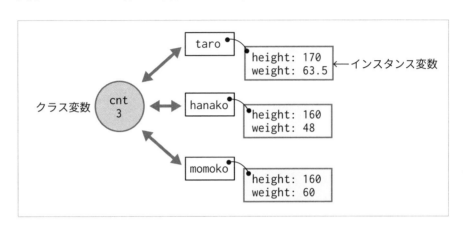

9-4-2 クラス変数を利用する

　クラスの定義に書いた初期化メソッドは、インスタンスの生成時に実行されるメソッドです。つまり、このメソッドで定義した変数は、**インスタンスに固有の値を保存するためのインスタンス変数**になります。クラス変数はそれよりも前、class文のブロックの最初に定義するのが一般的です。定義の仕方はこれまでの変数と同じく、変数名に値を代入するだけです。

書式 9-9
クラス変数の定義

```
変数名 = 値
```

　今回は、生成したインスタンスの個数を管理するためのクラス変数を定義しましょう (fig. 9-12)。名前はcnt、初期値は0です。値を更新する処理は初期化メソッドの中で行います。ここでcntを1、2、3…と1つずつ増やしていけば、それが生成したインスタンスの個数になります。

fig. 9-12
BodyTypeクラス

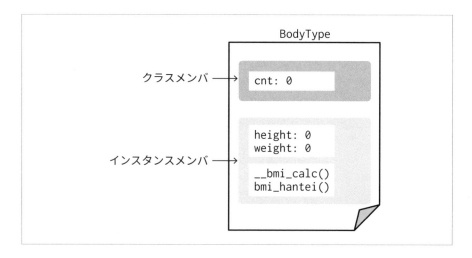

list 9-26はBodyTypeクラスの定義にクラス変数cntの定義と、それを更新する処理を初期化メソッドに追加したプログラムです。このように、クラス変数は**クラス名.変数名**という書式で参照します。

list 9-26
クラス変数の定義

```
class BodyType:
    cnt = 0      ← クラス変数

    def __init__(self, height, weight):
        self.height = height
        self.weight = weight
        BodyType.cnt += 1    ← 値を1増やす
        :
    (list9-21と同じ)
        :
```

list 9-27は、クラス変数cntの値を確認するプログラムです。クラスの外からクラス変数を参照するときも、書式は**クラス名.変数名**です。プログラムを実行して、cntがどのように変化するかを確認しましょう。

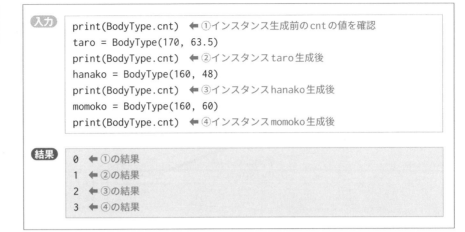

list 9-27
クラス変数の値を
参照する

```
入力  print(BodyType.cnt)  ◀①インスタンス生成前のcntの値を確認
      taro = BodyType(170, 63.5)
      print(BodyType.cnt)  ◀②インスタンスtaro生成後
      hanako = BodyType(160, 48)
      print(BodyType.cnt)  ◀③インスタンスhanako生成後
      momoko = BodyType(160, 60)
      print(BodyType.cnt)  ◀④インスタンスmomoko生成後
```

```
結果  0  ◀①の結果
      1  ◀②の結果
      2  ◀③の結果
      3  ◀④の結果
```

　実行結果の1つ目は、インスタンスを生成する前のcntの値です。このようにクラス変数は**インスタンスを生成する前でも参照できます**。その後はインスタンスを生成するたびに値が1つずつ増えていますね。

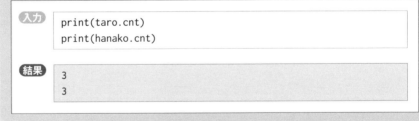

More Information

クラス変数を利用するときに注意すること

　クラス変数名は**インスタンス名.変数名**という書式でも参照できます。ためしに、list 9-27の後にlist 9-28を実行すると、ここまでに生成したインスタンスの個数が表示されます。

list 9-28
クラス変数の値を
参照する

```
入力  print(taro.cnt)
      print(hanako.cnt)
```

```
結果  3
      3
```

　ただし、これは**クラス変数と同じ名前のインスタンス変数が定義されていない**ことが前提です。たとえば、list 9-28の後に

```
taro.cnt = 100
```

*「9-2-3：インスタンスを利用する」(P.310) で説明したように、インスタンス変数は自由に追加できます。

を実行すると、taroはcntという名前のインスタンス変数を新たに持つ*ことになります。この後でtaro.cntを参照すると、インスタンス変数のcntの値を参照します (fig. 9-13、list 9-29)。

fig. 9-13
変数の参照方法

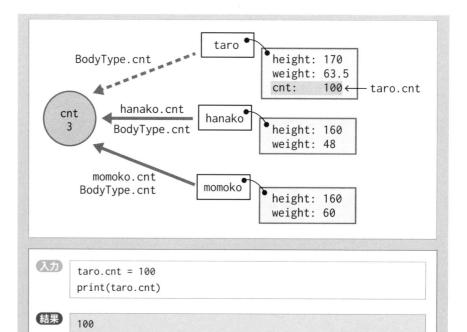

入力
```
taro.cnt = 100
print(taro.cnt)
```

結果
```
100
```

　「**インスタンス名.変数名**」と書いたときは、インスタンスの中を優先的に調べた後、見つからないときにクラスの属性を調べます。自分ではクラス変数を参照しているつもりでも、実際はインスタンス変数を参照していたということにならないように、特別な理由がない限りクラス変数とインスタンス名は別の名前にするようにしましょう。また、このような間違いを防ぐために、本書ではクラス変数を「**クラス名.変数名**」で参照します。

9-4-3　クラスメソッドを定義する

　前項でBodyType.cntという書式でクラス変数の値を参照できることを確認しました。この変数はBodyType.cnt ＝ 10のようにすれば、クラスの外からでも値を変更することができます。しかし、変数cntは生成したインスタンスの個数を管理する目的で定義した変数です。その値を勝手に更新したら、おかしなことになってしまいますね。

　そこで、クラス変数を定義するときに「cntはクラスの中だけで利用する」ことを明確にして、その代わりに値を参照するためのクラスメソッドを用意しましょう。

　クラスメソッドは、インスタンスを生成せずに実行できるメソッドです。メソッドを定義するときに、直前に**@classmethod**というデコレータを付けて定義します。**デコレータ***は**関数やメソッドを修飾するための命令で、先頭は必ず@で始まります。**

*デコレータの語源は「飾る」という意味のdecorateです

書式 9-10
クラスメソッドの
定義

```
@classmethod
def メソッド名(cls, 引数1, 引数2, …):
    処理
        :
return 戻り値
```

　インスタンスメソッドを定義するときに第1引数をselfにしたように、クラスメソッドの第1引数は**cls**でなければなりません。これは**メソッドを定義しているクラス自身**を表します。クラスメソッドの中ではクラス変数を

|　cls.変数名

という書式で参照します。

　list 9-30は、クラス変数cntの値を返すメソッドです。なお、変数cntはクラスの中だけで使用することを明確にするために、list 9-30では変数名の直前にアンダースコア（_）を1つ*挿入しました。初期化メソッド内も忘れずに名前を変更してください。

*「9-3-8：アンダースコア（_）の使い方」（P.326）で説明しました。

list 9-30
count()メソッドの
定義

```
class BodyType:
    # クラス変数
```

```
    _cnt = 0

    # クラスメソッド
    @classmethod
    def count(cls):
        return cls._cnt

    # 初期化メソッド
    def __init__(self, height, weight):
        self.__height = height
        self.__weight = weight
        BodyType._cnt += 1
        :
(list9-21と同じ)
        :
```

list 9-31 は count() メソッドの利用例です。このようにクラスメソッドは

| クラス名.メソッド名

という書式で実行します。

list 9-31

count() メソッドの
呼び出し

入力
```
print(BodyType.count())    ←①インスタンス生成前の _cnt の値を確認
taro = BodyType(170, 63)
hanako = BodyType(160, 48)
momoko = BodyType(160, 60)
print(BodyType.count())    ←②インスタンス生成後の cnt の値を確認
```

結果
```
0    ←①の結果
3    ←②の結果
```

9-5 ▶ クラスの継承

　今あるオブジェクトの設計図を基にして、その一部を修正したり機能を追加したりすることで、新しいオブジェクトの設計図を作ることを**クラスの継承**と言います。本書では自分で定義したクラスを基に新しいクラスを作成しますが、同じ方法でPythonの組み込みデータ型を継承して独自の機能を追加することもできます。

9-5-1 BodyTypeクラスを継承する

　fig. 9-14左は、ここまでに定義したBodyTypeクラスの設計図です。これを継承して、fig. 9-14右のような新しいクラスを定義しましょう。

fig. 9-14
クラスの継承

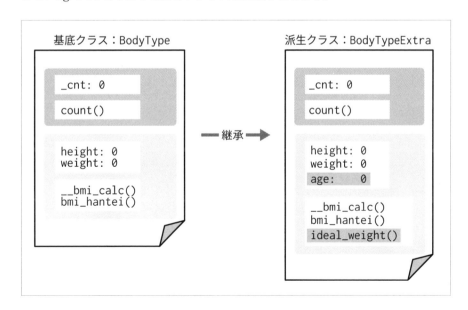

　この図を見てもわかるように、新しいクラスはBodyTypeクラスの**すべての機能**（**データ属性とメソッド**）を引き継ぎます。もちろん引き継いだ機能はこれまでと同じように利用できます。さらに、新しく定義したクラスでは**引き継いだ機能の一部を変更したり、新たにデータ属性やメソッド**（fig. 9-14右の**age**、**ideal_weight()**）を追加することもできます。つまり、新しいクラスはBodyTypeクラスの拡張版のようなものです。なお、ここから先は基になるクラスを**基底クラス**[*1]、新たに定義するクラスを**派生クラス**[*2]と呼びます。

*1 「スーパークラス」や「親クラス」と呼ぶこともあります。

*2 「サブクラス」や「子クラス」と呼ぶこともあります。

　クラスを継承する方法はとても簡単です。クラスを定義するときに、**継承したいクラスの名前を()の中に書く**だけです。

書式 9-11
class文：
クラスの継承

```
class クラス名(基底クラス):
    内容
```

　list 9-32は、ここまでに定義したBodyTypeクラスです。これを継承してBodyTypeExtraという名前の派生クラスを定義したのがlist 9-33です。extraは「追加」という意味です。このようにpass文だけを記述すると、BodyTypeExtraクラスはBodyTypeクラスとまったく同じ構造の設計図になります。

list 9-32
BodyTypeクラス
（基底クラス）

```
class BodyType:
    # クラス変数
    _cnt = 0

    # クラスメソッド
    @classmethod
    def count(cls):
        return cls._cnt

    # 初期化メソッド
    def __init__(self, height=0, weight=0):
        self.height = height
        self.weight = weight
        BodyType._cnt += 1

    # BMIを計算する
    def __bmi_calc(self):
        h = self.height * 0.01
        bmi = self.weight / (h**2)
        return round(bmi, 1)
```

```
        # 肥満度を調べる
        def bmi_hantei(self):
            bmi = self.__bmi_calc()
            if bmi < 18.5:
                return bmi, '低体重'
            elif bmi < 25.0:
                return bmi, '普通体重'
            elif bmi < 35.0:
                return bmi, '肥満'
            else:
                return bmi, '高度肥満'
```

list 9-33
BodyTypeExtra
クラス
（派生クラス）

```
class BodyTypeExtra(BodyType):
    pass
```

　それではBodyTypeExtraクラスのインスタンスを生成しましょう。list 9-33のように基底クラスの中身を何も変更していない場合は、インスタンスの生成時に**基底クラスの初期化メソッドが実行されます**。BodyTypeクラスのインスタンスを生成するのと同じように、heightとweightの初期値を渡してください。

　list 9-34はBodyTypeExtraクラスを使ったプログラムです。派生クラスのインスタンスから基底クラスに定義したインスタンスメソッドを利用できることを確認しましょう。

list 9-34
派生クラスを
利用する①

入力
```
taro = BodyTypeExtra(170, 63.5)
        ↑ BodyTypeExtraクラスのインスタンスを生成
taro.bmi_hantei()  ← BodyTypeクラスに定義されているメソッド
```

結果
```
(22.0, '普通体重')
```

　今度はlist 9-35を実行してみましょう。2行目はBodyTypeクラスに定義したクラスメソッドの呼び出しです。ここまでに生成したインスタンスの個数が表示されます。

list 9-35
派生クラスを
利用する②

入力
```
hanako = BodyTypeExtra(160, 48)
BodyTypeExtra.count()
```

337

結果　2

More Information

クラス変数の参照方法

　list 9-35 の実行結果を見ると、ちゃんと派生クラスを基に生成したインスタンスの個数を数えているように見えます。そして list 9-35 の後に BodyType クラス（基底クラス）のインスタンスを生成し、count() メソッドを実行した様子が list 9-36 です。

list 9-36
基底クラスの
インスタンスを
生成した後に
count() を実行する

入力
```
momoko = BodyType(160, 60)
BodyType.count()
```

結果　3

　ここまでに生成したのは BodyTypeExtra クラスのインスタンスが 2 個、BodyType クラスのインスタンスが 1 個、表示された「3」は 2 つの合計です。これは BodyType クラスの初期化メソッドで、BodyType._cnt += 1 のように、BodyType クラスの _cnt を参照して値を更新した結果です（list 9-32 の__init()__ メソッドの 4 行目）。この場合は派生クラスから生成したインスタンスも、BodyType クラスの _cnt を参照します（fig. 9-15）。

fig. 9-15
インスタンスと
クラス変数

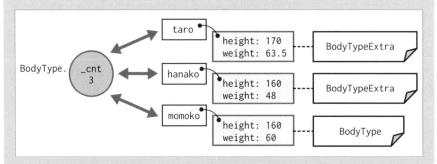

　これを見て、「基底クラスと派生クラス、別々にカウントできないの？」と思ったかもしれませんね。実は、インスタンスメソッドからクラス変数を参照するには**クラス名.クラス変数名**の書き方が一般的ですが、もう 1 つ**type(self).クラス変数名**という書き方もあります。type(self) は、組み

込み関数のtype()を使ってメソッドを実行しているインスタンス自身の**型**を調べる命令です。これでBodyTypeクラスとBodyTypeExtraクラスのどちらの設計図を基に生成したインスタンスかを特定して、クラス変数を参照するという仕組みです。

fig. 9-16は、BodyTypeクラスの初期化メソッドの4行目（list 9-32の14行目）で_cntを更新する命令をtype(self)._cnt += 1に変更したときのイメージです。これなら設計図別にカウントできます。興味のある人は、ぜひ試してみてください。ただし、この方法でカウントする場合はBodyTypeクラスとBodyTypeExtraクラスのそれぞれでクラス変数_cntの初期化が必要です。BodyTypeExtraクラスの定義をlist 9-37のように変更してください。

fig. 9-16
インスタンスと
クラス変数

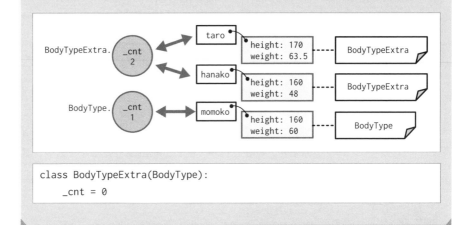

list 9-37
BodyTypeExtra
クラス

```
class BodyTypeExtra(BodyType):
    _cnt = 0
```

9-5-2　初期化メソッドのオーバーライド

BodyTypeクラスを継承したBodyTypeExtraクラスに、年齢を保存するためのageというインスタンス変数を追加しましょう（fig. 9-17）。

fig. 9-17
BodyTypeExtra
クラス

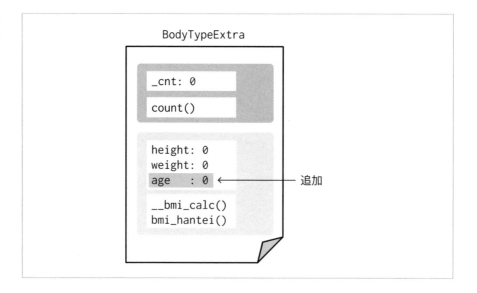

「heightとweightはBodyTypeクラスの初期化メソッドで定義したから、BodyTypeExtraクラスではageだけ定義すればいいよね」と思って書いたプログラムがlist 9-38、そしてlist 9-39は定義したBodyTypeExtraクラスを利用するプログラムです。身長と体重、そして年齢を与えてインスタンスを生成しようとすると……、TypeErrorになってしまいます。

```
class BodyTypeExtra(BodyType):
    def __init__(self, age):   ← 初期化メソッド
        self.age = age
```

入力
```
taro = BodyTypeExtra(170, 63.5, 30)
```
↑ 身長、体重、年齢を与えてインスタンスを生成すると…
```
taro.bmi_hantei()
```

結果
```
TypeError                        Traceback (most recent call last)
<ipython-input-68-28000f394e36> in <module>
----> 1 taro = BodyTypeExtra(170, 63.5,30)
      2 taro.bmi_hantei()

TypeError: __init__() takes 2 positional arguments but 4 were
given
```

　表示されたエラーは「__init__()メソッドは位置引数が2つなのに、4つ＊与えられた」という意味です。たしかに、list 9-38でBodyTypeExtraクラスの初期化メソッドにはselfとageの2つの引数を指定しました。heightとweightはBodyTypeクラスの初期化メソッドで定義したからという理由でしたが、このメソッドが実行された形跡はありません。

　実は、**基底クラスのメソッドと同じ名前のメソッドを派生クラスに定義すると、もとのメソッドの内容は完全に上書きされます。**この例で言えば、基底クラスから引き継いだ__init__()メソッドの内容を、list 9-38の内容に書き換えたということです。このように基底クラスと同じ名前のメソッドを派生クラスで改めて定義することを**オーバーライド**＊と言います。

　初期化メソッドをオーバーライドしたことで、BodyTypeExtraクラスの設計図はfig. 9-18のようになります。定義したデータ属性はageの1つだけなのに、list 9-39ではインスタンスの生成時に引数を3つ（インスタンス自身を含めると4つ）渡したためにTypeErrorになったのです。

fig. 9-18
初期化メソッドをオーバーライドすると…

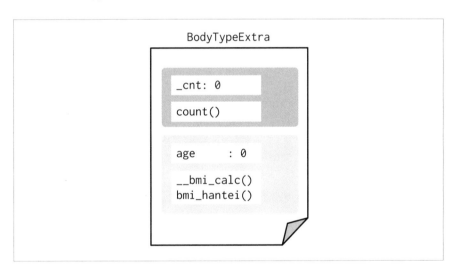

9-5-3　基底クラスを参照する

　さて、エラーの原因がわかりました。そして、fig. 9-18の設計図ではBMIの計算に必要なheightとweightが足りないこともわかりました。この2つはBodyTypeクラスの初期化メソッドで定義されているので、これを呼び出すことが

できれば問題は解決しそうですね。組み込み関数の super() を利用すると、派生クラスから基底クラスを参照して、基底クラスに定義したメソッドを実行できるようになります。

書式 9-12
super()：
基底クラスの
メソッドを実行する

> **super().メソッド名(引数1, 引数2, …)**

list 9-40は、BodyTypeExtra クラスの初期化メソッドに基底クラス（BodyType クラス）の初期化メソッド（__init__()）の呼び出しを追加したプログラムです。BodyTypeExtra クラスのインスタンスを生成するときに渡された height と weight を、そのまま基底クラスの初期化メソッドに渡してください。

list 9-40
基底クラスの初期化
メソッドを実行する

```
class BodyTypeExtra(BodyType):
    # 初期化メソッド
    def __init__(self, height, weight, age):
        super().__init__(height, weight)    ← 基底クラスの初期化メソッドを呼び出す
        self.age = age
```

list 9-40を実行した後に改めて list 9-41を実行すると、BodyTypeExtra クラスのインスタンスを生成して BMI の判定ができます。

list 9-41
BodyTypExtra
クラスを利用する
(list9-39再掲)

入力
```
taro = BodyTypeExtra(170, 63.5, 30)
            ↑ 身長、体重、年齢を与えてインスタンスを生成
taro.bmi_hantei()
```

結果
```
(22.0, '普通体重')
```

9-5-4　派生クラスにメソッドを追加する

＊出典：「日本人の食事摂取基準（2020年版）」（厚生労働省）https://www.mhlw.go.jp/content/10904750/000586553.pdf

今度は BodyTypeExtra クラスに目標体重を計算する機能を追加しましょう。table 9-4は、年齢別に目標とする BMI の範囲[＊]を示したものです。BMI の計算式を変形すると、目標とする体重は

| BMI ×（身長 [m] の2乗）

で求められます。

年齢	目標とするBMI (kg/m2)
18～49	18.5～24.9
50～64	20.0～24.9
65～	21.5～24.9

table 9-4
目標とするBMIの範囲

　list 9-42は、BodyTypeExtraクラスに目標体重を計算するためのideal_weight()メソッドを追加したプログラムです。目標体重はインスタンス変数のageがあれば計算できるので、引数はselfのみです。table 9-4を見ると目標とするBMIの上限は年齢にかかわらず同じなので、最初に一度だけ計算しました（10行目）。また、table 9-4には18歳未満の数値が示されていないので、その場合はNoneを返すようにしました。

list 9-42
ideal_bmi()
メソッドを追加

```python
class BodyTypeExtra(BodyType):
    # 初期化メソッド
    def __init__(self, height, weight, age):
        super().__init__(height, weight)
        self.age = age

    def ideal_weight(self):                      ◀目標体重を計算する
        h = self.height * 0.01    ◀身長をm単位に変換
        high = round(24.9 * (h**2), 1)   ◀目標体重の上限を計算
        if self.age >= 18 and self.age < 50:
            low = round(18.5 * (h**2), 1)
        elif self.age >= 50 and self.age < 65:
            low = round(20.0 * (h**2), 1)
        elif self.age >= 65:                          ◀年齢別に目標体重の下限を計算
            low = round(21.5 * (h**2), 1)
        else:
            low = None
            high = None
        return low, high    ◀目標体重の下限と上限
```

9

　list 9-43は、list 9-42で定義したBodyTypeExtraクラスを利用するプログラムです。このプログラムを実行すると、身長170cm、体重63.5kg、年齢が30歳の人の目標体重の下限と上限が表示されます。

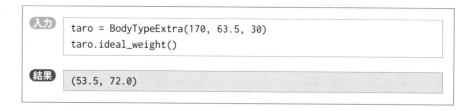

list 9-43
目標体重を調べる

入力
```
taro = BodyTypeExtra(170, 63.5, 30)
taro.ideal_weight()
```

結果
```
(53.5, 72.0)
```

ご自身の身長と体重、年齢を入力して、どのような値になるか確認してみましょう。

確認・応用問題

Q1 1. 次のプログラムは円柱を扱う**Cylinder**クラスの定義です。table 9-5の仕様を参考にして、インスタンス変数aとhを初期化するメソッドを定義してください。

```
class Cylinder():
    def menseki(self):
        return self.a**2 * 3.14

    def taiseki(self):
        bottom = self.menseki()
        return bottom * self.h
```

table 9-5
Cylinderクラスの仕様

	名前	説明
属性	a h	円の半径 円柱の高さ
メソッド	menseki taiseki	底面積（半径×半径×3.14） 体積（底面積×高さ）

2. **Cylinder**クラスのインスタンスを生成するときに初期値を与えて、値が登録されることを確認してください。

3. **Cylinder**クラスのインスタンスを生成して、半径が3cm、高さが18cmの水筒の底面積と体積を求めてください。

確認・応用問題

Q2
1. Cylinder クラスを継承して Cube という名前の派生クラスを生成してください。

2. Cube クラスのインスタンスを生成して、menseki メソッドが実行できることを確認してください。

3. Cube クラスは直方体を扱うクラスにします。table 9-6 の仕様を参考にして、インスタンス変数を初期化するメソッドを定義してください。このときインスタンス変数 a と h は、基底クラス（Cylinder クラス）の初期化メソッドを利用してください。

table 9-6
Cube クラスの仕様

	名前	説明
属性	a b h	縦 横 高さ
メソッド	menseki taiseki	底面積（縦×横） 体積（底面積×高さ）

4. Cube クラスのインスタンスを生成するときに初期値を与えて、値が登録されることを確認してください。

5. table 9-6 を参考にして、menseki メソッドを定義してください。

6. Cube クラスのインスタンスを生成して、縦が 18cm、横が 10cm、高さが 6cm のお弁当箱の底面積と体積を求めてください。

7. Cube クラスには体積を計算するための taiseki メソッドを定義していません。それなのにお弁当箱の体積が計算できた理由を説明してください。

第 **10** 章

///////////////////////////

例外処理

この章ではプログラムの実行時に発生するエラー
（これを**例外**と言います）に対処する方法を見てい
きましょう。プログラムに例外処理を追加すると、
エラーが発生したときに処理を中断するのを防ぐ
ことができます。

エラーの種類

ここまでPythonの勉強をしながら、小さなプログラムをたくさん作ってきました。その中にはわざと間違えたプログラムを書いて、どのようなエラーが発生するか確認したものもありましたね。エラーが発生したときはプログラムがそこで中断するので、どれも同じと思いがちですが、実はエラーには**構文エラー**と**例外**の2種類があります。

10-1-1 構文エラー

構文エラーは**命令の書き方に文法的な誤りがあるときに発生するエラー**です。画面にはSyntaxErrorと表示されます。たとえば、list 10-1はif文の条件式の書き方を間違えたプログラム、list 10-2は(と)の数が異なるプログラムです。

list 10-1
構文エラー①

 入力
```
a = 100
if a = 100:    ← 条件式の書き方を間違えると ...
    print('等しい')
else:
    print('等しくない')
```

結果
```
File "<ipython-input-29-543eb70ec8fd>", line 2
  if a = 100:
       ^
SyntaxError: invalid syntax
```

list 10-2
構文エラー②

また、if文やfor文、def文など、複数行で構成する命令でインデント位置を間違えるとIndentationErrorが発生します。これも構文エラーの1つです（list 10-3）。

list 10-3
構文エラー③

10

構文に間違いがあるプログラムは、コンピュータが理解できる機械語（バイトコード）*に翻訳することができません。つまり、**構文エラーはプログラムの実行時ではなく、プログラムを実行する前に発生しているエラーです**。表示されるエラーメッセージを参考に、その間違いを修正してください。

*「0-4：Pythonのプログラムが動く仕組み」（P.16）で説明しました。

10-1-2　例外

もう1つのエラーは、プログラムの実行中に発生するエラーです。たとえばlist 10-4は、リストの要素を先頭から順に5つ画面に出力するつもりで作ったプログラムです。命令の書き方自体に間違いはないため問題なく実行できますが、肝心のcolorsには要素が3つしかありません（fig. 10-1）。そのためインデックスが3の要素を参照しようとしたときにIndexErrorが発生して、そこでプログラムの実行を中断します。

fig. 10-1
colorsの内容

```
                        colors
    ┌─────────┬─────────┬─────────┬─────────┐
    │    0    │    1    │    2    │    3    │
    ├─────────┼─────────┼─────────┼─────────┤
    │  'red'  │ 'green' │ 'blue'  │         │
    └─────────┴─────────┴─────────┴─────────┘
```

list 10-4
例外①

入力

```
colors = ['red', 'green', 'blue']
for i in range(5):
    print(colors[i])
print('--- END ---')
```

結果

```
red   ┐
green ├ ← colors[0], colors[1], colors[2] は参照できるが...
blue  ┘
-----------------------------------------------------------------
IndexError                          Traceback (most recent call last)
<ipython-input-2-c48af4f7d8a8> in <module>
      1 colors = ['red', 'green', 'blue']
      2 for i in range(5):
----> 3     print(colors[i])
      4 print('--- END ---')

IndexError: list index out of range
```

　また、list 10-5はキー入力した値を整数に変換するプログラムですが、12.5の
ような小数点を含んだ値を入力すると、組み込み関数のint()では変換できない
ためにValueErrorが発生します。

list 10-5
例外②

入力

```
key = int(input('値を入力 -> '))
key
```

```
結果    値を入力 -> 12.5  ← input()は実行できるが...
        ----------------------------------------------------------------
        ValueError                      Traceback (most recent call last)
        <ipython-input-131-ec8ff35a08e5> in <module>
        ----> 1 key = int(input('値を入力 -> '))
                2 key

        ValueError: invalid literal for int() with base 10: '12.5'
```

このようにプログラムの実行中に発生するエラーを**例外**と言います。table 10-1
に主な例外を示しました。

table 10-1
主な例外

例外	意味
NameError	未定義の変数名、関数名、モジュール名を使用した
TypeError	組み込みの演算または関数に不正なデータ型の値を与えた
ValueError	組み込みの演算または関数に不正な値を与えた
IndexError	文字列やリスト、タブルのインデックスが範囲外
KeyError	辞書のキーが見つからない
AttributeError	オブジェクトに定義されていないデータ属性やメソッドを参照した
ModuleNotFoundError	インポートするモジュールが見つからない
ZeroDivisionError	0で割り算した
FileNotFoundError	ファイルが見つからない
FileExistsError	既存のファイルと同じファイルを作成しようとした
StopIterationError	イテレータ[1]の最後を超えて参照した
KeyboardInterrupt	Notebookの「interrupt」コマンドを実行した[2]

*1 「6-5-4：要素
の並べ替え」(P.206)
のコラム欄で説明し
ました。

*2 対話型インタ
プリタでは CTRL
キーと c キーを同
時に押したときに発
生します。

これらの例外はプログラムを実行するまで発生するかどうかがわからない上に、
いざ発生したときはそこでプログラムの実行を中断します。いまの私たちのように
Pythonの練習用に作ったプログラムであれば例外の発生も勉強になるのですが、
誰かのために作ったアプリが途中で止まってしまうのは大問題ですね。

でも、安心してください。例外が発生しても、それを適切に対処すれば、プログ
ラムは中断することなく最後まで実行できます。それがこの章のタイトルになって
いる**例外処理**です。

10 - 2 ▶ 例外処理を組み込む

　ここまでPythonの演算や組み込み関数の使い方、リストやタプル等のオブジェクトのメソッドの使い方を説明する中で、「こういうことを実行するとエラーになるよ」という話をしてきました。別の言い方をすると、その部分は**例外が発生する可能性がある**ということです。そこに例外処理、つまり例外が発生したときに実行するプログラムをあらかじめ組み込んでおきましょう。

10 - 2 - 1 例外処理の基本

　例外処理は**try ～ except**文で定義します。**tryブロックに書いた処理の実行中に例外が発生するかどうかを監視して、例外が発生したらexceptブロックの処理を実行するという流れです**（fig. 10-2）。「例外を捕捉する」や「例外を捕まえる（キャッチする）」のように表現することもあります。

　tryブロックに複数の処理を記述したときは、例外が発生したところでfig. 10-2の点線に進みます。ブロック内にまだ実行していない命令がある場合でも、それらは実行されません。例外が発生しなかったときは、fig. 10-2の実線に従って命令を実行します。exceptブロックの処理は実行しません。

　なお、書式 10-1を使って例外処理を定義した場合は、発生する例外をすべて補足することができます。ただ、例外にはtable 10-1に示したようにさまざまな種類があり、本当はその種類ごとに補足してきちんと対応するのが理想です。その方法は、この後に順を追って説明します。

fig. 10-2
例外処理の
フローチャート

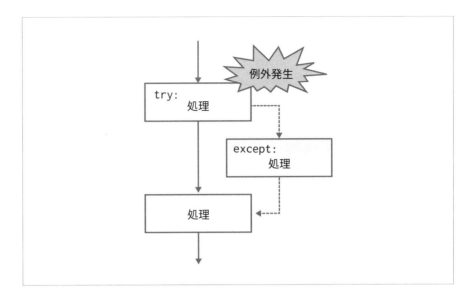

書式 10-1
try〜except文：
例外処理を定義する

```
try:
    例外が発生しそうな処理
except:
    例外が発生したときに実行する処理
```

10

list 10-6は、前節でプログラムの実行を停止したlist 10-4に例外処理を追加した
プログラムです。今回は要素数を超えて参照したときにexceptブロックの命令が
実行されます。途中でプログラムを停止することはありません。

list 10-6
list 10-4に
例外処理を追加

入力
```
colors = ['red', 'green', 'blue']
try:          例外を監視する
    for i in range(5):
        print(colors[i])
except:       例外が発生したとき
    print('例外発生！')
print('--- END ---')
```

結果
```
red
green
blue
例外発生！
---- END ---
```

353

10-2-2 例外が発生しなかったときに処理を実行する

　list 10-7は、前節で例外が発生したlist 10-5に例外処理を追加したプログラムです。「例外が発生するのは整数に変換するところだから……」という理由で例外の監視対象を1行目だけにしたのですが、実行してみると例外が発生してプログラムを停止してしまいます。理由はわかりますか？

list 10-7
例外処理を追加した
にもかかわらず
例外が発生する
プログラム

入力
```
try:
    key = int(input('値を入力 -> '))
except:
    print('例外発生！')
print(key)
```

結果
```
値を入力 -> a
例外発生！
----------------------------------------------------------------
NameError                         Traceback (most recent call last)
<ipython-input-1-53691f8bf99a> in <module>
      3 except:
      4     print('例外発生！')
----> 5 print(key)

NameError: name 'key' is not defined
```

　キーボードから数値に変換できない文字（この例では「a」）を入力すると、ちゃんとexceptブロックの処理が行われています。問題はその後です。例外の発生により変数keyには値が代入されなかったにもかかわらず、最後にその値を画面に出力しようとしてNameErrorが発生したのです。

　このような不具合を防ぐには、**try～except～else**文を利用するのも1つの方法です。

書式 10-2

try〜except〜
else文：例外処理
を定義する

```
try:
    例外が発生しそうな処理
except:
    例外が発生したときに実行する処理
else:
    例外が発生しなかったときに実行する処理
```

else ブロックに記述した処理は、例外が発生しなかったときだけ実行されます（fig. 10-3）。万一、例外が発生したときは、exceptブロックの処理を実行した後、elseブロックを実行せずに例外処理を終了します。

fig. 10-3

try〜except〜
else文の
フローチャート

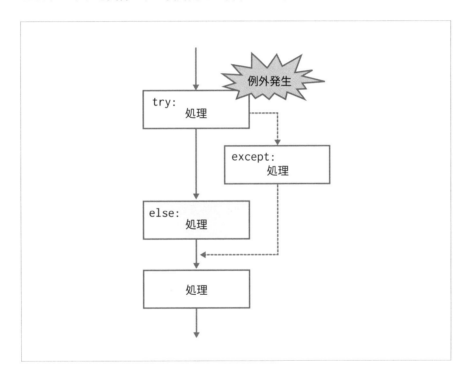

list 10-7 は list 10-8 のように修正すると、プログラムを中断することなく最後まで実行できます。

入力

```
try:
    key = int(input('値を入力 -> '))
except:
    print('例外発生！')
else:
    print(key)
```

結果

```
値を入力 -> a
例外発生！
```

10-2-3 例外の有無にかかわらず処理を実行する

例外処理には`finally`ブロックを追加することもできます。`finally`ブロックに記述した処理は、**例外が発生するかどうかにかかわらず必ず実行されます。**

書式 10-3
try～except～
finally文：例外処
理を定義する

```
try:
    例外が発生しそうな処理
except:
    例外が発生したときに実行する処理
finally:
    必ず実行する処理
```

「どんな時でも必ず実行されるなら、list 10-6の最後のprint()文のように例外処理の外に書けばいいのに」と思うかもしれませんね。しかし、`finally`ブロックを利用すると、try文で実行した処理のクリーンナップ、つまり後始末をしていることが明確になります。

＊ファイルの扱い方は、「11-4：CSVファイルを扱うモジュール」(P.383)で説明します。

たとえば、ファイルを読み書きするプログラム＊では、最後に必ず「ファイルを閉じる」という処理が必要です。この処理を`finally`ブロックに書いておくと、ファイルの読み書きが正常に行われた場合でも途中で例外が発生した場合でも、確実にファイルを閉じることができます (fig. 10-4)。

fig. 10-4
try～except～
finallyのフロー
チャート

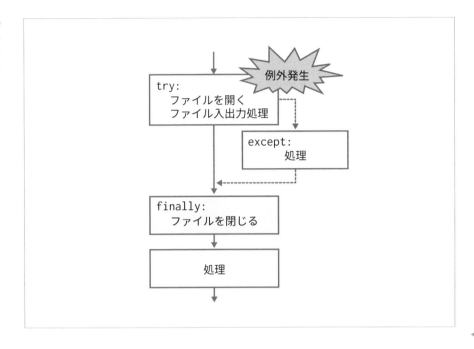

10-2-4　例外の内容を調べる

プログラムの実行中に例外が発生すると、**例外クラス**のインスタンスが生成されます。例外クラスとは、Exceptionクラスを基に定義された派生クラスです。* これを捕捉すると、**発生した例外の種類を調べることができます**。次のようにexceptに続けて`Exception as 変数名`を記述してください。

*クラスや派生クラス、インスタンスについては「9-2：クラスを作る手順」（P.307）と「9-5：クラスの継承」（P.335）で説明しました。

書式 10-4
try～except文：
発生した例外のインスタンスを捕捉する

```
try:
    例外が発生しそうな処理
except Exception as 変数名:
    例外が発生したときに実行する処理
```

exceptブロックで捕捉したインスタンスは、その例外が発生した理由を持っています。また組み込み関数のtype()を使ってインスタンスの型を調べると、

＊「10-1-2：例外」
（P.349）を参照して
ください。

table 10-1＊に示した例外の種類がわかります（list 10-9〜10）。なお、取得したインスタンスはexceptブロックの中だけで有効です。それ以外の場所からは参照できません。

list 10-9
例外の内容を
確認する①

入力
```
colors = ['red', 'green', 'blue']
try:
    for i in range(5):
        print(colors[i])
except Exception as err:
    print(type(err), err)
print('--- END ---')
```

結果
```
red
green
blue
<class 'IndexError'> list index out of range  ← 例外の種類と詳細
--- END ---
```

list 10-10
例外の内容を
確認する②

入力
```
try:
    key = int(input('値を入力 -> '))
    key
except Exception as err:
    print(type(err), err)
```

結果
```
値を入力 -> 10.5
<class 'ValueError'> invalid literal for int() with base 10: '10.5'
↑ 例外の種類と詳細
```

10-2-5 例外の種類ごとに異なる処理を実行する

＊「10-1-2：例外」
（P.349）を参照して
ください。

発生した例外の種類に応じて異なる対応をしたい場合は、exceptに続けてtable 10-1＊に示した例外の種類を記述してください。exceptブロックは、必要な数だけ記述することができます。

書式 10-5
try～except文：
例外の種類に応じて
異なる処理を
実行する

```
try:
    例外が発生しそうな処理
except 例外1:
    例外1が発生したときに実行する処理
except 例外2:
    例外2が発生したときに実行する処理
except:
    上記以外の例外が発生したときに実行する処理
```

*1 「9-3-4：BMI
を計算するメソッ
ド」(P.318) で説明
しました。

*2　10÷0＝Nと
したとき、この式を
変形したN×0＝
10を満たすNは存
在しません。よって
0で割り算すること
は数学的に認められ
ていません。

　list 10-11は、キー入力された身長と体重からBMI（体格指数）を計算するプログラム[1]です。ValueErrorとZeroDivisionErrorの発生が予想されるので、これらのエラーが発生したときは独自のメッセージを出力するようにしました。ValueErrorはキー入力した値に数値以外の文字が含まれていたり、何も入力せずに Enter キーを押したときに発生します。また、身長に0を入力するとBMIの計算時に0で割り算できない[2]という意味のZeroDivisionErrorが発生します。最後のexceptブロックは、この2つ以外の例外が発生したときにプログラムが中断するのを防ぐためのものです。list 10-11では、発生した例外の内容をそのまま出力しました。万一、ここで例外を補足した場合は、表示されたメッセージの内容をよく確認してください。例外の原因がプログラムの誤りであれば、ここできちんと修正しましょう。

list 10-11
例外の種類に応じて
異なるメッセージを
表示する

入力
```
height = input('身長を入力(cm) -> ')      ← 身長を入力
weight = input('体重を入力(kg) -> ')      ← 体重を入力
try:                          例外を監視するブロック
    height = float(height) * 0.01
    weight = float(weight)
    bmi = round(weight / (height**2), 1)
    print('BMI ->', bmi)
except ValueError:                    ← ValueErrorが発生したとき
    print('不正な値を入力しました')
except ZeroDivisionError:             ← ZeroDivisionErrorが発生したとき
    print('0で割り算できません')
except Exception as err:        ← 上記以外のエラーが発生したとき
    print(err)
```

```
身長を入力(cm) -> 0
体重を入力(kg) -> 63.5
0で割り算できません
```

関数と例外処理

「8-2-4：関数から複数の値を返す」（P.270）で説明に使ったプログラム（割り算の商と余りを求めるプログラム）は、引数の与え方を間違えると例外が発生します（list 10-12）。

list 10-12
例外が発生する
プログラム

入力
```
def division(a, b):    ← 割り算の「商」と「余り」を求める関数 (list 8-7と同じ)
    shou = a // b
    amari = a % b
    return shou, amari

answer = division(10, 0)    ← 割る数を0にすると...
print(answer)
```

結果
```
ZeroDivisionError                  Traceback (most recent call last)
<ipython-input-33-b471f80df36a> in <module>
      4     return shou, amari
      5
----> 6 answer = division(10, 0)    ← division()の呼び出しで例外が発生
      7 print(answer)


<ipython-input-33-b471f80df36a> in division(a, b)
      1 def division(a, b):
----> 2     shou = a // b    ← 割り算の商を求めるときに例外が発生
      3     amari = a % b
      4     return shou, amari
      5

ZeroDivisionError: integer division or modulo by zero
```
↑ 0除算エラー

　　関数の中で発生した例外を処理するには2通りの方法があります。1つは関数の中で行う方法、もう1つは関数の中で処理した例外を、もう一度、関数の呼び出し元で処理する方法です。

10 - 3 - 1　関数の中で例外を処理する

＊例外処理が行われたとき、変数shouとamariは未定義の状態になるため、return文のところでNameErrorが発生します。

　　例外処理は、例外が発生しそうな箇所に定義するのが基本です。list 10-13はdivision()関数に例外処理を追加したプログラムです。きちんと例外処理が行われたことがわかるように、exceptブロックでは「func:」に続けて例外の内容を画面に出力しました（6行目）。その次の2行は関数の戻り値を定義する命令です。この2行を省略すると、return文で再び例外が発生する＊ので注意してください。

list 10-13
関数の中で例外を
処理する

入力
```
def division(a, b):
    try:    ← 例外を監視する
        shou = a // b
        amari = a % b
    except Exception as err:    ← 例外が発生したとき
        print('func:', err)
        shou = None
        amari = None
    return shou, amari

answer = division(10, 0)    ← 割る数を0にすると...
print(answer)
```

結果
```
func: integer division or modulo by zero    ← 例外の内容
(None, None)    ← division()の実行結果
```

10

10-3-2 関数の呼び出し元に例外を送る

　list 10-13を実行すると、割る数を0にした場合でもプログラムを停止することなく「None，None」という結果が得られます。ただ、list 10-13の6行目はexceptブロックの処理が行われたことを知らせるために書いた命令です。これがなければ関数の外からは関数の中で例外が発生したことに気付きません。

　関数の中で例外が発生したことを呼び出した側でわかるようにしたいという場合は、**関数に定義した例外処理に、同じ例外をもう一度発生させる命令を追加しましょう**。これには`raise`を使います。

　list 10-14は、list 10-13のexceptブロックにraise文を追加したプログラムです。これで例外が発生したときにその内容を画面に出力した後、同じ例外をもう一度発生させることができます。

　なお、raise文はexceptブロックで実行しているため、発生させた例外を関数の中では捕捉できません。この例外は関数の呼び出し元で捕捉する必要があります。list 10-14では例外処理がどこで行われたかがわかるように、関数の中では「func:」、呼び出し元では「main:」に続けて例外の内容を出力するようにしました。

list 10-14
関数で発生した
例外を呼び出し元で
処理する

入力

```
def division(a, b):
    try:
        shou = a // b
        amari = a % b
    except Exception as err:
        print('func:', err)
        shou = None
        amari = None
        raise   ← 同じ例外を発生させる
    return (shou, amari)


try:
    answer = division(10, 0)
    print(answer)
except Exception as err:
    print('main:', err)
```

結果
```
func: integer division or modulo by zero  ← 関数の中で捕捉した例外
main: integer division or modulo by zero  ← 呼び出し元で捕捉した例外
```

　list 10-14を実行すると、関数内と呼び出し元の順に2回同じ例外が発生したことを確認できます。fig. 10-5はlist 10-14のフローチャートです。例外が発生したときは、太線で示した順に処理が行われます。

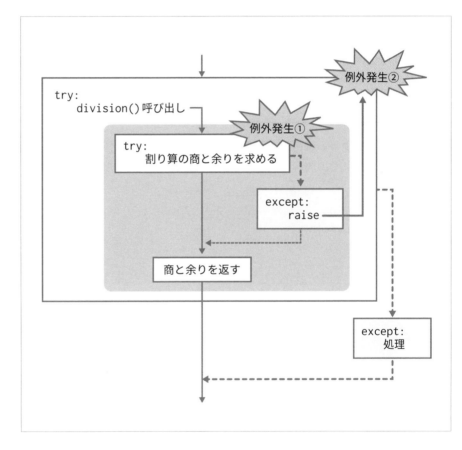

fig. 10-5
関数で発生した
例外を呼び出し元に
送る

10

確認・応用問題

Q1 1. 次のプログラムは例外が発生する可能性のあるプログラムです。もしも例外が発生したときは「例外発生」というメッセージを画面に表示するように、例外処理を追加してください。

```
a = int(input('Aを入力　'))
b = int(input('Bを入力　'))
print('A÷B＝{}'.format(a/b))
```

2. 上記のプログラムで実行時に発生した例外の内容を画面に表示してください。

3. 上記のプログラムはキーボードから数字以外を入力したときにValueError、変数bの値が0のときにZeroDivisionErrorが発生します。発生した例外の種類に応じて異なるメッセージを表示するようにプログラムを修正してください。

Q2 次のプログラムは例外が発生する可能性のあるプログラムです。もしも例外が発生したときは、その内容を表示するように例外処理を追加してください。

```
colors = ['red', 'green', 'blue']
var = input('削除する色を入力　')
colors.remove(var)
print(colors)
```

第 **11** 章

標準モジュール

第1章で「Pythonは少ない命令でやりたいことが実現できる」とか「自分のやりたいことに集中してプログラミングできる」という話をしたのですが覚えていますか？　これを可能にしているのが**モジュール**という仕組みです。ここではPython本体に付属するモジュールの使い方を見ていきましょう。

11-1 モジュールとは

＊モジュールのこと
を「ライブラリ」と
表記することもあり
ます。「1-1：Python
の特徴」(P.20) のコ
ラム欄で説明してい
ます。

　モジュール＊はPythonの関数を目的別にまとめたもので、この中に書かれている関数は**プログラムに読み込むことで利用できる**ようになります——モジュールについて一言で説明するとこのような形になるのですが、もう少し詳しくみていきましょう。

11-1-1 組み込み関数とモジュール

　Pythonの関数は大きく2種類に分けられます。1つはPythonをインストールするだけですぐに利用できる**組み込み関数**です。画面に文字列や変数の値を出力するprint()、キーボードから入力した値をプログラムに取り込むinput()、数列を生成するrange()、データ型を変換するstr()やint()、他にもいろいろありましたね。組み込み関数に共通することは、作成するプログラムの目的にかかわらず利用するという点です。

　もう1つは、**モジュール**という形で提供される関数です。これらは組み込み関数のようにすぐに使えるわけではありません。**必要なときにプログラムに読み込むことで、初めて利用できるようになります。**

　突然ですが、みなさんは「乱数」とは何か知っていますか？　「標準偏差」や「分散」はどうでしょう？　乱数はサイコロを振ったときに出る目の数のように、発生する順番や頻度に規則性のない値のことで、標準偏差や分散は統計処理で扱う値です。Pythonにはこれらを計算する関数もあるのですが、使用頻度を考えるとどうでしょう？　誰もがよく利用するというよりは、「おみくじプログラムを作る」や「テスト結果を分析する」など、目的がはっきりとしているプログラムで利用すると思いませんか？

　改めて説明すると、モジュールは「乱数」や「統計処理」など、**特定の用途で使わ**

れる関数を機能別にまとめたプログラムです。これらを利用するには**自分のプログラムに読み込む**という作業が必要です。

More Information

標準モジュールと外部モジュール

モジュールは配布元によって、**標準モジュール**と**外部モジュール**の2つに分けられます。標準モジュールはPythonの公式サイトからPythonと同時にインストールされるモジュールです。Anaconda＊に付属してインストールされるモジュールや、それ以外、たとえば開発者のサイトから入手できるモジュールは外部モジュールです。なお、この章で扱うモジュールは、すべて標準モジュールです。Anacondaに付属する外部モジュールは、第12章で紹介します。

＊Python公式サイトとAnacondaについては、「1-2：PythonとAnaconda」(P.23) で説明しました。

11-1-2 標準モジュールの調べ方

Pythonには「乱数モジュール」や「統計モジュール」のような便利なモジュールがたくさん付属しています。そのすべてを把握するのはとても難しいのですが、どのようなモジュールがあるか、そして、そのモジュールにどのような命令が定義されているかは、Python公式サイト（https://docs.python.org/ja/3/）のドキュメント＊で確認することができます。Pythonの組み込み関数や組み込みデータ型、そして標準モジュールの一覧が紹介されていますので、ざっと眺めてみるとよいでしょう。

＊公式サイトではPythonの最新バージョンがトップに表示されます。Anacondaでインストールしたバージョンとは異なる可能性もあります。

本書の第8章と第9章では独自の関数やクラス作る方法を紹介しましたが、もしかしたらこれから作ろうとしている機能が標準モジュールの中にあるかもしれません。**既存のものをうまく利用して、本当に足りない部分だけを自分で作る**──これがPythonプログラミングの基本です。この章ではモジュールの基本的な使い方を説明しながら、覚えておくと役立つモジュールをいくつか紹介します。

モジュールの使い方

　ここでは「乱数」を例に、モジュールの使い方を確認します。乱数は、出現する頻度や順番に規則性のない値です。この値を使って大吉、吉、中吉、小吉、末吉、凶のいずれかが表示される「おみくじプログラム」を作りましょう。

11-2-1 モジュールのインポート

　乱数を生成する関数はrandomモジュールにまとめられています。これを利用するには、**randomモジュールをプログラムに読み込む作業**が必要です。この作業を**モジュールのインポート**＊と言います。なお、モジュールのインポートはプログラムのどこで実行してもかまいませんが、読みやすさを考えて**プログラムの先頭に書く**のが一般的です。

＊インポート (import) は「持ち込む」や「取り込む」という意味です。

> **書式11-1**
> import文：
> モジュールの
> インポート

```
import モジュール名
```

　importの後ろには、使用するモジュールの名前を記述してください。たとえば、randomモジュールをインポートするときは

```
import random
```

のように記述します。この命令を実行した後は、randomモジュールに定義されているすべての命令を利用できるようになります。

　ただし、読み込んだモジュールを利用できるのは編集中のNotebookを閉じるまでの間です＊。別のNotebookで作業をするときは、改めてモジュールをインポートする必要があります。

＊対話型インタプリタを使用しているときは、インタプリタを終了するまで利用できます。

11-2-2　モジュール内の関数を利用する

＊クラスを参照する
方法は、この後の
「11-3-1：日付・時
刻を扱うクラス」
（P.375）で説明しま
す。

　モジュールには関数やクラスの定義が書かれています。これらを利用するときは
先頭にモジュール名とドット（.）を付けて呼び出します。たとえば、関数は次の
書式で実行＊します。

書式 11-2
モジュール内の
関数を利用する

> **モジュール名 . 関数名（引数1，引数2，引数3，…）**

　randomモジュールには、整数の乱数を生成するためのrandint()関数が定義さ
れています。startとstopには乱数の範囲を指定してください。

書式 11-3
randint()：整数の
乱数を生成する

> **random.randint(start, stop)**

　たとえば、「1～10」の範囲の乱数を生成するときは、random.randint(1,
10)のように引数を指定してください。randint()ではstopに指定した値も乱数
が生成する値の範囲に含まれます。

　list 11-1は、「1～10」の範囲の乱数を生成するプログラムです。randint()を
実行するたびに異なる値が生成されることを確認するために、for文を使って5回
実行しました。このプログラムを何度か実行して、そのたびに異なる値が表示され
ることを確認しましょう。

list 11-1
「1～10」の乱数を
生成する

入力
```
import random  ← randomモジュールのインポート

for i in range(5):
    print(random.randint(1, 10))  ← 1～10の乱数を生成
```

結果
```
2
4
10
7
1
```

11

モジュールをインポートしていないとき

繰り返しになりますが、モジュール内に定義されている命令は、モジュールをインポートして初めて利用できるようになります。ためしに新しいNotebookを作成して、randomモジュールをインポートせずにlist 11-2を実行してみましょう。この場合は「'random'は定義されていない」という例外が発生します。

list 11-2
間違い例

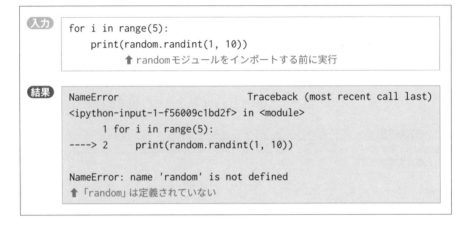

```
入力
for i in range(5):
    print(random.randint(1, 10))
        ↑ randomモジュールをインポートする前に実行
```

```
結果
NameError                      Traceback (most recent call last)
<ipython-input-1-f56009c1bd2f> in <module>
      1 for i in range(5):
----> 2     print(random.randint(1, 10))

NameError: name 'random' is not defined
↑ 「random」は定義されていない
```

おみくじプログラムを作る

list 11-3は、乱数を使った「おみくじプログラム」です。このプログラム実行すると大吉、吉、中吉、小吉、末吉、凶のいずれかが表示されます。

list 11-3
おみくじプログラム

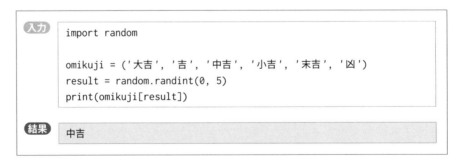

```
入力
import random

omikuji = ('大吉', '吉', '中吉', '小吉', '末吉', '凶')
result = random.randint(0, 5)
print(omikuji[result])
```

```
結果
中吉
```

簡単にプログラムの説明をしておきましょう。先頭はrandomモジュールのインポートです。このプログラムを実行する前にモジュールのインポートが済んでいるときは、この命令を省略してもかまいません。

変数omikujiには「大吉」、「吉」など、おみくじの内容をタプル*で定義しまし

* 「7-1：タプル」
（P.222）で説明しました。

た（fig. 11-1）。タプルの要素には先頭から順に0、1、2…というインデックスが振られるので、randint()を使って**0～要素数-1**の乱数を生成し、その値を使ってタプルの要素を参照すると結果が表示されるという仕組みです。

fig. 11-1
変数omikujiの内容

0	1	2	3	4	5
'大吉'	'吉'	'中吉'	'小吉'	'末吉'	'凶'

11-2-3 モジュールに名前を付けてインポートする

モジュールに定義されている関数を利用するときは、random.randint(1, 10)のように、モジュール名と関数名をドット（.）で区切って指定しなければなりません。random程度の文字数であれば入力するのも手間ではありませんが、中にはモジュール名がとても長くて「いちいち入力するのが面倒くさい！」と感じるものもあります。そういう場合は、**as**を使ってモジュールに名前を付けてインポートしましょう。

書式 11-4
import文:
モジュールに名前を
付けてインポート

```
import モジュール名 as 別名
```

英語の「as」には、「～として」という意味があるので、次の命令は「randomモジュールをrnとしてインポートする」という命令になります。

```
import random as rn
```

この書式でモジュールをインポートしたときは、

```
rn.randint(1, 10)
```

のように、別名とドット（.）を使ってそこに定義されている関数を実行できるようになります（list 11-4）。

list 11-4
モジュールに名前を
付けてインポート

入力
```
import random as rn   ←「rn」という名前でインポート

for i in range(5):
    print(rn.randint(1, 10))
```

結果
```
3
6
5
2
10
```

11-2-4 使用する関数だけインポートする

randomモジュールには、choice()という関数も定義されています。引数には
リストやタプル、range()が生成する数列など、反復可能なオブジェクトを指定
してください。choice()はその中から無作為に値を1つ選びます。

書式 11-5
choice()：
指定した中から
1つを選ぶ

random.choice(反復可能なオブジェクト)

list 11-5は、choice()を使って作ったおみくじプログラムです。ここまでに
randomモジュールのインポートが済んでいることを前提にしているので、import
文は省略しました。

list 11-5
おみくじプログラム

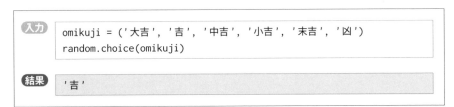

入力
```
omikuji = ('大吉', '吉', '中吉', '小吉', '末吉', '凶')
random.choice(omikuji)
```

結果
```
'吉'
```

ここで確認してほしいのは、

・「import モジュール名」でインポートすると、そのモジュール内のすべての命令
を利用できる

・インポートしたモジュールは、Notebookを閉じるまで利用できる

この2点です。では、ここでいったんNotebookを閉じて、新しいNotebookを作成ください*。

＊Notebookの　メニューバーから[Kernel]、[Restart]の順にコマンドを実行してもかまいません。カーネルを再起動することで、ここまでに実行した内容をメモリ上からすべて消去することができます。

関数を指定してインポートする

新たに作成したNotebookで乱数を利用するには、改めてrandomモジュールをインポートする必要があるのですが、今度は先頭に`from`を付けた次の書式でインポートしてみましょう。これはモジュールから特定の関数をインポートする命令です。

書式 11-6
import文：
関数名を指定して
インポートする

```
from モジュール名 import 関数名
```

たとえば、randomモジュール内のchoice()をインポートするときは

```
from random import choice
```

のように記述します。この書式でインポートした関数は

```
choice('大吉', '吉', '中吉', '小吉', '末吉', '凶')
```

で実行できます。**先頭にモジュール名とドット（.）を付ける必要はありません**（list 11-6）。

list 11-6
randomモジュール
からchoice()を
インポートする

入力
```
from random import choice

omikuji = ('大吉', '吉', '中吉', '小吉', '末吉', '凶')
choice(omikuji)
```

結果
```
'大吉'
```

list 11-6を実行すると、randomモジュールからchoice()関数だけがインポートされます。ためしに新しいセルにlist 11-7を入力して、実行してみてください。

list 11-7
間違い例

入力
```
for i in range(5):
    print(randint(1, 10))   ← randint()はインポートしていないので...
```

結果
```
NameError                            Traceback (most recent call last)
<ipython-input-2-38ca3c0b6e38> in <module>
      1 for i in range(5):
----> 2     print(randint(1, 10))

NameError: name 'randint' is not defined
```

　同じrandomモジュールに定義されているrandint()関数を使ったプログラムですが、「'randint'は定義されていない」という例外が発生して実行できません。print(random.randint(1,10))のように、先頭にモジュール名を付けて実行した場合でも同様の結果になります。randint()を利用するには、

```
import random
```

を実行してrandomモジュール全体をインポートするか、または

```
from random import randint
```

を実行してrandint()関数をインポートしてください。1つのモジュールから複数の関数をインポートするときは、list 11-8のようにカンマ (,) で区切って指定することもできます。

list 11-8
**複数の関数を
インポート**

入力
```
from random import choice, randint

for i in range(5):
    print(randint(1, 10))
```

結果
```
4
10
8
7
9
```

11-3 日時を扱うモジュール

　ここから先は、モジュールを使う練習も兼ねて、便利なモジュールをいくつか紹介します。なお、モジュールのインポートはそのモジュールを紹介する最初のプログラムで行っており、その後に続くプログラムではimport文を省略していますので、実行する際は注意してください。

　Pythonには日付や時刻を扱う組み込みのデータ型はありません。日付から「年」だけを取得したり、曜日を調べたり、2つの日付の間隔を調べるような処理が必要なときは`datetime`モジュールをインポートしてください。

11-3-1 日付・時刻を扱うクラス

*オブジェクトの「型」と同じ意味です。「9-1：クラスとオブジェクト」(P.302) で説明しました。

　`datetime`モジュールには、table 11-1に示す4つのクラス*が定義されています。import文を使ってモジュールをインポートした後、これらのクラスは

　　| datetime.クラス名

という書式で参照します。また、各クラスのメソッドは

　　| datetime.クラス名.メソッド名

という書式で実行します。

table 11-1
日付と時刻を扱うクラス

クラス	扱うデータ
datetime	日付と時刻
date	日付
time	時刻
timedelta	2つの時間の差

11-3-2 今日の日付を取得する

datetime.dateクラスの**today()**メソッドを利用すると、今日の日付を取得することができます（list 11-9）。

書式 11-7
today()：今日の
日付を調べる

```
datetime.date.today()
```

list 11-9
今日の日付を
取得する

入力
```
import datetime

dt = datetime.date.today()
dt
```

結果
```
datetime.date(2021, 5, 1)
```

list 11-9ではセルの最後に変数名を直接記述することで、変数の内容を画面に出力しました。画面に表示された結果は、「datetime.dateクラスのオブジェクトを生成するときに、初期値として今日の日付（ここでは2021、5、1）を代入する」*という意味です。()の中は先頭から順に「年（西暦）」、「月」、「日」です。同じ値を組み込み関数のprint()を使って出力すると、「年-月-日」という日付の形式で表示されます（list 11-10）。

*「9-3-2：インスタンス生成時に実行するメソッド」(P.314)で説明しました。

list 11-10
print()で日付を
出力

入力
```
print(dt)
```

結果
```
2021-05-01
```

日付の一部を取得する

datetime.dateクラストには**year**、**month**、**day**という3つの属性があり、この値を参照すると日付から年、月、日の値を数値（int型）で取得することができます（list 11-11）。

入力
```
y = dt.year
y
```

結果
```
2021
```

11-3-3 システム時刻を取得する

日付だけでなく現在時刻が必要なときは、datetime.datetimeクラスのnow()メソッドを利用してください。list 11-12では取得した値を2通りの方法で画面に出力しました。

書式 11-8
現在のシステム日時
を調べる

```
datetime.datetime.now()
```

list 11-12
システム時刻を
取得する

入力
```
dt = datetime.datetime.now()
print(dt)   ←①print()で出力
dt    ←②変数dtの値を出力
```

結果
```
2021-05-01 11:30:50.902536
↑①の結果 (西暦−月−日 時：分：秒 . マイクロ秒)
datetime.datetime(2021, 5, 1, 11, 30, 50, 902536)  ←②の結果
```

日時の一部を取得する

datetime.datetimeクラスにはyear、month、dayに加えてhour（時）、minute（分）、second（秒）、microsecond（マイクロ秒）という属性があり、これらを利用すると日付や時刻の一部の値を数値として取得することができます（list 11-13）。

list 11-13
日付から「時」を
取得する

入力
```
h = dt.hour
h
```

結果

```
11
```

11-3-4 日付や時刻の書式を指定して出力する

list 11-10とlist 11-12の結果を見てもわかるように、組み込み関数のprint()を使って日付や時刻を出力すると、「西暦4桁-月-日」や「時:分:秒.マイクロ秒」という書式で表示されます。これ以外の書式で表示したいときはstrftime()メソッドを利用しましょう。引数にはtable 11-2に示す書式指定文字を組み合わせて指定してください。strftime()メソッドは、日付や時刻を指定した書式に整えた文字列を返します。

書式 11-9
strftime()：日時の
書式を指定する

```
datetime.date.strftime(フォーマット文字列)
datetime.datetime.strftime(フォーマット文字列)
datetime.time.strftime(フォーマット文字列)
```

table 11-2
主な書式指定文字

文字列	意味	出力例
%Y	西暦4桁	2021
%y	西暦2桁	21
%m	月	05
%d	日	25
%H	時（24時間表記）	15
%I	時（12時間表記）	03
%M	分	30
%S	秒	45
%A	曜日	Monday
%a	曜日（省略表記）	Mon

たとえば「西暦4桁、月、日、（曜日）」という書式で日付を出力するには、list 11-14のように引数を設定してください。

list 11-14
書式を指定して
日付を出力

入力
```
dt = datetime.datetime.now()
str_dt = dt.strftime('%Y年%m月%d日 (%A)')
print(str_dt)
```

結果　2021年05月01日 (Saturday)

11-3-5 日付や時刻を生成する

---

*クラスのインスタンスを生成する命令です。「9-3-2：インスタンスの生成時に実行するメソッド」(P.314) で説明しました。

　日付や時刻、日時を扱うオブジェクトは、次の書式で生成する*ことができます。datetime型のオブジェクトを生成するときは時、分、秒を省略できますが、それ以外の引数は省略できません (list 11-15)。

書式 11-10
日付・時刻を
生成する

```
datetime.date(年, 月, 日)
datetime.time(時, 分, 秒)
datetime.datetime(年, 月, 日, 時, 分, 秒)
```

list 11-15
日付・時刻を
生成する

入力
```
dt_1 = datetime.date(2021, 2,10)   ← ①日付
print(dt_1)
dt_2 = datetime.time(15, 30, 45)   ← ②時刻
print(dt_2)
dt_3 = datetime.datetime(2021, 2, 10, 15, 30, 45)   ← ③日時
print(dt_3)
dt_4 = datetime.datetime(2021, 3, 1)   ← ④日時 (時刻を省略)
print(dt_4)
```

結果
```
2021-02-10   ← ①の結果
15:30:45   ← ②の結果
2021-02-10 15:30:45   ← ③の結果
2021-03-01 00:00:00   ← ④の結果
```

11-3-6 2つの日付の差分を取得する

---

　datetimeモジュールが扱う日付や時刻は、足し算や引き算ができます。たとえば、レポートの提出期限である2021年6月10日まで、今日を除いてあと何日あ

るかを調べるには「提出期限−今日」のように引き算してください (list 11-16)。

list 11-16
2つの日付の差分

```
入力
deadline = datetime.date(2021, 6, 10)  ← 提出期限日
dt = datetime.date.today()  ← 今日の日付 (2021-05-01)
diff = deadline - dt  ← 差分
print(diff)
```

```
結果
40 days, 0:00:00
```

100日後の日付を取得する

list 11-16では、2つの日付の差分を求めて変数diffに代入した後、その値を print()を使って画面に出力しました。結果は「40 days」、つまり40日です。そ して list 11-17は、変数diffの値を直接画面に出力した様子です。

list 11-17
変数diffの値を確認

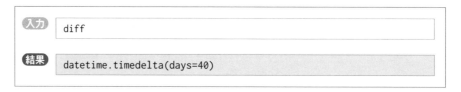

```
入力
diff
```

```
結果
datetime.timedelta(days=40)
```

先頭に表示されたdatetime.timedeltaは、この値がdatetimeモジュールの timedelta型であることを表しています。deltaは数学の世界で「差分」という意 味で使われます。つまり、timedelta型が扱うのは日時の差分です。

timedalta型の値を利用すると、「指定した日の6日前」や「今日から100日後」 のような日付を取得できます (list 11-18)。

list 11-18
今日から100日後
の日付を取得

```
入力
dt = datetime.date.today()  ← 今日の日付 (2021-05-01)
dt_2 = dt + datetime.timedelta(days=100)  ← dtに100日を足す
print(dt_2)
```

```
結果
2021-08-09
```

11-3-7　日付・時刻の比較演算

　datetimeモジュールが扱う日付や時刻は、足し算や引き算といった算術演算だけでなく、<や>などの比較演算子を使って値の大小を比較することもできます。「大小」がわかりにくい場合は、「前後」という言葉に置き換えて考えましょう。

```
2021-3-15 < 2021-5-1
```

　この場合、右辺の方が左辺よりも後の日付になるので、演算結果はTrueになります（list 11-19）。

list 11-19
日付の大小を
比較する

```
dt_1 = datetime.date(2021, 3, 15)   ← 2021年3月15日
dt_2 = datetime.date(2021, 5, 1)    ← 2021年5月1日
dt_1 < dt_2
```

```
True
```

11

More Information

インポートの仕方を工夫する

　この節ではdatetimeモジュールの使い方を簡単に見てきましたが、

```
import datetime
```

という書式でモジュールをインポートしたときは、**モジュール名.クラス名.メソッド名**という書式で各メソッドを実行しなければなりません。この書き方が煩わしいという場合は、**from**キーワードを付けた書式でクラスをインポートするとよいでしょう。たとえば、

```
from datetime import datetime, date
```

にすると、datetimeモジュールからdatetimeクラスとdateクラスの2つをインポートします。この場合は、モジュール名を省略して**クラス名.メソッド名**で実行できます（list 11-20）。

list 11-20
datetimeクラスと
dateクラスを
インポート

入力
```
from datetime import datetime, date
print(date.today())
print(datetime.now())
```

結果
```
2021-05-01
2021-05-01 16:28:08.676734
```

　なお、datetimeやdateはdatetimeモジュールに定義されているクラスの名前です。別名を付けてインポートすることはできません (list 11-21)。

list 11-21
間違い例

入力
```
import datetime.date as dt
```
↑「dt」という名前でインポートしようとすると...
```
dt.today()
```

結果
```
ModuleNotFoundError         Traceback (most recent call last)
<ipython-input-39-b56eedc39892> in <module>
----> 1 import datetime.date as dt

ModuleNotFoundError: No module named 'datetime.date';
'datetime' is not a package
```
↑「datetime.date」という名前のモジュールは見つからない

11-4 CSVファイルを扱うモジュール

　CSV（Comma Separated Value）ファイルは、**データの区切りにカンマ（,）を挿入したテキストファイル**です（fig. 11-2）。フォーマットが単純で扱いが簡単なことから、CSVは多くのアプリケーションでデータの受け渡しに利用されています。たとえば、Mirosoft Excelで作成した表をCSV形式で出力したり、逆にCSV形式のファイルをExcelで読み込むことができます。このファイルをPythonでは**csv**モジュールで扱います。

fig. 11-2
score.csv

```
75,80,65
100,70,90
60,50,100
85,80,75
90,65,70
```

11

11-4-1 ファイルを開く

　ファイルからデータを読み込んだり、ファイルにデータを出力するプログラムでは

| ①ファイルを開く
| ②ファイルからデータを読み込む／ファイルにデータを出力する
| ③ファイルを閉じる

という順番で処理を行うのが基本です。

ファイルを開く

ファイルを開く処理には、組み込み関数の**open()**を使います。

書式 11-11
open()：
ファイルを開く

```
open(ファイル名, モード, newline='')
```

第1引数にファイル名を指定した場合は、編集中のNotebookと同じフォルダ（これを**作業フォルダ**と言います）内のファイルを開きます。他のフォルダにあるファイルを読み込むときは、ドライブ名から完全なパスで指定してください。このとき、フォルダ名の区切りは「/」*で指定します。指定したファイルが見つからないときはFileNotFoundErrorという例外が発生します。

「**モード**」にはtable 11-3に示す文字を指定してください。モードを省略したときは、指定したファイルを読み込み専用で開きます。

*フォルダの区切り
文字については、こ
の後の「11-5-2：フォ
ルダ内の一覧を取得
する」（P.392）で説
明します。

table 11-3
モードに設定できる
値

値	意味
'r'	読み込み専用
'w'	書き込み専用（同じ名前のファイルが存在するときは上書き）
'a'	追加（ファイルの終端に追加して書き込み）
'r+'	読み書き両用

newline引数は、文字列中の改行コードの処理方法を指定するオプション引数です。CSV形式のファイルを利用するときは''（長さ0の文字列）を指定してください。OSに応じて改行コードが適切に処理されます。

More Information

文字列中の改行コード

改行コードとは、文字列の中で改行を表す特殊な文字です。Windowsでは
CRLF、macOSではLFが使われます。CR（キャリッジリターン）は**先頭に
カーソルを戻す**、LF（ラインフィード）は**次の行へ**という意味です。

ファイルを閉じる

open()関数は、指定したファイルのオープンに成功すると、そのファイルを扱うための**ファイルオブジェクト**を返します。ファイルを閉じるときは、このファイルオブジェクトの`close()`メソッドを使います。

書式 11-12
close()：
ファイルを閉じる

```
ファイルオブジェクト名.close()
```

ファイルの読み書きをするときに注意すること

ここで覚えてほしいのは、**開いたファイルは必ず閉じなければならない**ということです。処理が終わった後も開いたままにしておくと、他のアプリからそのファイルを利用できなかったり、間違えてファイルの中身を壊したりすることがあります。そのためPythonでファイルを扱うときは`with`文を利用することが推奨されています。

書式 11-13
with文

```
with ファイルを開く：
    ファイル入出力処理
```

`with`の後ろにはopen()関数を使ったファイルを開く処理を記述してください。ブロックの中には、ファイルからデータを読み込んだり、ファイルにデータを出力する処理を記述します。ブロック内の処理は指定したファイルを開くことができたときだけ行われます。また、`with`ブロックを終了した後は自動的にclose()メソッドが呼ばれます。万一、`with`ブロックの中で例外が発生したときも最後に必ずcloseメソッドが呼ばれるため、ファイルを閉じ忘れるということがありません。第10章で紹介した例外処理を組み込むよりも、簡潔にファイル入出力の処理を書くことができます。

list 11-22は、ファイルを開いて閉じるだけのプログラムです。open()の後ろの「as　f」はファイルオブジェクトに名前を付ける命令で、「開いたファイルを`with`ブロックの中ではfという名前で扱う」という意味です。CSVファイルからデータを読み込む処理は、pass文の位置に記述してください。

なお、このプログラムはscore.csvが編集中のNotebookと同じフォルダにあることを前提にしています。ファイルが見つからない場合はFileNotFoundErrorという例外が発生します。

list 11-22
ファイルのオープン
とクローズ

```
with open('score.csv') as f:
    pass
```

More Information

ファイルオブジェクト

ファイルオブジェクトは、開いたファイルを扱うオブジェクトです。ファイルからデータを読み込む、ファイルにデータを出力するなど、ファイルに対する操作はこのオブジェクトのメソッドを使って行います。

list 11-23は、ファイルオブジェクトの**write()**メソッドを使って文字列をファイルに出力するプログラムです。このプログラムを実行すると、編集中のNotebookと同じフォルダにhello.txtというテキストファイルを生成して、そこに「こんにちは」が出力されます。「こんにちは」の後ろの「￥n」は、改行を表すエスケープシーケンス*です。

＊「3-4-2：文字列
の途中で改行する」
（P.90）で説明しま
した。

list 11-23
テキストファイルに
出力する

```
with open('hello.txt', 'w') as f:
    f.write('こんにちは￥n')
```

また、ファイルオブジェクトの**read()**メソッドを利用すると、ファイルからデータを読み込むことができます。list 11-24は、list 11-23で生成したテキストファイルからデータを読み込んで、その内容を画面に出力するプログラムです。

list 11-24
テキストファイルの
読み込み

入力
```
with open('hello.txt', 'r') as f:
    data = f.read()
print(data)
```

結果
```
こんにちは
```

11-4-2 CSVファイルからデータを読み込む

ここでの説明には、fig. 11-3に示したCSVファイル（ファイル名はscore.csv）を使用します。このファイルは編集中のNotebookと同じフォルダにあることを前提にしています。

fig. 11-3
score.csv
(fig. 11-2再掲)

```
75,80,65
100,70,90
60,50,100
85,80,75
90,65,70
```

CSV形式のファイルからデータを読み込むには、csvモジュールの**reader()**関数を使います。ファイルオブジェクトの部分には、open()を実行するときにasの後ろに記述した変数名を記述してください。

書式 11-14
reader()：
CSVファイルから
読み込む

csv.reader(ファイルオブジェクト)

先にプログラムを見てもらいましょう。list 11-25は、fig. 11-3のファイルから1行ずつ読み込んで、その内容を画面に表示するプログラムです。

list 11-25
CSVファイルの
読み込み①

```
入力   import csv   ← csvモジュールのインポート

with open('score.csv', 'r', newline='') as f:   ← ファイルを開く
    for row in csv.reader(f):   ← ファイル終端まで繰り返す
        print(row)              ← 1行分のデータを画面に表示
```

結果

```
['75', '80', '65']
['100', '70', '90']
['60', '50', '100']
['85', '80', '75']
['90', '65', '70']
```

　1行目はcsvモジュールのインポートです。3行目でscore.csvを読み込みモード
で開いた後、4行目の`for row in csv.reader(f):`は「ファイルから1行読み込
んでrowに代入する」という処理を、ファイルの先頭行から最終行まで繰り返す命
令です。5行目で取得したデータを画面に表示しました。

　実行結果を見てもわかるように、csv.reader()で取得した1行分のデータはリ
スト（list型）になります。そして、注意してほしいのは**CSVファイルから読み
込んだデータは必ず文字列になる**という点です。読み込んだデータを計算に使うに
は数値型に変換する処理が必要です。

　list 11-26は、すべての要素を数値に変換してからリストに追加するプログラム
です。値を数値に変換する方法は、「6-5-7：すべての要素に同じ処理を実行する」
（P.216）で説明しました。

list 11-26
CSVファイルの
読み込み②

入力
```
d = []  ← 読み込んだデータを入れるリスト
with open('score.csv', 'r', newline='') as f:
    for row in csv.reader(f):
        d.append(list(map(int, row)))
        ↑ データを数値に変換してからリストに追加
print(d)
```

結果
```
[[75, 80, 65], [100, 70, 90], [60, 50, 100], [85, 80, 75], [90,
65, 70]]
```

　list 11-26を実行すると、二次元のリストが生成されます。扱い方は「6-4：二次
元のリスト」（P.193）で説明しました。そちらを参照してください。

11-4-3　CSV形式でファイルに出力する

CSV形式でファイルにデータを出力するときは、ファイルを書き込みモードで開いた後、

1. csvモジュールの`writer()`関数を実行してライターオブジェクトを生成
2. ライターオブジェクトの`writerow()`メソッドで1行ずつ書き込む

という手順になります。

書式 11-15
writer()：ライター
オブジェクトを
生成する

```
ライターオブジェクト名 = csv.writer(ファイルオブジェクト,
                              delimiter=',')
```

書式 11-16
writerow()：
ファイルに1行
出力する

```
ライターオブジェクト.writerow(1行分のデータ)
```

`writer()`の第1引数は、`open()`を実行して生成したファイルオブジェクトです。2番目の`delimiter`にはデータの区切りに使う文字を指定してください。

list 11-27は、fig. 11-4左の辞書の内容をfig. 11-4右のような形式でファイルに出力するプログラムです。このプログラムを実行すると、編集中のNotebookと同じフォルダにfruits.csvというファイルが生成されます。

fig. 11-4
ファイルに出力する
データ

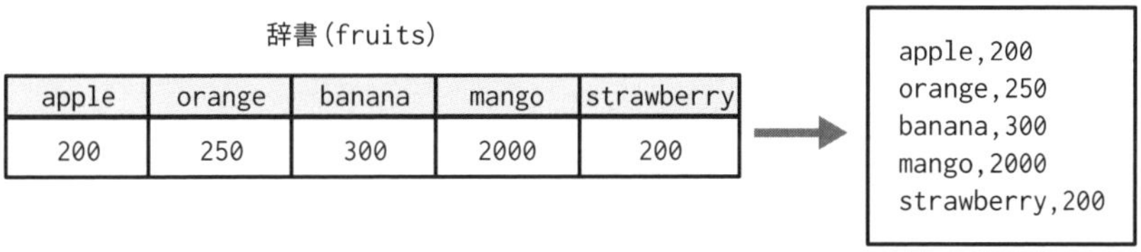

辞書（fruits）

apple	orange	banana	mango	strawberry
200	250	300	2000	200

```
apple,200
orange,250
banana,300
mango,2000
strawberry,200
```

list 11-27
CSVファイルに
出力

```
fruits = {'apple':200, 'orange':250, 'banana':300,
          'mango':2000, 'strawberry':700}

with open('fruits.csv', 'w', newline='') as f:  ← 書き込みモードで開く①
    fwriter = csv.writer(f, delimiter=',')  ← ライターオブジェクトを生成
    for item in fruits.items():  ← 辞書の全要素を参照する繰り返し②
        fwriter.writerow(item)  ← キーと値をファイルに出力
```

①のopen()に注目してください。モードを'**w**'にしたときは、ファイルを書き込みモードで開きます。すでに同じ名前のファイルがある場合は上書きになるので注意してください。

*「7-2-6：辞書の内容を取得する」(P.241) で説明しました。

②のfor文は、辞書のすべての要素を参照してキーと値を取得する*繰り返しです。writerow()を実行すると、キーと値の区切りにはライターオブジェクト生成時にdelimiterオプションで指定した文字 (list 11-27ではカンマ) が挿入されます。

11-5 フォルダとファイル名を扱うモジュール

　ファイルからデータを読み込んだり、結果をファイルに出力するようなプログラムを作るときに便利なのが**os**モジュールと**os.path**モジュールです。osモジュールをインポートすると、Pythonで作業中のフォルダの名前を取得したり、指定したフォルダの内容を参照できるようになります。また、os.pathモジュールをインポートすると、「C:\temp\score.csv」のようなパスからフォルダ名や拡張子を除いたファイル名を取得できるようになります。

11-5-1 作業中のフォルダ名を確認する

　osモジュールの**getcwd()**関数を利用すると、Pythonのプログラムを実行しているフォルダ名（編集中のNotebookが存在するフォルダ）を取得することができます。cwdはCurrent Working Directoryの頭文字をとったものです。currentは「現在の」、working directoryは「作業ディレクトリ」という意味です。ディレクトリはMacやLinuxで使う言葉で、Windowsのフォルダと同じ意味です。

書式 11-17
getcwd()：
作業フォルダを
取得する

```
os.getcwd()
```

　list 11-28は、Windows環境でgetcwd()を実行した様子です。実行結果として表示される値は、ご使用の環境により異なります。

入力
```
import os  ← osモジュールのインポート

currentPath = os.getcwd()  ← 作業フォルダを取得
print(currentPath)
```

結果
```
C:¥Users¥taro¥Python入門
```

11-5-2 フォルダ内の一覧を参照する

osモジュールの`listdir()`関数を利用すると、指定したフォルダ内の一覧をリスト（list型）で取得することができます。フォルダを指定せずに実行したときは、作業中のフォルダ内の一覧を取得します。

書式 11-18
listdir()：
フォルダ内の一覧を
取得する

```
os.listdir(path)
```

pathには参照したいフォルダ名を、ドライブ名から完全なパスで指定してください。このときフォルダの区切りは / （スラッシュ）で指定します（list 11-29）。

pathにフォルダ名だけを記述した場合は、現在の作業フォルダ内にあるフォルダが対象になります。

list 11-29
C:¥tempフォルダ
の内容を取得

入力
```
os.listdir('C:/temp')
```
結果
```
['myModule', 'sample.ipynb', 'score.csv', 'test.ipynb']
```

More Information

Windows のフォルダ区切り文字

Windowsではフォルダの区切りに「¥」を使うのが一般的ですが、Pythonでは¥をエスケープ文字*として扱います。そのため、¥をフォルダの区切りとして認識させるには、

*「3-4-2：文字列の途中で改行する」（P.90）で説明しました。

```
c:¥¥temp
```

のように記述する必要があります。

　ただ、list 11-29を見てもわかるように、Windowsでもフォルダの区切りに/を使うことができます。この章の以降の説明は、フォルダの区切りに「/」を使用します。

11-5-3　ファイルの有無を調べる

　os.pathモジュールの**exists()**関数を利用すると、指定したファイルが存在するかどうかを調べることができます。pathにファイル名を指定した場合は、現在の作業フォルダ内を検索します。他のフォルダ内を調べるときは、ドライブ名から記述した完全なパスで指定してください（list 11-30）。

書式 11-19
exists()：ファイルの有無を調べる

```
os.path.exists(path)
```

list 11-30
ファイルの有無を調べる

入力
```
import os.path  ← os.pathモジュールのインポート

os.path.exists('C:/temp/score.csv')
```

結果　True ← ファイルがあるときは「True」

11-5-4　パスの一部を取得する

　table 11-4に示す関数を利用すると、パスからフォルダ名またはファイル名を取得することができます。

table 11-4
パスの一部を取得する

関数	意味
os.path.dirname(path)	フォルダ名を取得
os.path.basename(path)	ファイル名を取得

list 11-31は「C:/temp/score.csv」を指定したときに、パスのどの部分が取得できるかを確認するプログラムです。フォルダの区切りに/を使用したときは、実行結果のフォルダ区切りも/になります。

list 11-31
パスの一部を取得

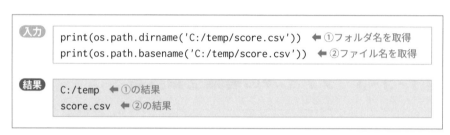

```
入力   print(os.path.dirname('C:/temp/score.csv'))   ←①フォルダ名を取得
       print(os.path.basename('C:/temp/score.csv'))  ←②ファイル名を取得

結果   C:/temp    ←①の結果
       score.csv  ←②の結果
```

11-5-5 パスを分割する

table 11-5に示す関数を利用すると、パスを指定した位置で分割することができます（list 11-32）。

table 11-5
パスを分割する

関数	意味
os.path.split(path)	フォルダ名とファイル名に分割
os.path.splitdrive(path)	ドライブ名の直後で分割
os.path.splitext(path)	拡張子の直前で分割

list 11-32
パスを分割

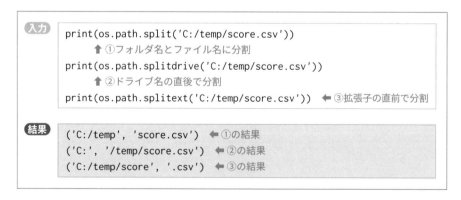

```
入力   print(os.path.split('C:/temp/score.csv'))
          ↑①フォルダ名とファイル名に分割
       print(os.path.splitdrive('C:/temp/score.csv'))
          ↑②ドライブ名の直後で分割
       print(os.path.splitext('C:/temp/score.csv'))   ←③拡張子の直前で分割

結果   ('C:/temp', 'score.csv')      ←①の結果
       ('C:', '/temp/score.csv')     ←②の結果
       ('C:/temp/score', '.csv')     ←③の結果
```

11-6 ▶ 数学・統計関連のモジュール

　三角関数や指数関数、対数関数など、数学で習った関数は`math`モジュールにまとめられています。主な関数はtable 11-6を参照してください。なお、本書はPythonの学習を目的としているため、これらの関数の詳細な説明は省略します。

table 11-6
math モジュールの
主な関数

関数	意味
math.pi	円周率
math.sin(x)	x（ラジアン）の正弦
math.cos(x)	x（ラジアン）の余弦
math.tan(x)	x（ラジアン）の正接
math.degrees(x)	角xをラジアンから角へ変換
math.radians(x)	角xを角からラジアンへ変換
math.log(x)	xの（eを底とする）自然対数
math.sqrt(x)	xの平方根
math.pow(x,y)	xのy乗

　また、平均や標準偏差、分散などを求める関数は`statistics`モジュールに定義されています。主な関数はtable 11-7を参照してください。

table 11-7
statistics
モジュールの
主な関数

関数	意味
statistics.mean(data)	平均値を求める
statistics.median(data)	中央値を求める
statistics.pstdev(data)	標準偏差を求める
statistics.pvariance(data)	分散を求める
statistics.stdev(data)	標本標準偏差を求める
statistics.variance(data)	標本分散を求める

確 認 ・ 応 用 問 題

Q1 1. 乱数を扱うための random モジュールをインポートしてください。

2. 1〜10までの乱数を生成して、画面に表示してください。

3. 1〜10までの乱数を10個生成して、リストに代入するプログラムを作成してください。

Q2 1. random モジュールに rn という名前を付けてインポートしてください。

2. 「rn」という名前を使って randint() 関数を実行してください。

3. 「import random」と「from random import randint」の違いを説明してください。

Q3 1. 日付と時刻を扱う datetime モジュールから、日付を扱う date クラスをインポートしてください。

2. 今日の日付を取得して、変数 date1 に代入してください。

3. 今年のあなたの誕生日の日付オブジェクトを生成して、変数 date2 に代入してください。

4. 誕生日までの日数（または、誕生日から何日経過したか）を調べてください。

第 **12** 章

////////////////////////////////

外部モジュール

この章ではAnacondaに付属してインストールされる外部モジュールの中から、この先Pythonの勉強をしていく中でよく目にすると思われるモジュールをいくつか紹介します。なお、モジュールのimport文はそのモジュールを紹介する最初のプログラムに記述しています。その後に続くプログラムではimport文を省略しているので、実行するときは注意してください。

Matplotlib.Pyplot モジュール

第1章で「Pythonでは簡単な命令でグラフが描ける」という話をしたのですが、覚えていますか？ これを実現するのが **Matplotlib.Pyplot** モジュールです。**Matplotlib** はグラフや図形を描画するためのモジュールを管理しているパッケージ*の名前です。グラフを描画するための命令はMatplotlibのPyplotモジュールに書かれているのですが、それを利用するには「matplotlib.pyplot.関数名」のようにパッケージ名から書かなければなりません。関数を呼び出すたびに長々とした名前を入力するのは煩わしいので、**Matplotlib.Pyplot** モジュールは

＊モジュールはPythonのプログラムが書かれたファイル、パッケージはそのファイルを管理するフォルダのようなものです。

```
import matplotlib.pyplot as plt
```

のように **plt** という名前を付けてインポートするのが一般的です。

12-1-1 グラフを描画する

二次元のグラフを描画するには、x座標とy座標が必要です。今回はtable 12-1のデータを使いましょう。

table 12-1
グラフに使うデータ

x	1	2	3	4	5
y	75	100	60	85	90

Pyplotモジュールに定義されている **plot()** 関数を使うと、このデータを使って折れ線グラフを生成することができます。その後で **show()** を実行すると、生成したグラフが画面に表示されます（list 12-1、fig. 12-1）。

書式 12-1
plot()：グラフを描画するオブジェクトを生成する

```
matplotlib.pyplot.plot(x, y)
```

list 12-1
折れ線グラフを
描画する

```
import matplotlib.pyplot as plt    ← Matplotlib.Pyplot モジュールのインポート

x = [1, 2, 3, 4, 5]    ← x座標
y = [75, 100, 60, 85, 90]    ← y座標
plt.plot(x, y)    ← グラフを生成
plt.show()    ← グラフを描画
```

fig. 12-1
list 12-1 実行結果

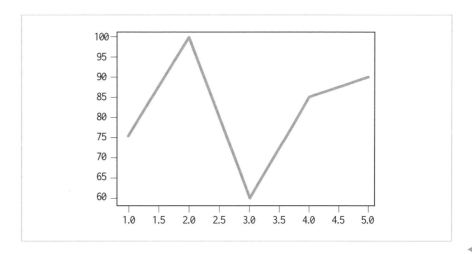

とても簡単でしょう？　x座標とy座標をそれぞれリストで定義して、あとは
plot()に渡すだけです。横軸や縦軸の目盛りは、描画領域内にグラフが一番大き
く表示されるように自動的に調整されます。私たちがこれらを気にする必要はあり
ません。

　なお、Jupyter Notebookを利用しているときはplot()を実行するだけでグラフ
が表示されますが、これはセルの最後に変数名を書いたのと同じ理由で表示された
ものです*。描画したグラフはshow()で出力するのが一般的なやり方です。

＊「2-1-4：命令を
実行する」（P.41）の
コラム欄で説明しま
した。

1つのグラフに複数のデータをプロットする

　table 12-2のデータを1つのグラフに描画することもできます。

table 12-2
グラフに使うデータ

x	1	2	3	4	5
y1	75	100	60	85	90
y2	80	70	50	80	65
y3	65	90	100	75	70

　この場合は*y1*、*y2*、*y3*のそれぞれの座標を入れたリストを3つ定義して、plot()を3回実行してください (list 12-2)。

list 12-2
1つのグラフに
複数のデータを
プロットする

```python
x = [1, 2, 3, 4, 5]
y1 = [75, 100, 60, 85, 90]
y2 = [80, 70, 50, 80, 65]
y3 = [65, 90, 100, 75, 70]

plt.plot(x, y1)
plt.plot(x, y2)
plt.plot(x, y3)
plt.show()
```

　fig. 12-2は、list 12-2の実行結果です。fig. 12-1と比べると、縦軸の目盛りがデータに合わせて変わっていることがわかりますね。また、特別なことを何もしなくても、グラフはデータごとに異なる色で描画されます。

fig. 12-2
list 12-2実行結果

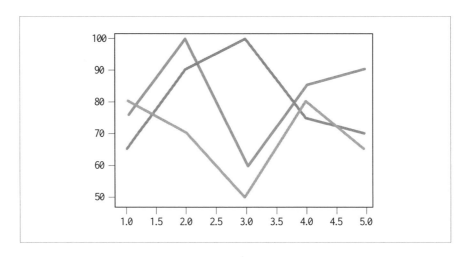

12-1-2　グラフの体裁を変更する

　plot()関数を実行するときに

```python
plt.plot(x, y, marker='o')
```

のように marker オプションを指定すると、fig. 12-3左のように頂点にマークを描画することができます。marker オプションには table 12-3に示す文字を指定できます。また、グラフの色は color オプションで変更できます（fig. 12-3右）。

fig. 12-3
いろいろな
折れ線グラフ

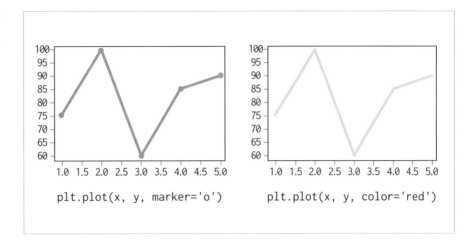

table 12-3
marker オプション
に指定できる文字

marker	表示される記号
'o'	●
's'	■
'^'	▲
'x'	×
'+'	+
'*'	★

plot()関数には、marker オプションや color オプションのほかに、グラフの線幅を指定する linewidth オプション、折れ線の種類を指定する linestyle オプションなど、たくさんのオプション引数があります。興味のある人は調べてみるとよいでしょう。

グラフの種類を変更する

plot()の代わりに bar()を利用すると、棒グラフを描画することができます（fig. 12-4左）。また、scatter()を利用すると座標の位置に点をプロットします（fig. 12-4右）。

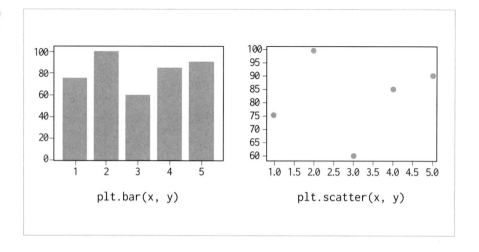

fig. 12-4
棒グラフと点の
プロット

グリッドを描画する

　grid()を利用すると、グラフにグリッドを表示することができます（list 12-3、fig. 12-5）。

list 12-3
グリッドを描画する

```
x = [1, 2, 3, 4, 5]
y = [75, 100, 60, 85, 90]
plt.scatter(x, y)  ◀ 点をプロット
plt.grid()  ◀ グリッドを描画
plt.show()  ◀ グラフを表示
```

fig. 12-5
list 12-3 実行結果

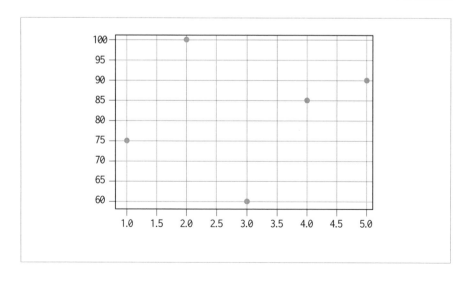

12-1-3 式からグラフを描画する

グラフの描画に使うデータを計算式で与えることもできます。list 12-4は

$$y = x^2$$

のグラフを、xが-3〜3の範囲で描画するプログラムです。

list 12-4
$y=x^2$のグラフを
描画

```
x = []   ←x座標用のリスト
y = []   ←y座標用のリスト
for i in range(-3, 4):   ←「-3〜3」の範囲の繰り返し①
    x.append(i)   ←iをリストxに追加
    y.append(i**2)   ←i²をリストyに追加
plt.plot(x, y)
plt.show()
```

簡単にプログラムの説明をしておきましょう。1〜2行目はx座標とy座標を入れるためのリストです。3行目で定義したfor文は、変数iの値が-3〜3までの繰り返しです。この繰り返しの中でiの値をxに、iを2乗した値をyに追加してください。これらがグラフのx座標とy座標になります。plot()を実行すると、fig. 12-6のグラフが表示されます。

fig. 12-6
list 12-4実行結果

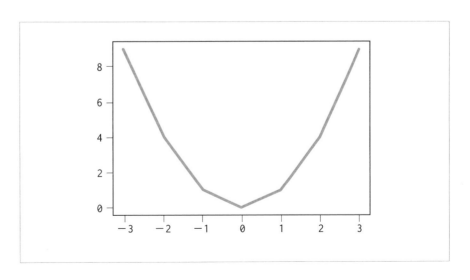

ただ、fig. 12-6の結果を見てもわかるように、この方法では滑らかな放物線が描けません。理由はlist 12-4の①の行です。x座標の値にはrange()が作る数列を使用するのですが、range()が扱うのは整数だけです。−3〜3までの7点では、滑らかな放物線を描くには頂点数が少なすぎます*。次節で紹介するNumPyモジュールを利用すると、実数の数列も作ることができます。それを利用すればxの範囲が−3〜3の範囲でも、滑らかなグラフを描画することができます。

＊list 12-4のfor文で繰り返しの範囲をrange(-100, 101)のようにすると、滑らかな放物線になります。興味のある人は試してみてください。

12-2 ▶ NumPyモジュール

　NumPyはベクトルや行列計算を得意とする数値演算のためのモジュールです。前節で紹介したMatplotlib.Pyplotモジュールとともに、Pythonで統計分析や機械学習のプログラムを作るときによく利用されます。

　NumPyモジュールは、以下のようにnpという名前でインポートするのが一般的です。

```
import numpy as np
```

12-2-1　配列の初期化

＊n-dimensional array の略です。n-dimensio nalは「n次元」、array は「配列」という意味 です。

　配列はNumPyで中心となるデータ型（**ndarray型**）＊です。Pythonの組み込みデータ型のリスト（**list型**）と同じように複数の値を扱うことができますが、NumPyは数値演算のためのモジュールなので、配列の各要素は基本的にfig. 12-7に示すように数値で構成されます。

＊「5-1-3：スライス の使い方」（P.151）で 説明しました。

　配列の各要素は先頭から順に0、1、2…というインデックスで参照します。また、Pythonのリストと同じように、スライス機能＊を使って要素の一部を参照することもできます。なお、この節ではfig. 12-7に示したような一次元配列を使ってNumPyの基本の使い方を説明しますが、本来NumPyは2次元や3次元、それよりも多くの次元を扱うのが得意なことを覚えておきましょう。

fig. 12-7
NumPyの配列

Numpy の配列

0	1	2	3	4
75	100	60	85	90

NumPy の配列を定義する

NumPyの配列は、**array()**関数を使って定義します。引数はPythonのリストまたはタプルです。list 12-5はfig. 12-7の配列を生成して、内容を確認するプログラムです。

書式 12-2
array()：配列を
生成する

変数名 = numpy.array([要素1, 要素2, 要素3, …])

list 12-5
配列を生成する

```
入力  import numpy as np    ← NumPy モジュールのインポート

      arr = np.array([75, 100, 60, 85, 90])
      arr
```

```
結果  array([ 75, 100,  60,  85,  90])
```

print()を使わずにNumPyの配列の内容を確認したときは、Pythonのリストと区別できるようにarray()の括弧に囲まれた形で表示されます。組み込み関数のtype()を使って変数arrのデータ型を調べると、NumPyのndarray型であることがわかります（list 12-6）。

list 12-6
変数arrの
データ型を調べる

```
入力  print(type(arr))
```

```
結果  <class 'numpy.ndarray'>
```

連続する数値で配列を生成する

NumPyモジュールには、Pythonのrange()とほぼ同じ機能を持った**arange()**関数があります。これを利用すると**指定した範囲の連続する数値を生成することができます**。

書式 12-3
numpy.arange()：
数列を生成する

*「4-5-4：range()
の使い方」(P.132)
を参照してくださ
い。

> 変数名 = numpy.arange(start, stop, step)

arange()の使い方は、range()とほぼ同じ*です。引数を1つだけ指定したときは、0からその数値の直前までの整数列を生成します (fig. 12-8左)。範囲を指定するときは引数を2つ指定してください。この場合、範囲の上限は生成する数値に含まれないので注意してください (fig. 12-8右)。

fig. 12-8
arange()を使って
配列を生成

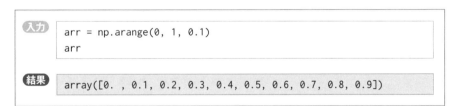

numpy.arange(5)   numpy.arange(1, 5)

Pythonのrange()との大きな違いは、**numpy.arange()のstepには小数点を含んだ値を指定できる**という点です。list 12-7を実行すると、0から1の直前まで、0.1刻みの数値を生成して配列として代入することができます。

list 12-7
連続する数値で
配列を生成する

```
入力  arr = np.arange(0, 1, 0.1)
      arr
```

```
結果  array([0. , 0.1, 0.2, 0.3, 0.4, 0.5, 0.6, 0.7, 0.8, 0.9])
```

12-2-2 配列を使って計算する

fig. 12-9はPythonのリストに3を掛けた様子です。すべての要素が数値データの場合でも、もとの要素の並びが3倍に増えただけで、各要素の値を3倍することはできません。

fig. 12-9
Pythonのリストに
3を掛ける

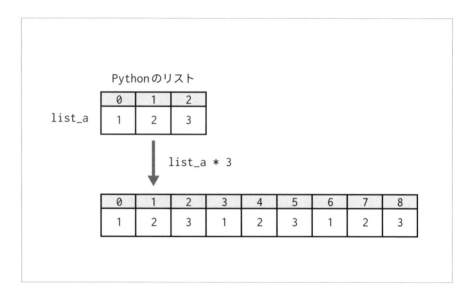

各要素の値を3倍するには、list 12-8のようにfor文を使って要素ごとに計算するか、もしくはlist 12-9のように値を3倍する関数をmap() *で実行しなければなりません。

*map()関数の使い方は、「6-5-7：すべての要素に同じ処理を実行する」(P.216)で説明しました。

list 12-8
リストの全要素を
3倍する①

```
入力
list_a = [1, 2, 3]
list_b = []
for dat in list_a:   ← リストの全要素を参照する繰り返し
    list_b.append(dat*3)   ← 値を3倍してlist_bに追加
list_b
```

```
結果
[3, 6, 9]
```

list 12-9
リストの全要素を
3倍する②

```
入力  def three_times(val):   ← 値を3倍する関数
          return val*3

      list_b = list(map(three_times, list_a))
              ↑ 全要素にthree_times()を実行した結果でリストを生成
      list_b
```

結果
```
[3, 6, 9]
```

　どちらも難しいプログラムではありませんが、単純な計算のわりには手間がかかりますね。実はこれと同じ処理がNumPyの配列ではとても簡単にできます。list 12-10はNumPyの配列に3を掛けるプログラムです。普通の変数を使った計算と同じように式を書くだけで、各要素の値を3倍することができます（fig. 12-10）。もちろん、ほかの算術演算子を使った場合でも同じです。**配列と数値の算術演算は、各要素に対して行われます。**

fig. 12-10
NumPyの配列に
3を掛けると……

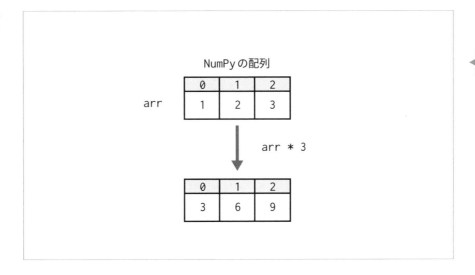

NumPyの配列

list 12-10
配列の全要素を
3倍する

```
入力  arr = np.array([1, 2, 3])
      arr * 3
```

結果
```
array([3, 6, 9])
```

＊基本的に要素数が異なる配列を使った算術演算はValueErrorになります。

では、配列と配列の算術演算はどうなると思いますか？ Pythonのリストで足し算はリストの連結になりますが（fig. 12-11右）、**NumPyでは要素数が等しい配列どうし**＊**であれば、要素ごとに計算が行われます**（fig. 12-11左）。

fig. 12-11
「配列の足し算」と
「リストの連結」

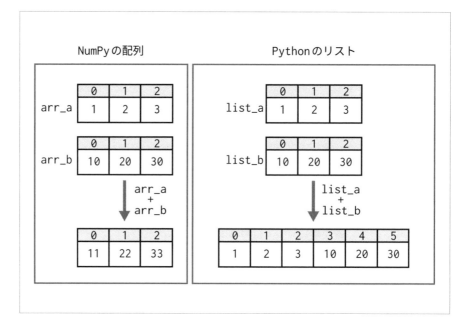

＊NumPyのndarray型の値をprint()で出力すると、リストと同じように[ ]で囲まれて表示されます。このとき、値の区切りはスペースになります。

list 12-11を実行して、**要素ごとに計算**の意味を確認しましょう＊。

list 12-11
配列と配列の
算術演算

入力
```
arr_a = np.array([1, 2, 3])
arr_b = np.array([10, 20, 30])
print(arr_a + arr_b)
print(arr_a * arr_b)
```

結果
```
[11 22 33]   ← arr_a + arr_b
[10 40 90]   ← arr_a * arr_b
```

12-2-3　グラフを描画する

　最後に紹介するのはNumPyとMatplotlib.Pyplotモジュールを使ってグラフ
を描画するプログラムです。この章の「12-1-3：式からグラフを描画する」(P.403)
で「$y=x^2$」のグラフを描画するプログラムを紹介しましたが、NumPyを利用する
とx座標の範囲を定義して、y座標に式を書くだけで、同じ形のグラフが描画でき
ます (list 12-12、fig. 12-12)。

list 12-12
$y=x^2$のグラフを
描画する

```
import matplotlib.pyplot as plt
⬆ Matplotlib.Pyplot モジュールのインポート

x = np.arange(-3, 3.1, 0.1)  ⬅ xの範囲（-3〜3.0まで0.1刻み）
y = x**2  ⬅ y=x²
plt.plot(x, y)
plt.show()
```

fig. 12-12
list 12-12
実行結果

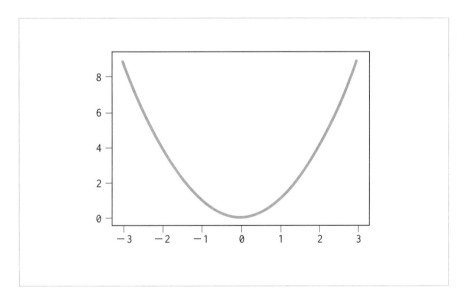

12

Numpy モジュールの関数

NumPyモジュールには三角関数や統計関数など、数値演算のための関数が数多く定義されています。主な関数はtable 12-4を参照してください。なお、本書はPythonの学習を目的としているため、これらの関数の詳細な説明は省略します。

table 12-4
NumPyモジュール
の主な関数

関数・定数	意味
numpy.pi	円周率
numpy.sin(x)	x（ラジアン）の正弦
numpy.cos(x)	x（ラジアン）の余弦
numpy.tan(x)	x（ラジアン）の正接
numpy.degrees(x)	角xをラジアンから角へ変換
numpy.radians(x)	角xを角からラジアンへ変換
numpy.log(x)	xの（eを底とする）自然対数
numpy.sqrt(x)	xの平方根
numpy.power(x, y)	xのy乗
numpy.sum(arr)	合計を求める
numpy.min(arr)	最小値を求める
numpy.max(arr)	最大値を求める
numpy.mean(arr)	平均値を求める
numpy.median(arr)	中央値を求める
numpy.std(arr)	標準偏差を求める
numpy.var(arr)	分散を求める
numpy.corrcoef(arr1, arr2)	相関係数を求める

Pandasモジュール

Pandasは表形式のデータをPythonで扱うときに便利なモジュールです。欠損値（値の入っていないデータ）の削除や置き換え、列ごとの集計、データの並べ替えなどを行うことができるので、主にデータ分析に利用されます。

Pandasモジュールは、以下のように**pd**という名前でインポートするのが一般的です。

```
import pandas as pd
```

12-3-1　CSVファイルの読み込み

「11-4：CSVファイルを扱うモジュール」（P.383）では、fig. 12-13左のようなCSVファイルからデータを読み込んでリストを生成する方法を紹介しました。しかし、fig. 12-13右のように先頭行が列見出しの場合は、そのデータを読み飛ばして2行目以降のデータをリストに追加するというようにプログラムを作らなければなりません。Pandasモジュールの`read_csv()`関数を利用すると、先頭行に列見出しが入ったfig. 12-13右のようなデータも簡単に読み込むことができます。

fig. 12-13
CSVファイルの例

score.csv

```
75,80,65
100,70,90
60,50,100
85,80,75
90,65,70
```

score_title.csv

```
国語,数学,英語
75,80,65
100,70,90
60,50,100
85,80,75
90,65,70
```

書式 12-4
read_csv()：CSVファイルを読み込む

```
pandas.read_csv(ファイル名)
```

引数にファイル名だけを指定した場合は、編集中のNotebookと同じフォルダ（作業フォルダ）内のファイルを開きます。他のフォルダにあるファイルを読み込むときは、ドライブ名から完全なパスで指定してください。

list 12-13は、fig. 12-13右のファイル（score_title.csv）を読み込むプログラムです。読み込んだデータは、DataFrameというデータ型になります。print()を使わずに値を参照すると、fig. 12-14に示すような形で表示されます。なお、読み込んだデータが多いときは、list 12-13の最後の行をdf.head()のようにすると、先頭から5行分のデータを表示することができます。

list 12-13
CSVファイルの読み込み

```
import pandas as pd  ← Pandasモジュールのインポート

df = pd.read_csv('score_title.csv')
df
```

fig. 12-14
list 12-13実行結果

	国語	数学	英語
0	75	80	65
1	100	70	90
2	60	50	100
3	85	80	75
4	90	65	70

list 12-13を実行したときに例外が発生した場合は、一番下に表示されるメッセージを確認してください。FileNotFoundErrorは「ファイルが見つからない」というエラーです。引数に指定したファイル名を確認してください。

また、UnicodeDecodeErrorはCSVファイルに記録したときの文字コードの変換ルール[*1]とread_csv()で読み込むときのルール[*2]が異なるときに発生します。fig. 12-13右のように、列見出しが日本語の場合は特に注意してください。

Pythonでは文字列を扱うときにUTF-8という文字コードを基本にしていますが、他のアプリでは日本語をShift_JIS（シフトJIS）で扱うものもあります。もしもfig. 12-13右のファイルがShift_JISという方式で保存されたものであれば、list 12-13の実行時にUnicodeDecodeErrorが発生します。

この例外が発生したときは、read_csv()を実行するときに

*1 これを「エンコード（encode）」と言います。
*2 これを「デコード（decode）」と言います。

```
df = pd.read_csv('score_title.csv', encoding='SHIFT_JIS')
```

のようにencodingオプションを付けて実行してください。

12

More Information

Pandasで読み込めるファイル形式

Pandasモジュールには CSV 形式以外のファイルからデータを読み込むための関数も定義されています。主な関数は table 12-5 を参照してください。

table 12-5
ファイル入力関数

関数	意味
pandas.read_table(path)	タブ区切りのCSVファイル
pandas.read_excel(path)	Excelファイル
pandas.read_html(path)	HTMLファイル
pandas.read_json(path)	JSONファイル

More Information

文字コード

「0-3：プログラミングとは」（P.14）で説明したように、コンピュータは0と1しか処理することができません。そのコンピュータが文字を扱えるように、それぞれの文字に割り振った固有の番号のことを**文字コード**と言います。

コンピュータで扱う文字が数値やアルファベットだけであれば1バイト[*1]でも十分なのですが、平仮名やカタカナ、漢字など、たくさんの種類がある日本語は1文字を2バイトで表す文字コードが使われます。2バイトコードにはJISやShift_JIS、EUCなどがありますが、Pythonは**UTF-8**という文字コードを基本にしています。文書を保存したときの文字コードと、それを読み込むときの文字コードが異なる場合は、文字を正しく表現できません。[*2] UTF-8はこのような不都合を解消させるために開発された文字コードです。

*1 1バイトで表現できる数値は 0~255 ですから、最大で256種類の文字を表現できます。

*2 この状態を「文字化け」のように言うこともあります。

12-3-2　Pandasのデータフレーム

　read_csv()で読み込んだデータは、fig. 12-15のような表形式になります。これはデータフレームと言って、Pandasモジュールで中心となるデータ型（`DataFrame`型）です。列ラベルには、CSVファイルの先頭行の値がそのまま入ります。行ラベルは0、1、2…のように連番が振られます。

fig. 12-15
データフレーム

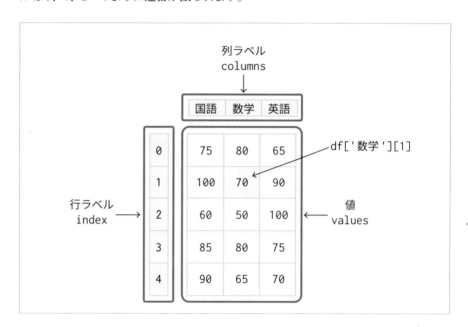

　データを個別に参照するときは、列ラベルと行ラベルを使います。たとえば、「数学」列の2つ目のデータを参照するときは

```
df['数学'][1]
```

のように指定してください。また、

```
df['国語']
```

のように列ラベルだけを指定すると、「国語」の全データを参照できます（list 12-14）。

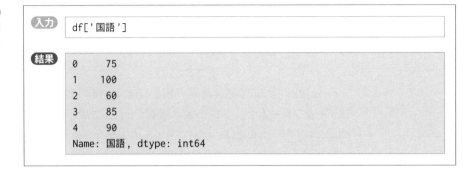

list 12-14
国語の全データを
参照する

list 12-14の実行結果の最後に表示された値は、**列ラベルと値のデータ型**です。列全体はPandasの Series 型というデータ型になります。組み込み関数の list() を使うと、これをPythonのリストに変換することができます (list 12-15)。

list 12-15
国語のデータから
リストを生成する

12-3-3 列ごとに平均を求める

データフレームには統計処理を行うためのメソッドが多数定義されています。主なメソッドは、table 12-6を参照してください。list 12-16は、「score_title.csv」というファイルを読み込んで生成したデータフレーム (fig. 12-16) を使って列ごとに平均値を求めるプログラムです。

fig. 12-16
データフレームの
内容
(fig. 12-14再掲)

	国語	数学	英語
0	75	80	65
1	100	70	90
2	60	50	100
3	85	80	75
4	90	65	70

list 12-16
列ごとに平均値を
求める

入力
```
df = pd.read_csv('score_title.csv')
df.mean()
```

結果
```
国語    82.0
数学    69.0
英語    80.0
dtype: float64
```

table 12-6
DataFrame の
主なメソッド

メソッド	意味
sum()	合計を求める
count()	データ数（値がない場合はカウントしない）
mean()	平均値を求める
median()	中央値を求める
min()	最小値を求める
max()	最大値を求める
std()	標準偏差を求める
var()	分散を求める
corr()	相関を求める

Pillowライブラリ

*PILという開発の
停止したライブラリ
の後継版がPillowで
す。

　画像やスマートフォンで撮影した写真を扱うときは、**Pillow***というライブラリが便利です。**ライブラリ**という言葉を使った理由は、PillowはPythonのプログラムをインポートするときの名前ではないからです。このライブラリを利用するには、

```
from PIL import Image
```

のようにインポートします。**PIL**（Python Imaging Library）は画像データを扱うためのモジュールを管理しているパッケージの名前です。ここではその中の**Image**モジュールを使って画像ファイルを利用する方法を紹介します。

12-4-1 画像を読み込む

　画像やスマートフォンで撮影した写真を読み込むにはPIL.Imageモジュールの**open()**を使います。以降の説明では読み込んだ画像を画面に表示するためにMatplotlib.Pyplotモジュールのメソッドを使うので、忘れずにインポートしてください。

書式 12-5
open()：
画像ファイルを
読み込む

```
PIL.image.open（ファイル名）
```

　引数にファイル名だけを指定した場合は、編集中のNotebookと同じフォルダ（作業フォルダ）内の画像ファイルを開きます。他のフォルダにある画像ファイルを読み込むときは、ドライブ名から完全なパスで指定してください。
　list 12-17は、「sample.jpg」という名前の画像ファイルを読み込んで、画面に表示するプログラムです（fig. 12-17）。JPEGのほかにPNGやBMPなども読み込む

ことができます。

list 12-17
画像ファイルを
読み込む

```
from PIL import Image  ← PIL.Imageモジュールのインポート
import matplotlib.pyplot as plt  ← Matplotlib.Pyplotモジュールのインポート

img = Image.open('sample.jpg')
plt.imshow(img)
plt.show()
```

fig. 12-17
list 12-17実行結果

　プログラムの説明を簡単にしておきましょう。画像ファイルの読み込みに成功すると、PIL.image.open()はその画像を扱うためのオブジェクトを返します。list 12-17では、そのオブジェクトをimgという変数に代入しました。matplotlib.pyplot.imshow()は、読み込んだ画像をMatplotlibのグラフで扱える形式に変換する命令です。それを画面に出力する命令がmatplotlib.pyplot.show()です。

12-4-2　モノクロに変換する

　PIL.Imageモジュールに定義されている画像オブジェクトには、便利なメソッ

ドがたくさん用意されています。たとえば、**rotate()** を利用すると、画像を反時計回りに回転することができます（list 12-18、fig. 12-18）。

list 12-18
画像を回転する

```
img2 = img.rotate(45)   ← 反時計回りに45度回転
plt.imshow(img2)
plt.show()
```

fig. 12-18
list 12-18実行結果

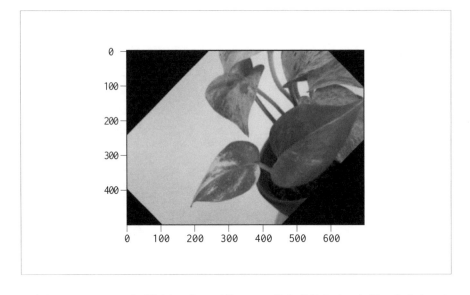

また、**convert()** を利用すると、画像のモードを変換することができます。カラー画像からモノクロ画像に変換するときは、引数を 'L' にして実行してください（list 12-19）。

list 12-19
モノクロに変換

```
img_gray = img.convert('L')
plt.imshow(img_gray, cmap='gray')
plt.show()
```

モノクロに変換した画像を画面に出力するときは、matplotlib.pyplot.imshow() を実行するときに cmap='gray' というオプションを指定してください。これはカラーマップ*をグレースケールに変換するためのオプションです。このオプションを省略すると、Matplotlibの既定のカラーマップが使用されるため、正しい色で表示できません。

*画面に表示するときに使う色の組み合わせを定義したものです。

12-4-3　画像をファイルに保存する

　画像オブジェクトの**save()**メソッドを利用すると、その画像をファイルに保存することができます。

書式 12-6
save()：画像を
保存する

```
PIL.image.save(ファイル名)
```

　保存する画像のフォーマットは、ファイルの拡張子（*.jpg、*.png、*.bmp等）で決まります。パスを指定せずにファイル名だけを指定した場合は、現在の作業フォルダに画像ファイルを生成します。他のフォルダに保存するときは、ドライブ名から完全なパスで指定してください。

　list 12-20は、前節のlist12-19を実行して生成したモノクロ画像を保存するプログラムです。このプログラムを実行すると、現在の作業フォルダに「sample_gray.jpg」という名前でJPEG形式の画像ファイルが生成されます。

list 12-20
画像を保存する

```
img_gray.save('sample_gray.jpg')
```

12

確認・応用問題

Q1 1. **Matplotlib.Pyplot** モジュールを「plt」という名前でインポートしてください。

2. 次のプログラムを実行するとどんなグラフが描画されるのか、結果を予想してから実行してください。

```
import random

x = list(range(5))
y = [random.randint(1,10) for i in range(5)]

plt.plot(x, y)
plt.show()
```

3. 上記のプログラムを変更して、棒グラフを描画してください。

Q2 1. **Numpy** モジュールを「np」という名前でインポートしてください。

2. 次の図の要素を持つ**Numpy**の配列 **a** を定義してください。

0	1	2	3	4
1	3	5	7	9

3. 次のプログラムを実行するとどうなるか、結果を予想してから実行してください。

```
b = a + 1
print(b)
```

4. 次のプログラムを実行するとどうなるか、結果を予想してから実行してください。

```
c = a * b
print(c)
```

第 13 章

////////////////////////////////////

モジュールを作る

第11章と第12章ではPythonやAnacondaに付属する便利なモジュールを見てきましたが、モジュールは自分でも作ることができます。最後の章は自分で作ったプログラムをモジュールにして、再利用する方法を学習します。

13-1 改めて、モジュールとは

　私たちはここまでに、練習用の小さなプログラムをたくさん作ってきました。また、第8章では関数を、第9章ではクラスを定義して、それらを利用する方法も学習しました。これらのプログラムをJupyter Notebookで保存した場合は、対象のNotebookを開いて実行したり、必要であれば修正することもできます。また、セルの内容をコピーすれば、新しいNotebookに貼り付けて別のプログラムで利用することもできますね（fig. 13-1）。

fig. 13-1
プログラムの再利用

　便利な関数やクラスを作ったら、それを目的別にまとめてファイルに保存しておきましょう。これが**モジュール**です。少し驚きましたか？　実は「モジュール」とは**Pythonで作ったプログラムを保存したファイルの総称**です。標準モジュールも外部モジュールも、自分で作ったモジュールも、ファイルの拡張子はPythonで作ったプログラムを示す「.py」です。

　しかし、なんでもかんでもモジュールにすればいいというものではありません。プログラムの中で乱数を使いたいときはrandomモジュール、CSVファイルからデータを読み込みたいときはcsvモジュール、グラフを描画したいときはMatplotlib.Pyplotモジュールのように、これまでに見てきた標準モジュールや外部モジュールは、はっきりとした目的があるときにインポートしましたね。自分でモジュールを作るときも同じです。別のプログラムから再利用しやすいように、**目的別にまとめて**1つのファイルに保存しましょう。

Notebookからモジュールを作る

　第9章では体格を扱うBodyTypeクラスと、そのクラスを基にBodyTypeExtraクラスを定義しました。この2つをまとめて「bmi」という名前のモジュールを作りましょう。

　新しいNotebookを作成して名前を「bmi」に変更した後、list 13-1とlist 13-2を別々のセルに入力してください。第9章を読みながらプログラムを作ったという人は、そのセルからコピー&ペーストしてもかまいません。ハッシュ（#）で始まる行はプログラムのコメント*です。いまは練習用のプログラムですから、入力が面倒な場合は省略しても問題ありません。

　入力したプログラムに誤りがないことを確認するために、プログラムを入力した後は［Run］ボタンをクリックしてセルを実行してください。例外が発生した場合は、この段階で確実に修正しておきましょう。

＊「2-3-3：コメントの書き方」(P.60) で説明しました。

list 13-1
BodyTypeクラス

```
class BodyType:
    # クラス変数
    _cnt = 0

    # クラスメソッド
    @classmethod
    def count(cls):
        return cls._cnt

    # 初期化メソッド
    def __init__(self, height=0, weight=0):
        self.height = height
        self.weight = weight
        BodyType._cnt += 1

    # BMIを計算する
    def __bmi_calc(self):
```

```
        h = self.height * 0.01
        bmi = self.weight / (h**2)
        return round(bmi, 1)

    # 肥満度を調べる
    def bmi_hantei(self):
        bmi = self.__bmi_calc()
        if bmi < 18.5:
            return bmi, '低体重'
        elif bmi < 25.0:
            return bmi, '普通体重'
        elif bmi < 35.0:
            return bmi, '肥満'
        else:
            return bmi, '高度肥満'
```

list 13-2
BodyTypeExtra
クラス

```
class BodyTypeExtra(BodyType):

    # 初期化メソッド
    def __init__(self, height, weight, age):
        super().__init__(height, weight)
        self.age = age

    # 目標体重を計算する
    def ideal_weight(self):
        h = self.height * 0.01
        high = round(24.9 * (h**2), 1)
        if self.age >= 18 and self.age < 50:
            low = round(18.5 * (h**2), 1)
        elif self.age >= 50 and self.age < 65:
            low = round(20.0 * (h**2), 1)
        elif self.age >= 65:
            low = round(21.5 * (h**2), 1)
        else:
            low = None
            high = None
        return low, high
```

　プログラムを入力したら、全体を「bmi.py」という名前で保存しましょう。
「bmi」は新たに作成するモジュールの名前です。名前は自由に付けることができま
す、**モジュールの名前はアルファベットの小文字を使うことが推奨されていま
す**。.pyはPythonのプログラムを表す拡張子です。

　Notebookに名前を付けていない場合は、「bmi」という名前にしておきましょう。この名前がモジュール名になります。

モジュールを作成する

　Jupyter Notebookの［File］メニューから、［Download as］、［Python (.py)］の順に選択してください（fig. 13-2）。Windows環境でJupyter Notebookを実行している場合は、ブラウザで設定しているダウンロードフォルダに「Notebookの名前.py」という名前でファイルが生成されます。

fig. 13-2
モジュールを
生成する

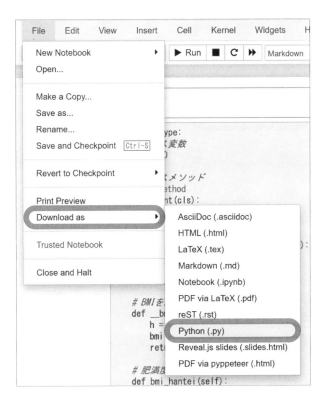

　メニューを選択した後にfig. 13-3上のようなメッセージ*が表示された場合は［名前を付けて保存］をクリックしてください。保存先を指定する画面が表示されるので、編集中のNotebookと同じフォルダ（作業フォルダ）を選択して「bmi.py」という名前で保存してください。

*ご使用になっているブラウザによって、表示されるメッセージは異なります。

fig. 13-3
ダウンロードした
ファイルの扱いを
確認するメッセージ

　macOSでJupyter Notebookを実行している場合は、［ファイル］メニューから
［名前を付けてダウンロード］、［Python（.py）］の順に選択してください。ダウン
ロードフォルダに「Notebookの名前 .py」という名前でファイルが生成されます。

モジュールをアップロードする

　モジュールを生成するときにfig. 13-3のメッセージが表示されなかった場合は、
作業フォルダとは別のフォルダにモジュールが保存された可能性があります。作業
フォルダの内容はJupyter Notebookのダッシュボードで確認できます（fig. 13-4）。
ここに表示されていないモジュールは、Pythonのプログラムにインポートできま
せん。自分でモジュールを作成した場合は、必ずそのモジュールがあることを確認
してください。

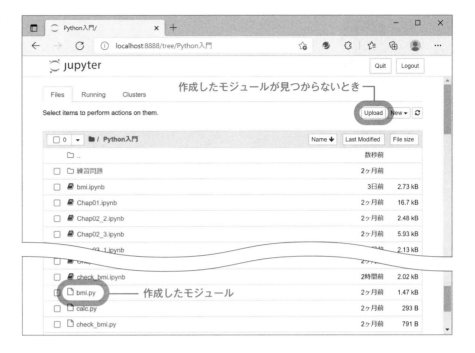

fig. 13-4
Jupyter
Notebookの
ダッシュボード

作成したモジュールがダッシュボードに見当たらなかった場合は、画面右上にある［Upload］ボタンをクリックしてください。［開く］画面が表示されるので、作成したモジュールを選択して［開く］ボタンをクリックしてください（fig. 13-5左）。ダッシュボードの上部に表示された［Upload］ボタンをクリックすると、モジュールを作業フォルダに取り込むことができます（fig. 13-5右）。

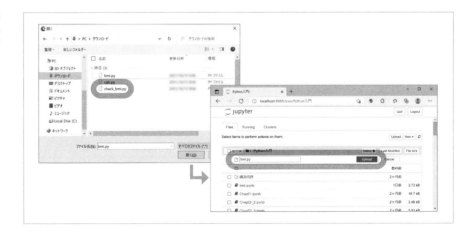

fig. 13-5
モジュールの
アップロード

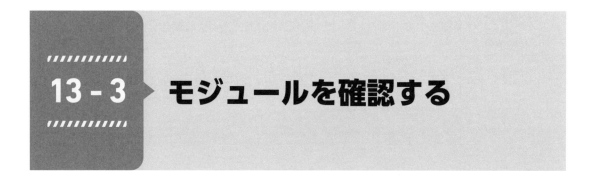

13 - 3 モジュールを確認する

ダッシュボードでモジュールを選択すると、新しいタブが開いて内容を確認することができます（fig. 13-6）。先頭にコメント行が挿入された以外は、Notebookのセルに入力した内容と同じですね。1行目はPythonのプログラムをコマンドラインから実行するときに使われる命令、2行目はモジュールを保存したときの文字のエンコード*方式です。この2行はPythonのモジュールを作るときの決まり文句です。そのまま残しておきましょう。4行目の# In[1]はセルの左脇に表示される履歴番号です。このコメント行はセルごとに挿入されます。

＊ファイルに保存したときと読み込むときとで文字コードの扱いが異なると不具合が発生します。「12-3-1：CSVファイルの読み込み」（P.413）で説明しました。

fig. 13-6
Jupyter
Notebookで
モジュールを開いた
様子

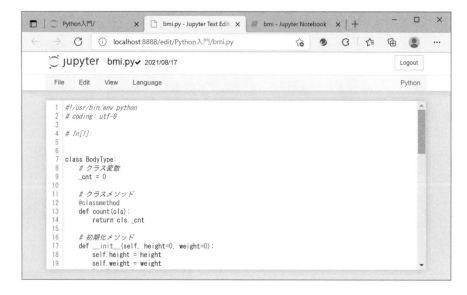

Jupyter Notebookで開いたモジュールは、ブラウザの［タブを閉じる］ボタンをクリックして閉じることができます。内容を編集したときは、［File］メニューから［Save］を選択して保存してください。

モジュールを利用する

せっかく作った bmi.py モジュールです。新しい Notebook を生成して、インポートしてみましょう。

list 13-3
bmi モジュールの
インポート

```
import bmi
```

list 13-3を実行して画面に何も表示されなかったら、インポートは成功です。もしも ModuleNotFoundError という例外が発生したら、

- **モジュール名は間違えていないか**
- **インポートしたモジュールは作業フォルダに存在するか**

この2点を確認してください。

bmi モジュールをインポートした後は、そこに定義されている BodyType クラスと BodyTypeExtra クラスを

> モジュール名.クラス名

という書式で利用できます。list 13-4は BodyType クラスのインスタンスを生成して、BMI と肥満度の判定を行うプログラムです。BodyType クラスの詳細は、「9-3：クラスの基本」(P.313) を参照してください。

list 13-4
BodyType クラス
を利用する

入力
```
taro = bmi.BodyType(170, 63.5)
⬆ 身長、体重を入力してインスタンスを生成
taro.bmi_hantei()
```

結果
```
(22.0, '普通体重')
```

「クラスを参照するときに『モジュール名.クラス名』という書き方が面倒だ！」

という人は、

```
from bmi import BodyTypeExtra
```

*「11-2-4：使用する関数だけインポートする」(P.372) で説明しました。

このように先頭にfromを付けた書式*でインポートしてください。list 13-5はbmiモジュールからBodyTypeExtraクラスをインポートして、理想の体重の上限と下限を調べるプログラムです。BodyTypeExtraクラスの詳細は、「9-5：クラスの継承」(P.335) を参照してください。

list 13-5
BodyTypeExtra
クラスを利用する

入力
```
from bmi import BodyTypeExtra

hanako = BodyTypeExtra(160, 48, 30)
↑ 身長、体重、年齢を入力してインスタンスを生成
hanako.ideal_weight()
```

結果
```
(47.4, 63.7)
```

モジュールを作るときに気を付けたいこと

　　ここではクラスを定義したプログラムからモジュールを作りましたが、自分で作った便利な関数をまとめてモジュールにすることもできます。たとえばlist 13-6は、第8章で作った関数をまとめたモジュールです。これらは**数値を使った計算を行う関数**ですから、モジュールの名前は「calc.py」*にしました。このモジュール内の関数は、**calc.関数名**()で利用できます（list 13-7）。

*モジュール名に使ったcalcは「計算」という意味のcalculationを省略したものです。

list 13-6
関数をまとめた
モジュール
(calc.py)

```python
#!/usr/bin/env python
# coding: utf-8


def division(a, b):
    # 割り算の商と余り
    shou = a // b
    amari = a % 3
    return shou, amari


def average(*val):
    # 平均を求める
    goukei = 0
    for x in val:
        goukei += x
    ave = goukei / len(val)
    return ave
```

13

list 13-7
calcモジュールを
利用する

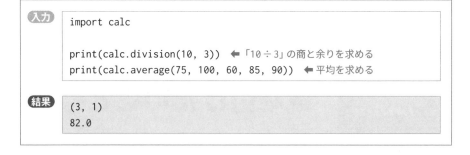

入力
```
import calc

print(calc.division(10, 3))   ← 「10÷3」の商と余りを求める
print(calc.average(75, 100, 60, 85, 90))   ← 平均を求める
```

結果
```
(3, 1)
82.0
```

　モジュールを作るときに大事なことは**目的ごとにまとめる**ということです。たとえば、もしあなたが「文字数を数えるstrlen()関数」を作ったとしても、それは「calc.py」に入れるべきではありません。理由は数値計算と文字数のカウントでは扱うデータも、使う目的も違うからです。

　どうしても1つのモジュールにまとめたいというときは、「自分で作った便利なプログラム」であることがわかるような名前をモジュールに付けましょう。たとえば、「役立つもの」という意味の「utility.py」や、「自分の道具」という意味で「mytools.py」もいいかもしれませんね。

13-6 スクリプトを作る

＊1　Anaconda用のコマンドプロンプトです。「1-3-1：対話型インタプリタを利用する」(P.25)で説明しました。

＊2　scriptは「台本」という意味ですが、コンピュータの世界では決まった処理を行う小さなプログラムを指して「スクリプト」と言います。

　最後はここまでに学習したことを使って、ちょっと便利なプログラムを作りましょう。ここまではNotebookのセルにプログラムを入力して、セル単位で実行してきましたが、プログラムが完成したらJupyter Notebookは必要ありません。作ったプログラムをファイルに保存しておけば、Anacondaプロンプト＊1（macOSの場合はターミナル）から直接実行することができます。このようなプログラムを**スクリプト**＊2と言います。ファイルの拡張子は、Pythonのプログラムを示す .py です。

　fig. 13-7は、これから作るスクリプトをJupyter Notebookで実行した様子です。プログラムを実行すると身長、体重、年齢の順に入力を求められます。すべての値を入力すると、BMIと肥満度の判定、そして理想の体重が表示されます。

fig. 13-7
体格判定プログラム

```
身長 （cm） を入力 ->  |


身長 （cm） を入力 -> 170
体重 （kg） を入力 ->  |
        ↓
身長 （cm） を入力 -> 170
体重 （kg） を入力 -> 63.5
年齢 （歳） を入力 -> 30|
        ↓
身長 （cm） を入力 -> 170
体重 （kg） を入力 -> 63.5
年齢 （歳） を入力 -> 30
あなたのBMIは 22.0 ： 普通体重 です
理想の体重は 53.5～72.0kg です
```

13

fig. 13-7を見ただけで、どのような順番で命令を実行すればよいか、だいたい想像がついたでのではないでしょうか。list 13-8は、サンプルプログラムです。簡単に説明しておきましょう。

最初は「13-2：モジュールを作る」で作成したbmiモジュールのインポートです。BMIや理想体重の計算に使います。次は計算に使う値の入力ですが、try～except～else文を使って例外処理[*1]を組み込みました。値が何もない状態で計算処理に入るとValueErrorが発生するので、それを捕捉してメッセージを表示します。

値の入力時に例外が発生しなかったときは、elseブロックの処理に進みます。ここではheight（身長）とweight（体重）の値を調べて、0以外のときだけ計算処理と結果表示を行うようにしました。このif文を省略すると、BMIの計算時にZeroDivisionErrorが発生するかもしれません。それを防ぐための処理です。ここで「なぜZeroDivisionError（0除算エラー）を捕捉しないの？」と思うかもしれませんね。0除算エラーが発生する可能性があるのはbmiモジュールの中ですが、今回はそこに例外処理を組み込んでいません。そのため呼び出し元ではこの例外を捕捉できません[*2]。

少し話がそれましたが、元に戻しましょう。elseブロックの最後は、計算結果の表示です。文字列のformat()メソッド[*3]を使って、置換フィールドの位置に値を差し込んで表示しました。

*1 「10-2：例外処理を組み込む」（P.352）で説明しました。

*2 呼び出し元で例外を捕捉する方法は、「10-3-2：関数の呼び出し元に例外を送る」（P.362）で説明しました。

*3 「5-4-1：文字列に値を指し込む」（P.168）で説明しました。

list 13-8
体格判定プログラム

```
import bmi  ← bmiモジュールのインポート

try:                                           ← 例外を監視
    # 値を入力
    height = int(input('身長 (cm) を入力 -> '))
    weight = float(input('体重 (kg) を入力 -> '))
    age = int(input('年齢 (歳) を入力 -> '))
except ValueError:                             ← 例外処理
    print('値は必ず入力してください')
except Exception as err:
    print(err)
else:                                          ← 例外が発
    if (height == 0) or (weight==0):  ← 値が0のとき    生しなか
        print('値が0では計算できません')              ったとき
    else:                             ← 値が0以外のとき
        # 計算
        person = bmi.BodyTypeExtra(height, weight, age)
        bmi, level = person.bmi_hantei()
        lo, hi = person.ideal_weight()
```

```
# 表示
print('あなたのBMIは {0} : {1} です'.format(bmi, level))
print('理想の体重は {0}～{1}kg です'.format(lo, hi))
```

　プログラムを入力したら、[Run] ボタンをクリックして実行してみましょう。例外が発生した場合は、この段階できちんと修正してください。

スクリプトを作る

　作成したプログラムをAnacondaプロンプト（macOSの場合はターミナル）から実行できるように、ファイルに保存しましょう。Notebookに名前を付けていない場合は「check_bmi」という名前を付けた後、Jupyter Notebookの [File] メニューから、[Download as]、[Python (.py)] の順に選択してください。「check_bmi.py」という名前でファイルが生成されます。

スクリプトをアップロードする

　Jupyter Notebookのダッシュボードを表示して、作成したスクリプトが作業フォルダにあることを確認してください。見つからなかった場合は画面右上の [Upload] ボタンをクリックして、作成したスクリプトを作業フォルダに取り込んでください。

13

13 - 7 コマンドラインでスクリプトを実行する

作成したスクリプトは、Pythonが動く環境さえ整っていればJupyter Notebookがなくても実行できます。Windowsを利用している人はAnacondaプロンプト、macOSを利用している人はターミナルを使ってスクリプトを実行してみましょう。

Windows でスクリプトを実行する

Windowsのスタートメニューから Anaconda3、Anaconda Prompt (anaconda3)を選択して Anaconda プロンプトを起動してください。起動直後は Anaconda をインストールしたフォルダ（C:￥Users￥ユーザー名）がカレントフォルダになっています。cdコマンドを使って、スクリプトを保存したフォルダ（この例では Jupyter Notebookの作業フォルダ）に移動してください。たとえば、「C:￥Users￥ユーザー名￥Python入門」というフォルダにスクリプトを保存したときは、

```
> cd Python入門
```

のようにコマンドを入力してください。それ以外のフォルダを利用している場合は、ドライブ名から完全なパスを指定してください。

Pythonのスクリプトを実行する命令は**python**です。コマンドに続けてスクリプトファイル名を拡張子も含めて入力してください。次のコマンドを実行すると、前節で作成したスクリプト（check_bmi.py）を実行できます（fig. 13-8）。

```
> python check_bmi.py
```

fig. 13-8
Anaconda
プロンプトで
スクリプトを
実行する

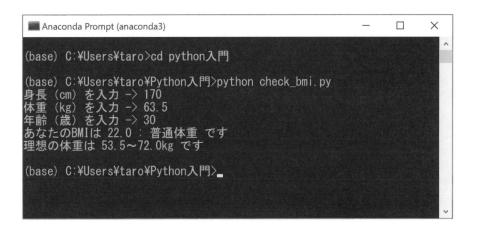

macOS でスクリプトを実行する

　Jupyter Notebookが起動しているときはブラウザを閉じた後、ターミナルで control キーと C キーを同時に押してカーネルを停止してください。ターミナルを起動していない場合は、Finderを起動して「アプリケーション」フォルダ、「ユーティリティ」フォルダの順に開いて、ターミナルを起動してください。

　ターミナルが起動できたら、cdコマンドを使ってスクリプトを保存したフォルダ（この例ではJupyter Notebookの作業フォルダ）に移動してください。たとえば、「/user/ユーザー名/opt/Python入門」というフォルダにスクリプトを保存したときは、

```
% cd opt/Python入門
```

のようにコマンドを入力してください。それ以外のフォルダを利用している場合は、適切にパスを指定してください。

　Pythonのスクリプトを実行する命令はpythonです。コマンドに続けてスクリプトファイル名を拡張子も含めて入力してください。次のコマンドを実行すると、前節で作成したスクリプト（check_bmi.py）を実行できます。

```
% python check_bmi.py
```

13

441

確認・応用問題

Q1 次のプログラムを入力して、figureモジュール（figure.py）を作成してください。

```
# 円の面積
def circle(a):  # a: 半径
    return a**2 * 3.14
# 三角形の面積
def triangle(a, h):  # a: 底辺 , h: 高さ
    return a * h / 2
# 四角形の面積
def rectangle(a, b):  # a: 縦 , b: 横
    return a * b
```

Q2 作業フォルダにfigure.pyがあることを確認してください。見つからない場合は、作業フォルダにアップロードしてください。

Q3 新しいNotebookを作成して、figureモジュールをインポートしてください。

Q4 figureモジュールに定義されているcircle()を使って、半径が3の円の面積を求めてください。

Q5 同じようにtriangle()とrectangle()が実行できることを確認してください。

索 引 Index

- ●装丁　　　　　　　　　　石間 淳
- ●カバーイラスト　　　　　花山由理
- ●本文デザイン・レイアウト　BUCH+

新・標準プログラマーズライブラリ
試してわかる Python [基礎] 入門

2021 年 12 月 4 日　初版　第 1 刷発行
2023 年 6 月 13 日　初版　第 2 刷発行

著　者	谷尻 かおり
発行者	片岡 巖
発行所	株式会社技術評論社 東京都新宿区市谷左内町 21-13 電話　03-3513-6150　販売促進部 　　　03-3513-6170　第 5 編集部
印刷／製本	昭和情報プロセス株式会社

定価はカバーに表示してあります。

本書の一部または全部を著作権法の定める範囲を超え、無断で複写、複製、転載、テープ化、ファイルに落とすことを禁じます。

ⓒ 2021　株式会社メディックエンジニアリング

ISBN978-4-297-12500-4 C3055
Printed in Japan

〒 162-0846
東京都新宿区市谷左内町 21-13
（株）技術評論社
『新・標準プログラマーズライブラリ 試してわかる Python [基礎] 入門』質問係
FAX　03-3513-6183
Web　https://gihyo.jp/book/2021/978-4-297-12500-4